PIC16® 系列单片机 C 程序设计与 PROTEUS 仿真

江 和 编著

北京航空航天大学出版社

内 容 简 介

本书以 PIC16F877A 为主要对象(也介绍了 PIC16F887 及其他型号的单片机),介绍了 PIC16 系列单片机的 PICC C 语言的特点与编程,PROTEUS 仿真软件使用。重点介绍 PROTEUS 与 PIC16F 单片机的 PICC C 语言程序的调试、运行过程;PIC16F877A 的主要功能与编程;介绍了与单片机应用基础相关的诸如数码管、字符型、点阵型液晶显示器的使用;最后给出了几个实例。

本书在介绍单片机的基本功能时,精心设计了 PROTEUS 仿真线路,利用 PROTEUS 的互动元件让读者选择各种情况进行仿真,从中掌握该功能的编程与使用。本书附光盘 1 张,内含本书所有源程序及 PROTEUS 线路图。

本书试图以完整的 C 语言程序与 PROTEUS 仿真向读者展示 PIC16F 系列单片机的应用开发过程,可作为大学本科生的单片机原理及应用课程的教材与参考书,也可供从事单片机开发应用的技术人员参考。

图书在版编目(CIP)数据

PIC16 系列单片机 C 程序设计与 PROTEUS 仿真/江和编

著. -- 北京:北京航空航天大学出版社,2010.6

ISBN 978 - 7 - 5124 - 0067 - 2

Ⅰ.①P… Ⅱ.①江… Ⅲ.①单片微型计算机—

C 语言—程序设计②单片微型计算机—系统仿真—应用软件,

PROTEUS Ⅳ.①TP368.1②TP312

中国版本图书馆 CIP 数据核字(2010)第 068132 号

PIC16 系列单片机 C 程序设计与 PROTEUS 仿真

江 和 编著

责任编辑 李松山

*

北京航空航天大学出版社出版发行

北京市海淀区学院路 37 号(邮编 100191) http://www.buaapress.com.cn

发行部电话:(010)82317024 传真:(010)82328026

读者信箱:emsbook@gmail.com 邮购电话:(010)82316936

北京九州迅驰传媒文化有限公司印装 各地书店经销

*

开本:787mm×960mm 1/16 印张:25 字数:560 千字

2010 年 6 月第 1 版 2019 年 12 月第 7 次印刷 印数:6 776~7 075 册

ISBN 978 - 7 - 5124 - 0067 - 2 定价:48.00 元(含光盘 1 张)

前　言

　　单片机技术已成为电气控制检测领域中非常重要的技术,也是电气行业技术人员必须掌握的技术之一。美国 Microchip 公司 PIC16F 系列单片机由于其性能优越,得到越来越多国内单片机使用者的青睐。

　　编程是单片机应用中极重要的一个方面。长期以来,技术人员大多采用汇编语言,作者过去也一直使用汇编语言进行编程。然而,单片机 C 语言的众多优点是汇编语言无法匹敌的:简练、易读、编程效率高、移植性好。这些优点也让我对单片机 C 语言极力推崇。

　　对于初学者以及想通过自学提高单片机应用能力的人来说,硬件条件的限制成为他们进一步成长的瓶颈。他们苦于没有用于调试单片机的仿真器,甚至为购买单片机芯片或其他电子元件而犯愁。

　　PROTEUS 软件的出现,解决了那些对单片机深感兴趣但经济上不太宽裕的学生面临的困难。

　　PROTEUS 以其完美的仿真技术,特别是对单片机的软件仿真,成为电子仿真软件中最为靓丽的一道风景。其众多能用于仿真的元器件,特别是具有互动功能的元器件和具有各种通信接口的芯片令人惊叹不已。当用户的计算机里装上了 PROTEUS 软件,就如同在家里建立了一个大型单片机实验室:其中有用之不尽的单片机芯片、几万种电子元器件和各种显示仪表(示波器、电压表、电流表等)。用户可以在 PROTEUS 软件中模拟几十个单片机之间的通信以及各种复杂的电压、电流波形。这些在真实的实验室中都很难做到!因此,专业人员亦可从该软件中获益。

　　根据作者的经验,使用 PROTEUS 软件仿真时唯一要注意的是,不要因为过于沉迷其中而挨更抵夜!

　　有一点要说明,实践是检验真理的唯一标准,在单片机实践中也不例外。通过 PROTEUS 仿真正确后,如有条件应该使用实际硬件线路来验证一下。有时,仿真与实际的结果可能会有点差异。

　　目前关于 PIC16F 单片机的书籍为数不少,但从 PIC16F 单片机功能的角度介绍 C 语言编程、介绍 PROTEUS 与 PIC16F 单片机结合仿真的书籍并不多见。怀着好东西要与大家分享

2

的心情,作者有了写这本书的冲动。

　　本书主要介绍单片机 PIC16F877A(注意,不是 PIC16F877),以及单片机 PIC16F887。所介绍的软件均为本书编写期间的最新版本:PICC C 为 9.6 版本,PROTEUS 为 7.5 版本,单片机的集成开发软件为 MPLAB IDE V8.3。

　　本书的第 1 章"PIC16 系列单片机与 MPLAB IDE 简介",是专为 PIC16 系列单片机还不熟悉的读者所编写的,那些已经用过 PIC16 系列单片机汇编的读者可以跳过这一章。

　　第 2 章"HI‐TECH PICC　C 语言介绍"专门介绍 PICC C 语言的特点及使用,此章假设读者已有一定的 C 语言基础。如果读者还没学过 C 语言,或者学过但已经忘得差不多了,建议自学或复习《C 程序设计(第二版)》。

　　第 3 章"PROTEUS ISIS 使用介绍"介绍 PROTEUS 仿真软件的使用,重点阐述在 PRO‐TEUS 中如何使用 PICC C 语言,以及 PROTEUS 与 PIC16F 单片机相结合调试 C 程序的应用方法。

　　第 4 章"PIC16F877A 单片机基本功能与编程"介绍了 PIC16F877A 单片机的各种功能模块及应用,在 PROTEUS 示例中力求全方位给出各个功能的应用与相关的 C 编程。读者通过示例既可掌握单片机相关功能模块的使用,又可掌握 C 语言编程技巧。与 PIC16F877 相比,PIC16F877A 增加了比较器、电压参考模块,这些内容也在本章中给出。本章最后一节还详细说明了 PIC16F887 与 PIC16F877A 的区别及其编程。

　　第 5 章"单片机应用相关基础"介绍了在单片机应用中必须掌握的基本知识,如 BCD 转换、LED 动态与静态显示、字符型 LCD、点阵 LCD 的应用,还有外扩 AD、DA 转换芯片的应用,光电耦合器等常用芯片的应用,以及固定电源与可调电源设计等。这些示例均有完整的 C 程序(除电源外)与 PROTEUS 仿真,相信读者会感兴趣的。

　　第 6 章"单片机应用综合实例"为本书的最后一章,给出了几个综合实例:频率计设计,基于 TC74 的温度检测与控制,一线式器件的使用,RS‐485 多机通信与 MODBUS 协议等。

　　本书试图采用较为轻松的语言风格,深入浅出的说明方式,引领读者走进单片机那神奇而又美妙的世界。

　　本书中所有的 PROTEUS 线路图和 C 程序均为作者本人完成。疏漏和不足之处在所难免,恳请读者批评指正。有兴趣的读者可以发送电子邮件到 jianghe706@163.com,与作者进一步交流;也可以发送电子邮件到 emsbook@gmail.com,与本书策划编辑进行交流。

　　在此要感谢 Microchip 公司提供了免费软件及相关资料,感谢广州风标电子技术有限公司免费提供了 PROTEUS 正版软件。

作　者

2010 年 1 月于福州大学沁园

目　　录

第1章

PIC16 系列单片机与 MPLAB IDE 简介

1.1 PIC 系列 8 位单片机介绍

单片机,作为计算机的一个特殊的分支,在各领域中的应用越来越广。单片机的正式名称为微控制器(Micro Controller Unit,MCU)。全世界单片机的年产量以百亿计。PIC 系列单片机是美国 Microchip 公司的产品。Microchip 公司的单片机在 15 年前默默无闻,由于其齐全的功能、完善的技术支持、合理的价格等原因,现在其 8 位单片机的产量跃居世界第一,可谓突飞猛进。在我国,越来越多的技术人员正使用 PIC 系列单片机于他们的产品设计中。

PIC 系列单片机有 8 位、16 位和 32 位。在 8 位机中,又分为 10、12、16 和 18 系列,共有超过 250 款的单片机品种供用户选择。8 位机中绝大部分器件都有省电的睡眠工作方式、内部看门狗定时器(WDT)、上电定时器、掉电复位、代码保护。PIC16 系列单片机中的无跳转指令均为单指令周期指令,跳转指令为双指令周期指令。除 PIC18 系列中个别指令外的所有指令均为单字指令。表 1-1 为 4 个系列的 PIC 系列 8 位单片机的主要特点比较。

表 1-1 PIC 系列 8 位单片机的特点

系　列	指令位长	引脚数	程序存储器/字	RAM/字节	其他特性
PIC10	12	SOT-23:6 PDIP:8	256～512	16～24	内部 4 MHz/8 MHz 振荡器,1 个 8 位定时器,1 个比较器,2 级硬件堆栈,8 位 A/D 转换器,33 条指令
PIC12	12	8	0.5K～2K	25～128	内部 4 MHz/8 MHz 振荡器,1～2 个 8 位定时器,1 个 16 位定时器,比较器,2/8 级硬件堆栈,中断功能,8/10 位 A/D 转换器,最大时钟 20 MHz,33/35 条指令

续表 1 - 1

系　列	指令位长	引脚数	程序存储器/字	RAM/字节	其他特性
PIC16	14	14～64	0.5K～16K	25～1 024	内部 32 kHz～8 MHz 振荡器,8/16 位定时器,比较器,8 级硬件堆栈,中断功能,10/12 位 A/D 转换器,USART,SPI,I²C,电压参考模块,比较器模块,最大时钟 20 MHz,35 条指令
PIC18	16	14～64	2K～64K	256～3 968	内部 32 kHz～8 MHz 振荡器,8、16 位定时器,比较器,8 级硬件堆栈,中断功能,10 位 A/D 转换器,USART,SPI,I²C,电压参考模块,比较器模块,最大时钟 32/64 MHz,CAN、USB,硬件乘法器,75 条指令

注:不是所有的器件都有所有的特性,详细介绍可参阅相关器件数据手册。

由表 1 - 1 看出,PIC18 系列与 PIC16 系列相比,其最主要的差别是它有一个硬件乘法器,能在一条指令内完成 8×8 的乘法运算,同时,它的程序存储器最大可达 64 K 字,通用数据存储器最大可达 3 968 字节,适合于对单片机要求较高、程序比较复杂的产品。

PIC16F87XA(这里的"X"代表相关数字,如 3、4、6、7 等,下同)是 PIC16 系列中的一个重要的产品系列,它取代了 PIC16F87X。在 PIC16F87XA 中,PIC16F877A 的功能较全,因此本书以此单片机作为主要介绍对象。读者掌握了 PIC16F877A 后,使用 PIC 系列的其他单片机就很容易了。目前 Microchip 公司还重点推出 PIC16F88X 单片机,它总体上与 PIC16F87XA 差不多,但比 PIC16F87XA 的使用更为方便灵活。因此,在 4.15 节中将专门详细介绍 PIC16F887 单片机的特点及使用。本书中有的例子用到了 PIC 系列其他型号单片机,顺便会简单介绍其特点。

在本书中,有时把 PIC16F877A 简称为 877A,其他型号的单片机也如此。

1.2　PIC16F87XA 的主要参数与功能

1.2.1　PIC16F87XA 的引脚与主要参数

PIC16F87XA 中有 4 种产品,其主要区别是封装为 28 脚或 40 脚(指 DIP 封装)和程序空间为 4 K 字或 8 K 字,详细如表 1 - 2 所列。

表 1 - 2　PIC16F87XA 的主要参数

型　号	程序/字	通用寄存器/字节	EEPROM/字节	I/O 数	10 位 AD 通道数	CCP	MSSP		USART	定时器8/16 位	比较器/电压参考
							SPI	I²C			
PIC16F873A	4 096	192	128	22	5	2	√	√	√	2/1	2/1
PIC16F874A	4 096	192	128	33	8	2	√	√	√	2/1	2/1
PIC16F876A	8 192	368	256	22	5	2	√	√	√	2/1	2/1
PIC16F877A	8 192	368	256	33	8	2	√	√	√	2/1	2/1

同一型号不同封装的单片机引脚分布不同,有的甚至连引脚数都不同,在使用时,特别是在设计 PCB 板时要注意。873A 和 876A 是 28 脚,它有 4 种封装,即 PDIP、SOIC、SSOP 和 QFN,如图 1 - 1 所示。874A 和 877A 也有 4 种封装,分别为 40 脚的 PDIP、44 脚的 QFN、PLCC 和 TQFP,如图 1 - 2 所示。如无特别说明,本书所说的封装均指 PDIP 封装。图 1 - 1 和图 1 - 2 的引脚上的箭头方向表示引脚的输入/输出方向,双向箭头"↔"表示此引脚可为输入或输出,指向引脚内的箭头表示此引脚只能用作输入,指向引脚外的箭头表示此引脚只能用作输出。

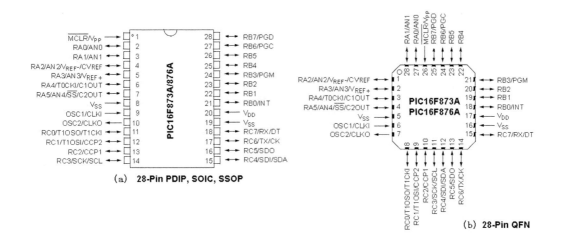

图 1 - 1　873A 与 876A 的不同封装引脚图

不同封装的引脚间距不同,表 1 - 3 给出了所用到的封装的引脚间距,其中 mil 是毫英寸,因为在 PCB 制板时常用此单位,故也一并给出,100 mil＝2.54 mm。如要制作 PCB 板,应认真查阅相关单片机芯片数据手册中的封装信息,以免出错。

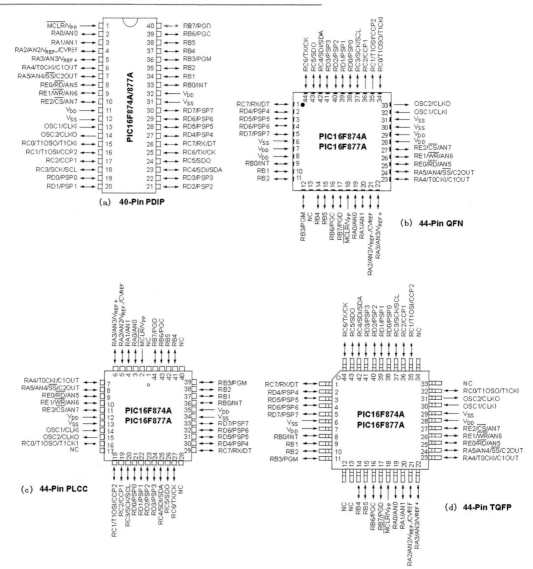

图 1 - 2　874A 与 877A 的不同封装引脚图

表 1 - 3　不同封装芯片的引脚间距

封　装	引脚间距	
	mil	mm
PDIP	100	2.54
PLCC	50	1.27

续表 1 - 3

封 装	引脚间距	
	mil	mm
SOIC	50	1.27
TQFP	31	0.8
QFN	26	0.65
SSOP	26	0.65

1.2.2　PIC16F877A 的主要功能

在 87XA 的 4 种产品中,877A 属于功能最全的一种产品,故本书以此型号为主加以介绍。如不特别说明,所用的单片机均指 PIC16F877A。

除了表 1 - 2 的参数外,PIC16F877A 的主要资源及功能如下:

● 3 个定时器,2 个 8 位,1 个 16 位;
● 2 个 CCP 模块,即捕捉、比较、脉宽调制模块;
● 1 个同步串行接口,SPI 与 I^2C;
● 1 个通用同步/异步串行通信接口 USART;
● 1 个并行从动口;
● 上电复位(POR);
● 掉电复位(BOR);
● 低功耗睡眠工作方式;
● 8 路 10 位 A/D 转换器;
● 2 个模拟电压比较器;
● 1 个参考电压发生器;
● 8 级硬件堆栈;
● 可擦写 10 万次的 FLASH 程序存储器;
● 可擦写 100 万次的 EEPROM,其数据可保持 40 年以上;
● 可自编程及在线编程;
● 看门狗电路(WDT);
● 程序代码保护。

5

PIC16系列单片机C程序设计与PROTEUS仿真

1.2.3　PIC16F877A 的程序存储器与数据存储器

877A 的程序存储器空间为 8K 字,即最多可存 8 192 条指令,其结构图如图 1-3 所示。877A 的程序存储器分为 4 页,每页 2K 字。硬件为 8 级堆栈,意味着除中断外,能最多嵌套连续 7 级的子程序调用。程序计数器(PC)为 13 位,2^{13} = 8 192,正好能寻址 8K 字的程序存储器空间。

PIC16 系列单片机的复位向量为 0,而早期的产品如 PIC16C5X 系列的复位向量是在程序的最后单元。复位向量指的是当由于各种原因产生单片机复位时,程序是从复位向量即 0x0000 开始执行的。

PIC16 系列单片机的中断向量为 0x0004。中断向量指的是当单片机产生中断时,硬件将 PC 指针强制指向该中断向量,即程序自动跳转到 0x0004。

877A 的数据存储器结构如图 1-4 所示。PIC16 系列单片机的数据存储器分为 4 个体(bank),即 bank0~bank3,也称为体 0~体 3。

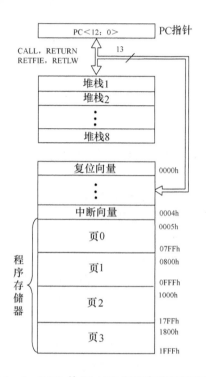

图 1-3　877A 的 FLASH 程序存储器结构图

图 1-4 中已命名的寄存器为特殊功能寄存器,未命名的为通用寄存器,通用寄存器可供用户自由使用。图 1-4 中体 1~体 3 中映射到 70h~7Fh 单元的寄存器,实际上就是 70h~7Fh 单元中的寄存器,只是可以在不同的体中直接存取,便于编程。图 1-4 中灰色单元不能使用。图 1-4 中的特殊功能寄存器名称是在汇编程序中定义的,PICC 中定义的特殊功能寄存器绝大部分与之相同,但也有特殊情况,在用 PICC 的 C 语言编程中要引起注意。

在 PIC16 系列单片机汇编编程中,数据存储器的分体及程序存储器的分页是学习 PIC16 系列单片机中遇到的主要难点,对于初学者来说更是如此。但使用 PICC C 编程后,这个最主要的难点没有了,因此本书不详细介绍数据存储器分体与程序存储器的分页,有兴趣的读者可参阅其他相关书籍。

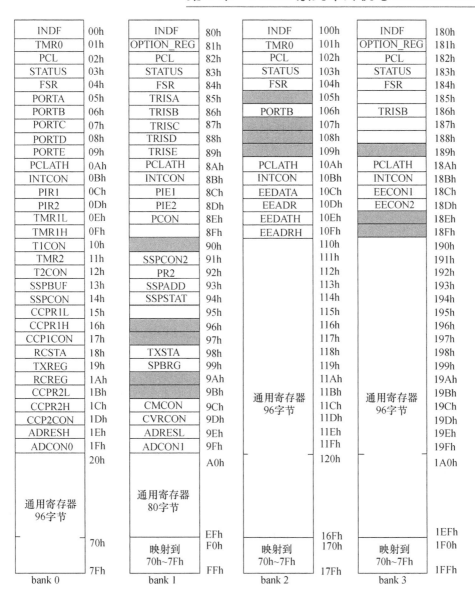

图 1 - 4　877A 的数据存储器结构

1.2.4　程序计数器

程序计数器是要执行指令的地址,其宽度为 13 位,其中低 8 位来自 PCL 寄存器,该寄存器是可读写的,而高 5 位(PC<12：8>)来自 PCH 寄存器(不可直接读写)。在汇编指令编程中,PCL 寄存器是一种非常重要的寄存器,从其地址为 0x02、0x82、0x102、0x182 就可知道其重要程度(4 个体均有)。PCH 寄存器的值只能通过 PCLATH 寄存器来间接更新,不能直接读写。PCLATH 寄存器是一种特殊的寄存器,其地址为 0x0A、0x8A、0x10A、0x18A,它在汇编中也是一个非常重要的寄存器。

程序存储器的页面跳转是令许多 PIC16 单片机汇编语言初学者十分头痛的问题。现在用 PICC 的 C 语言编程,可以不用担心程序存储器的页面问题,自然也不用太关注 PCL、PCLATH 寄存器,因此这里不介绍这 2 个寄存器。有兴趣的读者可参阅相关资料。

1.2.5　PIC16F 系列单片机的寻址方式

PIC16F 单片机只有 4 种寻址方式:

- 立即数寻址;
- 直接寻址;
- 位寻址;
- 寄存器间接寻址。

在间接寻址中要用到 2 个寄存器:INDF 与 FSR。INDF 的地址为 0x00、0x80、0x100、0x180,INDF 是一个实际上并不存在的寄存器。FSR 的地址为 0x04、0x84、0x104、0x184。也就是说,这 2 个寄存器在数据存储器的 4 个体中均有它们的位置,其重要性可见一斑。但是,如果用 PICC 编程,用户不直接使用这 2 个寄存器,可以不太关注这 2 个寄存器。

使用 PICC 的 C 语言编程,与单片机的寻址方式关系不大,所以这里只是将 4 种寻址方式列出而已。

1.2.6　指令时钟

单片机执行指令和实现外设功能都要用到时钟信号。时钟信号可以由外部晶振产生或由外部 RC 振荡器等产生。88X 系列单片机还可以由内部振荡器产生系统时钟,并可编程设定时钟的频率。

例如,外部晶振的振荡频率为 4 MHz,则时钟周期 $T_{\mathrm{osc}} = (1/4\,000\,000)\mathrm{s} = 0.25\ \mu\mathrm{s}$。PIC16 系列单片机的每个指令周期 T_{cy} 由 4 个时钟节拍($Q1 \sim Q4$)构成,因此,如使用的外部晶振的振荡频率为 4 MHz,其指令周期 $T_{\mathrm{cy}} = 4\ T_{\mathrm{osc}} = 1\ \mu\mathrm{s}$。

1.3　PIC16F877A 的特殊功能寄存器

这里只介绍几种最常用的特殊功能寄存器:STATUS、OPTION 和 PCON。其他特殊功能寄存器在介绍相关功能时再详细介绍。有些位如 STATUS 的 IRP、RP1、RP0 和 CARRY

等与 PICC 的 C 编程关系不大,本书只作简要的介绍。

在 PIC16 系列单片机中,有一个非常特殊的寄存器——W 寄存器,即工作寄存器,它是一个特别重要的寄存器,所有的各种计算、数据传送均要用到 W 寄存器,但使用 PICC 编程时却"见"不到它!

在 PICC 的 C 语言中用的寄存器名及位名是在后辍为".h"的头文件中定义的,在 Microchip 公司汇编中用的寄存器名及位名是在后辍为".inc"的头文件中定义的。它们均存放在各自的目录中。

在 PICC 中定义的特殊功能寄存器名及其位名绝大部分与 Microchip 公司定义的相同,但有个别是不同的,如在 PICC 中 B 口弱上拉使能位命名为 RBPU,而在 Microchip 公司的定义为 NOT_RBPU,这一点要注意,如果编译时出现"不应有"的无定义类错误,就要去查一下相应的 h 文件。

> **注意:**本书以表格的方式介绍的特殊功能寄存器中的寄存器名及位名是以 PICC 语言中的定义为准的。

1.3.1　STATUS 寄存器

STATUS 寄存器说明如表 1-4 所列。

表 1-4　STATUS 寄存器说明

位	位名称	功能	复位值	值	说明
寄存器名称:STATUS			地址:0x03,0x83,0x103,0x183		
7	IRP	数据存储器间接寻址体选择	0	1	体 2、体 3
				0	体 0、体 1
6	RP1	数据存储器直接寻址体选择	00	00	体 0
				01	体 1
5	RP0			10	体 2
				11	体 3
4	TO	看门狗定时器(WDT)溢出标志	1	1	上电复位或执行 CLRWDT 指令或执行 SLEEP 指令后
				0	WDT 溢出
3	PD	降耗标志	1	1	上电复位或执行 CLRWDT 指令后
				0	执行 SLEEP 指令后

续表 1-4

寄存器名称：STATUS				地址：0x03,0x83,0x103,0x183		
位	位名称	功能	复位值	值	说明	
2	ZERO	运算结果零标志	X	1	运算结果为 0	
				0	运算结果不为 0	
1	DC	运算结果辅助进位/借位标志	X	1	运算时产生低 4 位向高 4 位进位或借位，参见下行的 CARRY 位	
				0		
0	CARRY	运算结果进位/借位标志	X	1	加法运算时有进位,减法运算时无借位	
				0	加法运算时无进位,减法运算时有借位	

注：1. 复位值指的是上电或掉电复位时该位的值,"X"表示不确定。

2. 如有多位,如本表中的 RP1、RP0,表示从高位到低位的值,如 01 表示 RP1＝0,RP0＝1。

3. 本书中介绍寄存器时均如此,不再重复说明。

注意：在汇编程序中,状态字中有 4 位名称与 PICC 定义不同,如下：

PICC 中的位名	汇编中的位名
TO	NOT_TO
PD	NOT_PD
ZERO	Z
CARRY	C

1.3.2　OPTION 寄存器

OPTION 寄存器说明如表 1-5 所列。

表 1-5　OPTION 寄存器说明

寄存器名称：OPTION				地址：0x81,0x181		
位	位名称	功能	复位值	值	说明	
7	RBPU	B 口上拉使能	1	1	B 口上拉禁止	
				0	B 口上拉使能	
6	INTEDG	RB0/INT 中断边沿选择	1	1	上升沿触发中断	
				0	下降沿触发中断	
5	T0CS	TMR0 时钟源选择	1	1	对 RA4/T0CKI 引脚上的脉冲计数	
				0	对内部指令周期时钟计数	

寄存器名称:OPTION					地址:0x81,0x181	
位	位名称	功能	复位值	值	说明	
4	T0SE	TMR0 计数边沿选择	1	1	RA4/T0CKI 的下降沿计数	
				0	RA4/T0CKI 的上升沿计数	
3	PSA	预分频器分配位	1	1	给 WDT	
				0	给 TMR0	
2	PS2					
1	PS1	预分频比系数选择	111	见下		
0	PS0					

PS2:PS0 值	TMR0 比率	WDT 比率
000	1:2	1:1
001	1:4	1:2
010	1:8	1:4
011	1:16	1:8
100	1:32	1:16
101	1:64	1:32
110	1:128	1:64
111	1:256	1:128

注意:在汇编程序中,选择寄存器名为"OPTION_REG",PICC 中定义此寄存器名为"OPTION"。其中最高位与汇编中的定义也不同,如下:

PICC 中的位名　　汇编中的位名

RBPU　　　　　　NOT_RBPU

1.3.3　PCON 寄存器

PIC16F877A 电源控制寄存器 PCON 只有 2 位有效位,分别为上电复位标志位和掉电复位标志位,如表 1 - 6 所列。

表 1 - 6　PCON 寄存器说明

寄存器名称:PCON				地址:0x8E	
位	位名称	功能	复位值	值	说明
2～7	—	—	—	—	—
1	POR	上电复位状态位	0	1	无上电复位产生
				0	有上电复位产生(须由软件在上电后置1)
0	BOR	掉电复位状态位	0	1	无掉电复位产生
				0	有掉电复位产生(须由软件在上电后置1)

如果在芯片的配置位中禁止掉电复位(见 4.14.3 小节),则 PCON 的 BOR 位为无关位。

1.4　汇编指令简介

本书重点介绍单片机的 C 语言,不对汇编指令作详细介绍。但 C 语言的编译最终要与汇编指令相关联,因此有必要了解汇编指令。这里只要求了解,不要求熟练掌握汇编指令。

PIC16 系列单片机的汇编指令都是 14 位的,每一条汇编指令都只占一个字的程序存储器,即一条指令占一个 14 位的程序存储器。汇编指令可分为 4 类,如图 1 - 5 所示。

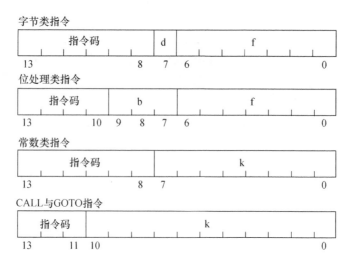

图 1 - 5　汇编指令结构图

在图 1-5 中,字节类指令与位处理类指令中的"f"是寄存器地址,它只占程序存储器中的 7 位,即范围是 0～7Fh,而 877A 的数据存储器最大地址为 1FFh,因此必须借助于 STATUS 寄存器的 IRP 或 RP1、RP0 才能完全寻址。同样,对于 CALL 或 GOTO 指令,其中的"k"只有 11 位,寻址范围为 0～2 047,即只有 2K 寻址能力,因此要借助于 PCLATH 的 4、3 位,才能完全寻址。位处理类指令中的 b 为 3 位,可以寻址为 0～7,即可以对 8 位寄存器的每一位完全寻址。用 C 语言编程,可以不太关注这些。

表 1-7 已将 PIC16 系列的所有指令列出,供读者参考。

表 1-7　PIC16 系列单片机汇编指令表

分　类	指　令	说　明	影响标志位	指令周期
字节类指令	ADDWF f,d	(W)+(f)→(d)	C,DC,Z	1
	ANDWF f,d	(W) and (f)→(d)	Z	1
	CLRF f	0→(f)	Z	1
	CLRW	0→(W)	Z	1
	COMF f,d	(f)按位取反→(d)	Z	1
	DECF f,d	(f)-1→(d)	Z	1
	DECFSZ f,d	(f)-1→(d),结果为 0 间跳	—	1 or 2
	INCF f,d	(f)+1→(d)	Z	1
	INCFSZ f,d	(f)+1→(d),结果为 0 间跳	—	1 or 2
	IORWF f,d	(W) or (f)→(d)	Z	1
	MOVF f,d	(f)→(d)	Z	1
	MOVWF f	(W)→(f)	—	1
	NOP	空操作	—	1
	RLF f,d	(f)带 C 左移一位→(d)	C	1
	RRF f,d	(f)带 C 右移一位→(d)	C	1
	SUBWF f,d	(f)-(W)→(d)	C,DC,Z	1
	SWAPF f,d	(f)的高 4 位与低 4 位交换→(d)	—	1
	XORWF f,d	(W) xor (f)→(d)	Z	1
位处理指令	BCF f,b	(f)的第 b 位清 0	—	1
	BSF f,b	(f)的第 b 位置 1	—	1
	BTFSC f,b	检测(f)的第 b 位,为 0 间跳	—	1 or 2
	BTFSS f,b	检测(f)的第 b 位,为 1 间跳	—	1 or 2

分　类	指　令	说　明	影响标志位	指令周期
常数类指令	ADDLW k	k + (W)→(W)	C,DC,Z	1
	ANDLW k	k and (W)→(W)	Z	1
	IORLW k	k or (W)→(W)	Z	1
	MOVLW k	k→(W)	—	1
	SUBLW k	k—(W)→(W)	C,DC,Z	1
	XORLW k	k xor (W)→(W)	Z	1
转移指令	CALL k	调用子程序 k(k 为 11 位)		2
	GOTO k	转移到 k(k 为 11 位)		2
	RETFIE	中断返回		2
	RETLW k	带参数(在 W 中)返回		2
	RETURN	从子程序返回(与 CALL 对应)		2
其他	CLRWDT	清 WDT	$\overline{PD}$,$\overline{TO}$	1
	SLEEP	进入睡眠工作方式	—	1

注:1. and、or、xor 分别表示逻辑与、或、异或。

2. 表中用"→"表示赋值。

3. 表中的"f"表示寄存器,为 7 位宽;"b"表示位址,为 3 位宽;"d"代表目的寄存器选择,1 位宽,0 表示存于 W,1 表示存于 f 寄存器中。除 CALL 和 GOTO 指令外,"k"均为 8 位常数。

4. 用括号表示其中的内容,如"(f)"表示寄存器 f 的内容,"(W)"表示 W 寄存器的内容。

5. 指令的执行时间,如无跳转均为 1 个指令周期,如有跳转则执行时间为 2 个指令周期,有些指令可能会跳转,可能不跳转,因此执行时间是 1 个或 2 个指令周期。

6. 这里的位名是汇编中定义的,部分与 PICC 中的不同,如 C 为 PICC 中的 CARRY,Z 为 PICC 中的 ZERO,$\overline{PD}$,$\overline{TO}$ 分别为 PICC 中的 PD 和 TO。

1.5　MPLAB IDE 界面、菜单介绍

　　MPLAB IDE 是 Microchip 公司为 PIC 全系列单片机用户提供的免费开发软件,它的主要功能是调试、烧写 PIC 系列单片机的程序。目前(2009 年 7 月)版本是 V8.3,它将随着新器件的推出而不断更新。本书用到的 MPLAB IDE 软件均为 V8.3 版本。本节先给出 MPLAB IDE 的主要菜单,具体使用情况在 1.6 节、1.7 节和 1.8 节介绍。

　　MPLAB IDE 提供以下功能:

● 使用内置编辑器创建和编辑源程序;

● 汇编、编译和链接源代码;

- 通过使用内置模拟器观察程序流程,调试可执行程序,它支持 Microchip 公司的所有调试器或仿真器;
- 在观察窗口中查看变量;
- 使用 MPLAB ICD 2、MPLAB ICD 3、PICkit2 等编程器烧写芯片。

注意:由于 MPLAB IDE 不支持中文目录名与文件名,在相关的目录、文件名中不能有中文,包括不能有中文全角的标点符号,但注解内容除外。

MPLAB IDE 是以项目的方式管理文件的,建议为每个项目建立目录。

图1-6 为 MPLAB IDE 主界面的菜单与工具栏。MPLAB IDE 会根据不同的调试工具出现不同的工具栏。鼠标移至工具栏稍停,便会在鼠标下方弹出该工具的简要说明,许多工具栏的图形形象一看便知。

图1-6　MPLAB IDE 主界面的菜单工具栏

说明:在介绍菜单操作时,本书使用"→"表示往下一级菜单或选项,第一个出现的菜单项通常是主菜单项。

以下先简要介绍 MPLAB IDE 中各种菜单的主要功能及使用条件,重点介绍软件仿真 SIM 与 ICD 2 的使用。

1.5.1　File 菜单

File 菜单如图1-7所示。其中的各项介绍如下。
- New:新建一个源程序,通常是汇编或 C 程序。
- Add New File to Project...:加入已有的文件到项目中。
- Open:打开现有的源程序。
- Close:关闭源程序窗口。
- Save:保存当前打开的源程序。
- Save As:将当前的源程序以另一个文件名保存。
- Save All :保存所有打开的源程序。
- Open Workspace...:打开工作区。工作区包含的信息有芯片型号、配置位等,工作区文件的后缀为".mcw",当单击项目窗口时,工作区文件名将显示在软件窗口的最上方,默认时其文件名与项目名一致,保存项目时自动保存工作区。

- Save Workspace :保存工作区,下次打开项目时便不必重新设置芯片型号及配置位等。
- Save Workspace As...:将打开的工作区以另一文件名保存。
- Close Workspace :关闭工作区。
- Import...:将调试文件或 hex 文件导入到 MPLAB IDE 项目中,通常用来烧写芯片。
- Export...:从 MPLAB IDE 项目导出 hex 文件,通常供以后烧写芯片用。
- Print...:打印当前的编辑器窗口。
- Recent Files:显示在当前的 MPLAB IDE 会话过程中打开过的文件的列表。
- Recent Workspaces:显示在当前的 MPLAB IDE 会话过程中打开过的工作区的列表。
- Exit:关闭 MPLAB IDE 应用程序。

图 1-7 MPLAB IDE 的 File 菜单

1.5.2　Edit 菜单

　　Edit 菜单的主要功能是对程序进行编辑处理,如复制、粘贴、查找、替换等,如图 1-8 所示。此菜单和其他文本编辑器的菜单差不多,这里不再详细介绍。可以通过修改其中的属性项"Properties..."来修改文本编辑器的显示字符的大小与颜色等,其中可以设置是否显示程序中的行号、TAB 键的 SIZE(1~16)等,第一次使用时一定要设置一下!

1.5.3　View 菜单

　　View 菜单如图 1-9 所示。不能应用于当前选定的调试工具的项目都将被禁用(成灰色)。在此菜单中选择某项,就会显示所选的窗口。其主要选项如下。

- Project:显示项目窗口。
- Output:显示输出窗口,该窗口包括有关文件的输出信息,如编译和运行情况等。
- Toolbars:显示 MPLAB IDE 工具栏,可选择显示或关闭工具栏。
- Disassembly Listing:显示反汇编列表窗口。显示反汇编列表时,如用 PICC 的 C 语言,可在此窗口查看 C 语言编译后成为汇编程序的代码。
- Hardware Stack:显示硬件堆栈窗口。
- Program Memory:显示程序存储器代码窗口。
- Special Function Registers:显示特殊功能寄存器窗口。
- EEPROM:显示 EEPROM 存储器窗口。
- File Registers:显示寄存器窗口,包括特殊功能与通用寄存器。
- Watch:显示观察窗口,用户设置的需要察看的变量或特殊功能寄存器,共有 4 个页面,如果要显示的内容较多,可以根据情况把要显示的寄存器放在不同的页中。如果是数组,还可以展开或收起显示项。
- Simulator Trace:显示软件模拟器跟踪窗口,这里显示的是到目前为止所运行的程序情况,以汇编指令给出(因为大部分一句 C 程序对应多行汇编指令,这样才能进行每条指令的跟踪),其中显示项目中的"SA"、"SD"、"DA"、"DD"分别为该条指令的源数据地址或符号、源数据、目的数据地址或符号、目的数据(并非每条指令都有此 4 项内容)。最后一列还给出了所执行的指令周期数。跟踪数据缓冲的大小设置见 1.8.1 小节。
- Simulator Logic Analyzer:显示软件模拟逻辑分析器,此窗口可以显示单片机的输入或输出引脚的波形图,必须在 SIM 仿真,且在仿真选择中选中"Trace All"才能使用。

以上所介绍的内容并非在任何情况下都能用。

图 1 - 8　MPLAB IDE 的 Edit 菜单　　　图 1 - 9　MPLAB IDE 的 View 菜单

1.5.4　Project 菜单

Project 菜单如图 1 - 10 所示。其主要功能如下。

- Project Wizard...:建立项目向导。
- New...:创建新项目。
- Open...:打开已有的项目文件。
- Close:关闭当前的项目。
- Set Active Project:设置活动项目。
- Quickbuild (filename):快速编译（文件名），使用 MPASM 汇编器编译一个单独的汇编文件而不必创建项目(无链接器)，要求项目中必须包含汇编源程序。
- Clean:在活动项目中删除所有的中间项目文件,诸如目标文件、hex 文件和调试文件。
- Build All:编译项目中的所有源程序文件。
- Build Options...:编译设置选项。
- Save Project:保存当前项目。

- Save Project As...:将项目以另一文件名保存。
- Add Files to Project...:将文件添加到项目中。
- Remove Files from Project:将文件从当前项目中移除(不是将文件从目录中删除)。
- Select Language Toolsuite...:选择语言工具包。
- Set Language Tool Locations...:设置语言工具的路径。
- Version Control...:项目的版本控制。

1.5.5 Debugger 菜单

Debugger 菜单是供用户调试源程序使用的,它会根据选择不同的调试工具出现不同的菜单。图 1-11 (a)、(b)分别是 SIM 仿真和 ICD 2 仿真的 Debugger 菜单。从中可以看到,选择不同的调试工具时,有些菜单项是相同的,有些是不同的。

图 1-10 MPLAB IDE 的 Project 菜单

19

- Select Tool:选择一个调试工具,如可选 MPLAB SIM(纯软件仿真),MPLAB ICD 2(在线调试器 ICD 2)、PROTEUS VSM(PROTEUS 仿真)等。
- Clear Memory:清空全部或仅清空在此项目中使用的特定类型的 MPLAB IDE 存储器,如程序、数据、EEPROM 和配置位信息等。
- Run:执行程序代码直到遇到断点或者选择了"Halt"。
- Animate:连续单步运行程序。
- Halt:暂停(停止)程序代码的执行,当单击"Halt"时,将更新状态信息。
- Step Into:单步运行整个程序代码。
- Step Over:将一个子程序作为一步执行。
- Step Out:从当前程序位置全速执行至跳出子程序为止。
- Reset:执行指定的复位,可以是 MCLR、Watchdog Timer(看门狗定时器)溢出复位、Brown Out (欠压)或 Processor (处理器)复位,其选项和操作取决于选定的器件。
- Breakpoints...:打开 Breakpoint 对话框,设置或取消断点。
- Settings...:打开特定工具的设置窗口,设置工具功能。
- StopWatch:跑表,可用来对软件运行时间精确计时(只有在 SIM 才有的选项)。
- Complex Breakpoints:复杂断点(SIM 选项)。
- Stimulus:软件仿真的输入激励选择与设置(只有在 SIM 才有的选项)。

● Profile:概要文件,显示程序运行中的概要,如寄存器的相关情况(SIM 选项)。

(a) SIM仿真的Debugger菜单　　　　(b) ICD 2仿真的Debugger菜单

图 1 - 11　SIM 仿真和 ICD 2 仿真的 Debugger 菜单

● MPLAB ICD 2 Setup Wizard. . . :ICD 2 设置向导。
● Program:对芯片编程,用于调试之用(ICD 2 等硬件调试器选项)。
● Read:读程序存储器、配置位、ID 单元和 EEPROM 数据(ICD 2 等硬件调试器选项)。
● Read EEPROM:读 EEPROM 数据(ICD 2 等硬件调试器选项)。
● Connect:连接计算机与 ICD 2 及用户板(ICD 2 等硬件调试器选项)。
● Download ICD 2 Oprating System:下载 ICD 2 的操作系统,通常只有软件更新时,或使用与前面不同类型的某些型号芯片时才下载(ICD 2 选项)。

1.5.6　Programmer 菜单

Programmer 菜单:烧写程序之用,只有选择相应的编程器后才会显示此菜单的其他项目。例如,选择 ICD 2 为烧写器时,将出现如图 1 - 12 所示的菜单。
● Select Programmer:选择编程器。
● MPLAB ICD 2 Setup Wizard. . . :ICD 2 设置向导。
● Program:编程(即烧写)程序存储器、配置位、ID 单元和 EEPROM 数据。

- Read：读指定的存储区，存储区包括程序存储器、配置位、ID 单元和 EEPROM 数据。
- Verify：对指定的存储区的编程进行校验，这些存储区包括程序存储器、配置位、ID 单元和 EEPROM 数据。
- Erase Part：擦除器件，包括程序存储器、配置位、ID 单元和 EEPROM 数据。
- Blank Check：检查程序存储器、数据存储器和 EEPROM 存储器是否为空白，所谓空白即存储器的单元各位全为 1，如程序存储器的单元清空即为 0x3FFF。
- Read EEPROM：读 EEPROM 的内容。
- Release from Reset：退出复位状态。
- Hold in Reset：保持在复位状态。
- Abort Opration：中止烧写操作。
- Connect：连接 ICD 2。
- Download ICD 2 Oprating System：下载 ICD 2 的操作系统。
- Settings...：对编程器的设置，单击后将弹出如图 1－13 所示的窗口。

图 1－12　MPLAB IDE 的选择 ICD 2 作为烧写器的菜单

图 1－13　MPLAB ICD 2 的编程设置窗口

> **注意**：为了不造成浪费，书中把所有的窗口中的空白部分"切除"了，如图 1-13 所示，可能与读者所看到的窗口大小不同。

在如图 1-13 所示的窗口中，主要内容介绍如下。

- Communication：选择计算机与 ICD 2 的通信连接方式，根据所用的实际连接情况，可选 USB 或串口。
- Power：设定程序烧写时目标板的电源来源，即是由 ICD 2 提供还是由目标板自身提供，如图 1-14 所示，从此选项卡上还能看到相关的电压值。

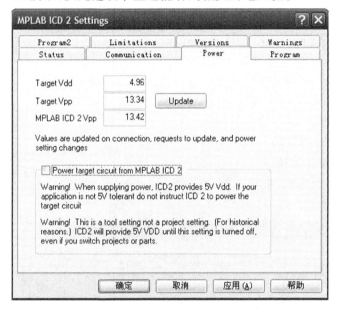

图 1-14　MPLAB IDE 的编程设置中的 Power 选项卡

- Program：设置编程的范围，如果选中"Allow ICD 2 to select memories and ranges"，则 ICD 2 会自动根据程序相关情况进行编程范围的设定。如果选中"Manually select memories and ranges"则如图 1-15 所示，可以设定编程前是否清空程序存储器，是否对程序、EEPROM、配置位、ID 位进行编程，还可以设置程序存储器的编程区间，但是建议选择由 ICD 2 自动选择编程范围，除非有特殊情况。
- Program2：编程设置选项 2，如图 1-16 所示。选中"Preserve EEPROM on Program"，则在烧写程序时，会保留原芯片中 EEPROM 中的数据，实际上此时 ICD 2 在烧写时先读 EEPROM 的内容，然后清除芯片中的程序及 EEPROM 等，再将读出的 EEPROM 内容写入 EEPROM。选中"Preserve Program Memory Range"，则保留原芯片中指定范围的程序存储器内容，其过程类似于"Preserve EEPROM on Program"过程。保留程序存储器的内容时,对其程序范围是有要求的,要求保留程序空间的起始地址最低 3 位全为 0,保留程序空间结束地址的低 3 位须全为 1,如范围为 0x100~0x117 是满足要求的。

图 1-15 MPLAB IDE 的编程设置中的 Program 选项卡

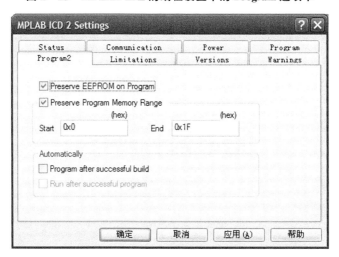

图 1-16 MPLAB IDE 的编程设置中的 Program2 选项卡

1.5.7 Tools 菜单

Tools 菜单,其作用是选择一些特殊工具,这里不作介绍。

1.5.8　Configure 菜单

Configure 菜单:芯片配置菜单,选择芯片型号、芯片的配置位设置及工作区的设置等,如图 1-17 所示。

- Select Device...:选择要调试或烧写的单片机芯片型号。
- Configuration Bits...:设置器件配置位的值。
- ID Memory...:设置 ID 存储区的值。
- Settings...:设置工作区、调试器、程序装载、热键和项目的默认设置。

图 1-17　MPLAB IDE 的 Configure 菜单

1.5.9　Windows 菜单

Windows 菜单:窗口设置与选择,如果在调试中找不到相关窗口,在此菜单的最下方中单击相应的窗口便会出现该窗口。

1.6　MPLAB IDE 工具栏介绍

MPLAB IDE 工具栏的所有功能均可以在菜单中找到,但有时使用工具栏中的工具更为方便。在 MPLAB IDE 窗口中,工具栏随着调试工具的不同而不同。工具栏分为若干组,现分组介绍如下。

1.6.1　标准工具栏

标准工具栏如图 1-18 所示。

图 1-18　MPLAB IDE 的标准工具栏

图 1-18 中标准工具栏各工具的功能如下：

① 新建文本文件；

② 打开已有的文件，文件类型可在打开时选择；

③ 保存当前文件，只有在当前文件被修改后才有效；

④ 剪切文档中选择的内容；

⑤ 拷贝文档中选择的内容；

⑥ 粘贴拷贝的内容到文档中；

⑦ 打印当前文档；

⑧ 在当前文档中查找字符；

⑨ 在项目中的文档中查找字符，所找到的字符在搜索窗口中显示出来；

⑩ 回退到前一次在"Edit"菜单中的"Goto"命令找到的函数处（执行"Goto"命令后才有此项）；

⑪ 进到下一次在"Edit"菜单中的"Goto"命令找到的函数处（回退后才有此项）；

⑫ 帮助。

1.6.2　项目管理器工具栏

项目管理器工具栏如图 1-19 所示，有些图形与标准工具栏有点类似，但这里的颜色是绿色的。

图 1-19　MPLAB IDE 的项目管理器工具栏

图 1-19 中标准工具栏各工具的功能如下：

① 编译选择，可选的项目有"Release"和"Debug"，前者是为了实际运行而编译的，后者是为了调试而编译的，只在有的编译器中如汇编编译器中才有，在 PICC 中无此选项；

② 新建一个项目；

③ 打开一个项目；

④ 保存当前项目；

⑤ 编译选择设置；

⑥ 打包并压缩当前项目的文件，以当前项目名称加上后辍"zip"保存在当前项目的目录中；

⑦ 显示语言工具的更多信息；

⑧ 编译当前源程序；

⑨ 编译当前项目中的所有源程序。

1.6.3　调试运行工具栏

调试运行工具栏如图 1-20 所示。

图 1-20　MPLAB IDE 的调试运行工具栏

图 1-20 所示的调试运行工具栏中的工具并非都同时有效，为了便于介绍其功能，这里显示的都是有效的工具。具体介绍如下：

① 全速运行；

② 暂停运行；

③ 自动连续单步运行；

④ 单步运行（进入子程序）；

⑤ 宏单步运行（把子程序作为一步）；

⑥ 运行到当前子程序返回为止（ICD 2 调试器此功能无效）；

⑦ 复位；

⑧ 断点设置，单击后弹出断点设置窗口。

其他在 ICD 2 和纯软件仿真 SIM 下的工具栏将在相关章节中介绍。

1.7　MPLAB　IDE 与 ICD 2 的使用

ICD 2 是 Microchip 公司推出的低价位的在线调试器和编程器，是众多初学者和单片机开发技术人员最常用的调试工具。这里介绍作为调试器和编程器的 ICD 2 的使用。

1.7.1　作为在线调试器的 ICD 2 的使用

ICD 2 占用了单片机的少许资源，使用不同的单片机型号，ICD 2 占用的资源有所不同，

PIC16F877A 占用的资源为：程序存储器的单元 0x1F00～0x1FFF，通用寄存器中的 0x70、0xF0、0x170、0x1E5～0x1F0，RB7、BR6 引脚作为 ICD 2 调试中的专用，用户也不能使用，在调试时要注意。

> **告诉你一个小秘密：**你可以在 MPLAB IDE 中的帮助菜单中得到你所用的芯片在 ICD 2 调试中被 ICD 2 占用的资源：执行"Help"→"Topics..."，选"Debuggers"下的"MPLAB ICD 2"，单击"OK"，再单击"Resources Used By MPLAB ICD 2"，然后单击所用的芯片的链接热点，如"PIC16F8XX"，便出现被 ICD 2 占用的资源情况。其中的"General Resources Used"选项给出了在 ICD 2 调试中所用的单片机的一般资源，如引脚、堆栈、配置位等限制信息；"Program and Data Memory Used"选项给出了在 ICD 2 调试中所用的单片机的程序存储器和数据存储器被 ICD 2 占用的情况。
>
> 　　在使用 ICD 2 作为调试器时，一定要查看此信息，否则将出现不该有的错误。
>
> 　　在使用 PICC 的 C 编译器时，要注意编译设置，否则可能出现你意想不到的错误，这一点请见 2.2。

　　ICD 2 与计算机、用户板的接线如图 1 - 21 所示。图中未给出电源，电源可以接 ICD 2，也可以接在用户板上。

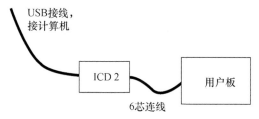

图 1 - 21　ICD 2 接线示意图

　　按图 1 - 21 接好后，就可以建立一个项目：执行"Project"→"New"→输入项目名与项目所在的目录→"OK"，此时可能在 MPLAB IDE 窗口中看不到任何东西。然后"View"→"Project"，便显示出项目窗口。接着选择芯片型号，执行"Configure"→"Select Device..."，在"Device Family："中选中"Mid - Range 8 - bit MCUs(PIC12/16/MCP)"；在该窗口的左边下拉框中选中"PIC16F877A"。

　　接着对单片机的配置位进行设置：执行"Configure"→"Configuration bits..."，将弹出如图 1 - 22 所示的窗口。此窗口与所选用的开发工具无关，换句话说，只要是 877A，其配置位设置窗口就如图 1 - 22 所示。

　　在使用 ICD 2 作为调试器时，必须把芯片的配置位设置成如图 1 - 22 中所示的参数值，其中只有"Oscillator"项要根据你所用的晶振来修改。

　　图 1 - 22 中各项参数的意义说明如下。

● Oscillator：系统的振荡方式选择。

● Watchdog Timer：看门狗定时器选择。

- Power Up Timer：上电定时器选择。
- Brown Out Detect：掉电检测使能。
- Low Voltage Program：低压编程使能。
- Data EE Read Protect：EEPROM 保护使能。
- Flash Program Write：程序存储器写使能。
- Code Protect：程序代码保护使能。

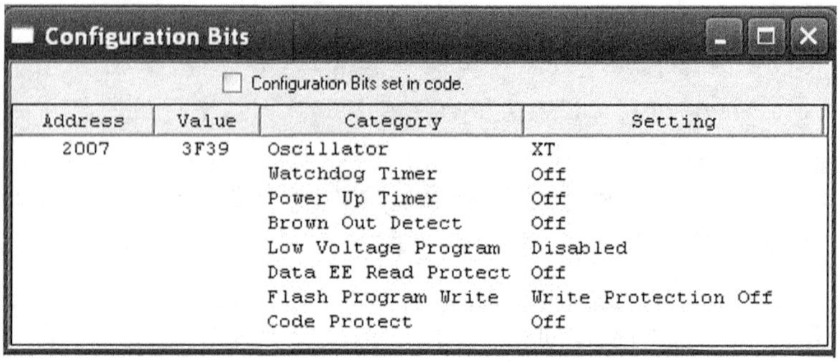

图 1-22　Configuration Bits 窗口

需要说明的是，在用 ICD 2 调试时，配置位中除了振荡方式要与所用的振荡方式相同外，其余各位均应禁止或关闭。

如果要按照程序中设定的配置位设置，则将窗口上方的"Configuration Bits set in code"选项打勾。

接着是选择调试工具 ICD 2：执行"Debugger"→"Select Tool"→"MPLAB ICD 2"，如果连接正确就会出现如图 1-23 所示的工具栏。

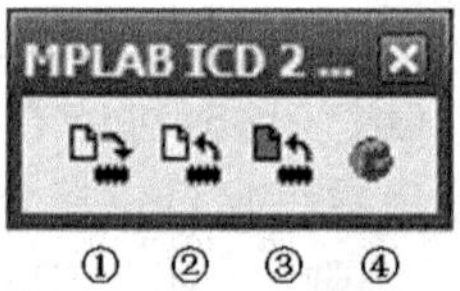

图 1-23 中 ICD 2 调试运行相关的工具栏功能如下：

① 将已编译的程序代码、EEPROM、配置位、ID 码写入芯片；

② 从芯片中读出程序代码、EEPROM、配置位、ID 码；

③ 从芯片中读出 EEPROM；

④ 重新连接 ICD 2。

图 1-23　与 ICD 2 调试运行的工具栏

接着是选择语言工具包：执行"Project"→"Select Language Toolsuite"，弹出如图 1-24 所示的窗口。

图 1-24 所选的是 Microchip 公司免费提供的 C 编译器，其中的"Location"显示的是该可执行文件"picc.exe"所在的路径。单击图 1-24 中左上方"Active Toolsuite"对应的下拉箭

头,将下拉如图 1 - 25 所示的窗口,该窗口给出了本系统所能使用的语言工具。如果要使用汇编语言,则选用"Microchip MPASM Toolsuite"。图 1 - 25 中的其他语言工具有 PIC17、PIC18 系列,还有 dsPIC 系列等。

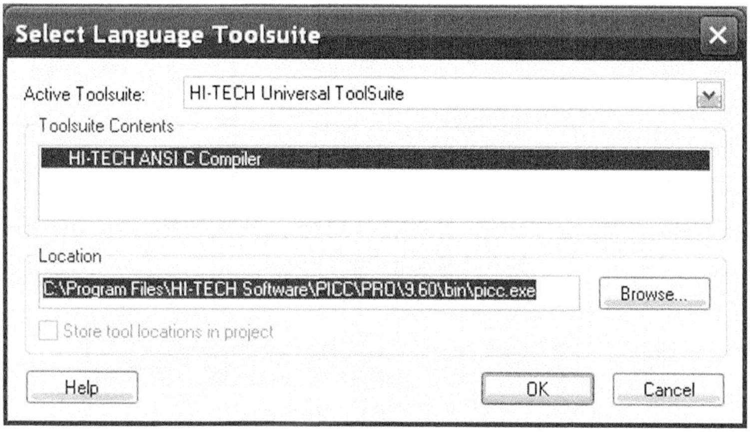

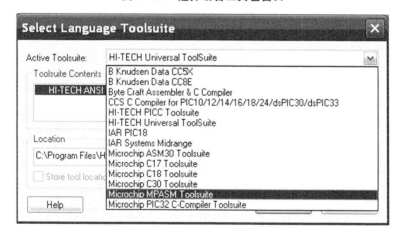

图 1 - 24　选择语言工具包窗口

图 1 - 25　系统能使用的语言工具包窗口

　　接着是右击项目窗口中的"Source Files",弹出一窗口,如图 1 - 26 所示,选择"Add Files..."便可加入已有的源程序。系统会根据所选择的语言,自动显示相关的源程序以供添加。添加源程序成功后便可单击工具栏编译文件(图 1 - 19 中的⑧、⑨均可),如编译成功,便可将程序代码写入芯片(单击图 1 - 23 中的①)。烧写成功后就可以使用 Debugger 菜单中的各种功能进行调试。

　　用户只要更改程序,就必须重新编译和烧写程序才能调试。

在 ICD 2 的"Debugger"菜单中的"Settings..."窗口,为 ICD 2 的通信方式、烧写、配置等项目进行设置,如图 1-27 所示。其中,"Communication"是设置 ICD 2 与计算机的通信接口,通常选 USB;电源设置"Power",要根据实际情况设定。建议用户板的电源由用户板本身提供,而 ICD 2 可以不接电源而由 USB 端口提供,此时图 1-27 中的"Power target circuit ftom MPLAB ICD 2"项不打勾。如果用户板耗电很小,可以由 ICD 2 供电,此时此项打勾。如果连接正常,能在图 1-27 中看到相关电压指示值,"Target Vdd"在 4.80~5.20 之间都是正常的。其他选项读者可自行查看。

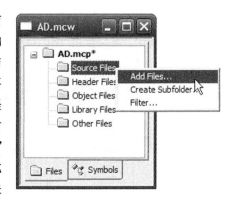

图 1-26　在项目中添加源程序窗口

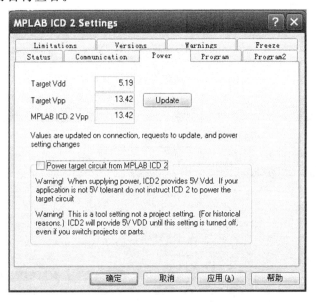

图 1-27　ICD 2 的"Settings..."窗口

在调试中,设置断点是常用的方法。ICD 2 只支持一个断点。在源程序窗口中双击某行,则会在该行设置或取消断点。在程序窗口中单击鼠标右键,会弹出窗体,在此窗口也可设置、取消断点。

使用观察窗口(Watch)跟踪变量的变化是调试中的一种重要方法,从观察窗口中可以看到相关寄存器的当前值。其设置方法为:执行"View"→"Watch",便弹出观察窗口,在其中的"Symbol Name"列中的空行处直接输入寄存器名或变量名便可增加观察变量,按"DEL"可删除观察变量。在观察窗口中单击鼠标右键,弹出如图 1-28 所示窗口。其中,将"SFR　Bitfileid Mouseover"选项选中后,当观察窗口成为活动窗口,鼠标移到相应的特殊功能寄存器名上时,会弹出一个指示此特殊功能寄存器各位值的窗口。

图 1 - 28　　在观察窗口单击鼠标右键弹出的窗口

1.7.2　作为烧写器的 ICD 2 的使用

当程序调试完毕后,就可以用 ICD 2 烧写程序准备脱机运行,即执行"Programmer"→"Select Programmer"→"MPLAB ICD 2"即可,在工具栏中会出现如图 1 - 29 所示的工具栏,其操作与调试运行的烧写操作类似。烧写完毕,用户板就可以脱离 ICD 2 独立运行了。

作为烧写器的 ICD 2 电源设置,最好在烧写板或用户板上接电源,此时 ICD 2 可不接电源,此设置与图 1 - 27 类似,是在"Programmer"的"Settings..."中设定的。

图 1 - 29　ICD 2 作为烧写器的工具栏

图 1 - 29 的工具栏功能说明如下:

① 将已编译作为脱机运行用的程序代码及 EEPROM、配置位、ID 码写入芯片;

② 从当前芯片中读出程序代码、EEPROM、配置位、ID 码；

③ 从当前芯片中读出 EEPROM；

④ 检查所写的芯片内容是否正确；

⑤ 将芯片清空；

⑥ 检查当前芯片是否为空；

⑦ 退出复位状态；

⑧ 保持在复位状态；

⑨ 重新连接 ICD 2。

1.8　MPLAB IDE 软件仿真 SIM 的使用

如果没有 ICD 2 等调试器，还可以用 MPLAB IDE 自带的 SIM 纯软件仿真。有时如果调试的程序段与硬件无关（如纯计算），用 SIM 仿真更方便。在"Debugger"中选中"MPLAB SIM"便进入 SIM 仿真。

在 SIM 仿真过程中的大部分操作与 ICD 2 类似，只是少了烧写程序这个环节，而且可以设置多个断点，单片机的资源不被占用。

1.8.1　SIM 仿真设置

设置 SIM 仿真的相关参数：执行"Debugger"→"Settings..."，将弹出如图 1 - 30 所示的窗口。

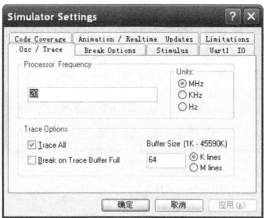

图 1 - 30　SIM 仿真设置窗口

在图 1-30 中,先设定好要选用的晶振的振荡频率,如要跟踪运行,则将"Trace All"打勾,并在"Buffer Size"中输入跟踪的缓冲区大小。只有选择"Trace All"后,在"View"菜单下才能选用"Simulator Trace"和"Simulator Logic Analyzer"。"Simulator Trace"窗口是模拟仿真的跟踪窗口,它记录了程序运行的状态,"Simulator Logic Analyzer"是逻辑分析器窗口。

1.8.2　SIM 仿真示波器使用

"Simulator Logic Analyzer"相当于示波器,它可以显示所要观察的单片机引脚的逻辑电平变化情况。如图 1-31 所示,单击其中的"Channels"可以增加或删除显示的通道数。可以单击图 1-31 中标注的相关工具进行图形的放大与测量,注意,所测量的时间单位为指令周期。

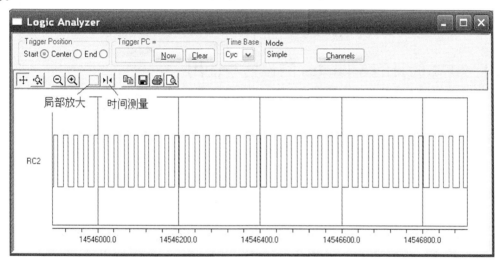

图 1-31　SIM 逻辑分析器窗口

在图 1-30 所示的设置窗口中,还有自动连续单步仿真设置、异步通信仿真使能等。

1.8.3　SIM 仿真中的跑表使用

有时需要精确计算某段程序的运行时间,则执行"Debugger"→"StopWatch",便可弹出如图 1-32 所示的跑表窗口。单击窗口中的"Zero"可将计时结果清 0。使用时要注意所选用的晶振频率是否与实际的一致,如不一致,要在"Settings..."中改为一致。如要计算某一段子程序实际运行的时间,可以在这段程序的头、尾处设置断点,当运行到程序头时,单击如图 1-32 中所示的"Zero",当程序运行到程序尾中断时,图1-32显示的就是这段程序实际运行需要的时间,如图 1-32 显示的是这段时间花费 4.240 765 s,在 4 MHz 晶振时,相当于 4 240 765 个指令周期,而程序从复位到目前共运行了 18.787 677 s,相当于 18 787 677 个指令周期。这里的时间指的是单片机实际运行的时间,而不是计算机运行的时间!

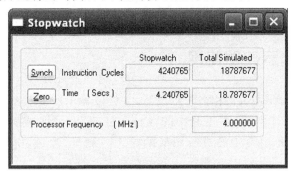

图 1-32　Stopwatch 窗口

1.8.4　SIM 仿真的 Stimulus 的设置与使用

这里重点介绍 Stimulus(激励)的使用。激励就是模拟外部线路输入信号给单片机的相关引脚或对某寄存器注入数据,如模拟外部按键、模拟其他芯片(或单片机)给被调试单片机发送的信号、模拟一个外部输入的模拟电压供单片机进行 A/D 转换等(实际上是注入到 ADRESH 和 ADRESL 寄存器中)。在 SIM 仿真下,执行"Debugger"→"Stimulus"后可以选择"New Workbook"或"Open Workbook",前者是新建一个激励仿真工作簿,后者是打开已有的激励仿真工作簿,如图 1-33 所示。

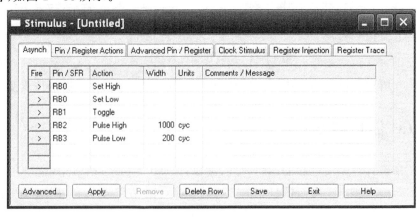

图 1-33　激励输入的设置窗口

　　在激励输入设置中的异步输入"Asynch"选项卡时,可用鼠标模拟外部输入电平的高、低或脉冲输入。图 1-33 中的"Action"显示的是当用鼠标单击相应行的"Fire"时的相应引脚的逻辑电平变化情况,"Set High"、"Set Low"分别为拉高或拉低,"Toogle"为翻转,即原来为高则变为低,原来为低变为高,"Pulse High"和"Pulse Low"分别产生一个时间宽度为指定指令周期数的高电平或低电平脉冲。

　　图 1-34 为时钟信号模拟设置的窗口。图中是设置一个模拟 RC2 输入低电平为 10 000 个指令周期,高电平为 10 000 个指令周期,当程序从开始运行了 55 000 个指令周期时开始产生脉冲,脉冲永不停止。

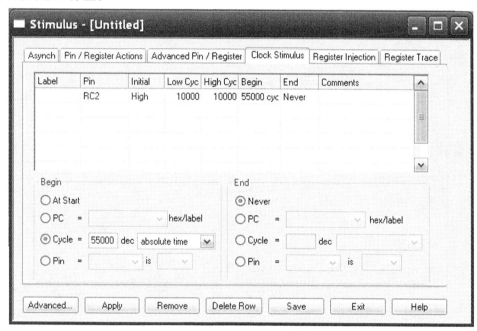

图 1-34　激励输入的时钟设置窗口

　　在 SIM 仿真时,还可以仿真 A/D 转换和异步串行通信,此时需单击图 1-33 中的"Register Injection"选项卡,即寄存器注入,如图 1-35 所示。图中是设置 A/D 采样值注入,A/D 采样值是由其中的文件给定的,文件如图所示选定的是"D:\AD1.TXT"的文本文件,设定其格式是十六进制(也可为其他进制,单击时可选)。当数据不够时,将从头循环注入。其中,AD1.TXT 文本文件中一行一个数据,根据所选的数据格式设定相应的数据,如 AD1.TXT 中文件内容为

```
0AF
37
3F0
```

以上表示注入的 A/D 是：第一个 A/D 结果为 0xAF，第二个 A/D 结果为 0x37，第三个 A/D 结果为 0x3F0。如果还要进行第四次 A/D 转换，其结果从第一个数即 0xAF 重新开始。需要说明的是，在输入 A/D 模拟时，在"Reg/var"中只要选定"ADRESL"而不管 ADRESH，也不管 A/D 结果是左对齐还是右对齐，系统会自动将结果按照程序中的对齐方式给 ADRESH、ADRESL 赋值（关于 A/D 转换，见 4.6 节）。

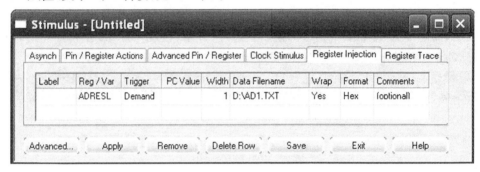

图 1-35　激励输入的寄存器注入设置窗口

在单片机软件开发中，通过 SIM 仿真时，可以仿真很多内容，建议读者多用、多实践。

第 **2** 章

HI – TECH PICC C 语言介绍

在早期的单片机开发应用中,人们都使用汇编语言编程,许多技术人员对所使用的单片机的汇编程序已掌握得炉火纯青。汇编语言是机器语言的助记符,它更接近于底层,它直接控制硬件,因此运行速度快,程序的效率高。但是汇编语言可读性差,不易于程序的维护,编程效率低,可移植性差。

C 语言本是在计算机上运行的高级语言,它的可读性强,方便程序的修改与维护,因此它的编程效率高。单片机上的 C 编译器,就是把 C 语言程序"翻译"成汇编程序的专用软件,由于这个翻译工作是由 C 编译器完成的,因此它的代码有效率较低,运行速度低些(指单片机的运行速度)。要实现相同的功能,用 C 语言编程的代码占用的程序空间有时可能会达到用汇编语言编程的代码空间的 1.5 倍以上。但是,在同样都熟悉 C 语言与汇编语言的情况下,用 C 语言编程所花费的时间可能只有用汇编语言编程所花时间的 1/5 甚至更少,而且今后软件的维护也方便。

在单片机中使用 C 语言还有一大优点,那就是如果不涉及单片机硬件的程序块,如 BCD 转换、CRC 校验等,与所用的单片机无关,基本上不用修改便可直接用在其他单片机甚至 DSP 上,这就是前面所提到的可移植性。

如果把汇编语言编程比作坐拖拉机的话,那么毫不夸张地说,用 C 语言编程就是乘飞机了!

与计算机相比,单片机的硬件资源如程序存储器、数据存储器都要小得多,因此在用 C 语言编程时,特别要注意节省程序空间和数据存储器空间。在计算机上随便定义一个大数组的"奢侈"作风在单片机上是绝对行不通的。PIC16 系列单片机的堆栈只有 8 级,因此子程序的嵌套调用也要特别引起注意。

PIC16 系列单片机上可用的有 Hitech、CCS、IAR、Bytecraft 等公司提供的 C 编译器。目前国内用得较多的是 Hitech 公司的 PICC 编译器,本书以 Hitech 公司的 PICC V9.5 为对象介绍 C 编译器。本书适用于已初步掌握计算机上使用 C 语言编程的读者。但是,就是已经熟练掌握标准 C 的读者,也要认真阅读本章,这是由于单片机本身的特点所致,使得 PICC 与标准 C 有较大的差别。

2.1　HI‑TECH PICC 的特点

　　PICC C 语言的大部分与标准 C 相同,也有部分不同。

　　由于 PICC 是专用于 PIC16 系列单片机的 C 编译器,单片机的硬件资源有限,因此它不支持函数的递归调用。

　　PIC16 系列单片机无乘、除指令,就是用 C 语言编程时也要尽可能减少乘除法运算。因为最终单片机还是用移位的方法进行乘除运算。

　　要减少复杂的计算,如开方、指数运算等,千万不要以为用 C 语言编程只要一个语句就行了,应该是很快的。实际上单片机将耗费"很长"的时间来完成一个复杂的语句,如对一个长整型数的开方,用 C 语言编程只要一句,但单片机要执行 10 000 多个指令周期!

　　编程时尽可能用整数来代替浮点数,如要表示 2 位小数的一个量,将此数放大 100 倍,显示时在百位上加上小数点,就变成了 2 位小数的量。

　　用 PICC 编写的单片机程序与标准 C 程序类似,程序通常由以下几个部分组成:

① ♯include 引用包含头文件,其中必须包含"pic. h"文件,该头文件根据所选的单片机型号自动包含另外一个头文件,另一个头文件定义了该单片机的特殊功能寄存器的名及其位名等详细具体的内容;

② 用"__CONFIG"定义芯片的配置位(前面是连续的 2 个下划线);

③ 声明整个程序中调用的所有函数;

④ 定义全局变量或符号替换及宏定义;

⑤ 程序本体。

以下为一个完整的 PICC 的 C 程序实例,为了叙述方便,在每行前加上了行号。

```
1    //内部定时器示例,单片机型号为 PIC16F877A
2    ♯include <pic.h>
3    __CONFIG(0x3739);
4    ♯define T1_500MSH   0x0B        //TMR1 延时 500 ms 的延时常数高字节
5    ♯define T1_500MSL   0xDC        //TMR1 延时 500 ms 的延时常数低字节
6
7    void main(void)
8    {    TRISB = 0xF0;              //B 口低 4 位为输出,接 4 个 LED
9         PORTB = 0x0F;             //置 PORTB 低 4 位高电平,即先让 4 个 LED 亮
10        T1CON = 0b00110000;       //TMR1 为内部时钟计数,即定时器,预分频比 1∶8
```

```
11          TMR1H = T1_500MSH;          //赋 TMR1 延时 500 ms 时间常数
12          TMR1L = T1_500MSL;
13          TMR1ON = 1;                 //TMR1 开始计时
14          while (1)
15          {   while(TMR1IF = = 0);    //等待 TMR1 计时时间到
16              TMR1IF = 0;             //定时时间到,清溢出标志
17              TMR1H = T1_500MSH;      //赋 TMR1 延时 500 ms 时间常数
18              TMR1L = T1_500MSL;
19              PORTB = PORTB ^ 0x0F;   //B 口上的 4 个 LED 翻转(亮或灭)
20          };
21      }
```

程序说明如下:

行 1 为注解语句,注释语句是为了阅读、修改方便,注释语句中可以使用英文或中文;

行 2 为包含头文件,在此,MPLAB IDE 将根据用户所选用的单片机型号(见 1.5.8 小节)自动包含相应的头文件,如选用 PIC16F877A,则会自动包含"PIC168xA. H"文件;

第 3 行为对芯片的配置位进行设定,而不是通过手工设定(手工设定见 1.7.1 小节);

行 4、5 为宏定义,也称为符号定义,行 4 定义符号用"T1_500MSH"代替"0x0B",因此,在编译时,凡是有"T1_500MSH"的地方均用"0x0B"替代,行 5 与行 4 相类似;

行 6 为空行,此行无作用,只是为了使程序阅读方便,可以有多个空行;

行 7～21 为主函数。

温馨提示:从编写的第一个 C 程序开始就得十分注意程序的格式问题,好的程序格式看起来"舒服",更重要的是,在检查程序的错误时方便。建议不用空格键而用"Tab"键使程序容易对齐,且操作方便。可以在程序窗体单击鼠标右键弹出的菜单中的"Properties..."窗口中设置"Tab"键对应的空格数。

2.2　PICC 的相关设置与操作

安装好 PICC 后,对它的操作与设置均在 MPLAB IDE 中完成。如 1.7.1 小节介绍的过程,在 MPLAB IDE 软件界面下,执行"Project"→"Select Language Toolsuite...",进入选择语言工具包。要使用 PICC,就选择"HI－TECH PICC Toolsuite",此时显示的"Toolsuite Contents"中的 3 个可执行文件"PICC Compiler"、"PICC Assembler"和"PICC Linker"均为"picc. exe",在默认的安装目录下,应如图 2－1 中的"Location"所示。

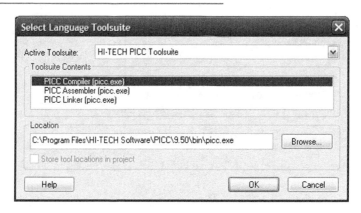

图 2－1　选择语言工具包 PICC 的窗口

　　然后再执行"Project"→"Build Options…"→"Project"，便弹出如图 2－2 所示的窗口。图 2－2 所示的窗口是编译设置中的目录设置选项卡。

图 2－2　编译设置选项卡

　　在目录选项中，单击"Show directories for："右边的下拉选项，可设置搜索头文件和库文件的路径。在默认安装路径下，只要单击图 2－2 中的"Suite Defaults"即可。

　　"PICC Global"选项卡如图 2－3 所示，图中选中"24 bits"，选的是 Double 型浮点数的位宽为 24 位，即 3 字节；如选中"32 bits"，选的是 Double 型浮点数的位宽为 32 位，即 4 字节。图中没有选"Treat 'char' as signed"项，即默认设置，char 为无符号型。如果要设置 char 默认为有符号数，则应选中该项。其他的选项只要按默认设定即可。

图 2 - 3 编译设置 PICC Global 选项卡

> **重点通告：**使用 ICD 2 作为调试器时，必须把图 2.3 中"Compile for MPLAB ICD"项选中，否则由于在 ICD 2 调试运行时，程序存储器的高端 0x1F00～0x1FFF 被 ICD 2 占用而与程序冲突，将出现无法预见的错误！ 特别当您的程序比较大时，出现划误的可能性就更大了！

2.3 PICC 变量的类型与定义

2.3.1 PICC 变量及定义

PICC 变量的类型如表 2－1 所列。

表 2 - 1 PICC 变量的类型

类 型	长 度	数值范围	说 明
bit	1 位	0，1	位变量必须为全局变量
char	1 字节	0～255	无符号字符，前头也可加"unsigned"
signed char	1 字节	－128～127	有符号字符

续表 2－1

类　型	长　度	数值范围	说　明
int 或 signed int	2 字节	－32 768～32 767	有符号整型
unsigned int	2 字节	0～65 535	无符号整型
long	4 字节	－2 147 483 648～2 147 483 647	有符号长整型
unsigned long	4 字节	0～4 294 967 295	无符号长整型
float	3 字节	±1.175 494E－38～±3.402 823E＋38	单精度浮点数
double	3 或 4 字节	3 字节时同上行	双精度浮点数,长度在编译选项中设定,默认为 3 字节

声明:在本书中,如不特别指出,char 和 double 均用默认值,即 char 为无符号字符型,double 为 3 字节浮点数。

可以定义变量如下:

```
bit   FLAG1,FLAG2;          //定义位变量 FLAG1,FLAG2
char  X,Y,Z;                //定义无符号字符型变量 X、Y、Z
float A,B;                  //定义浮点型变量 A、B
```

还可以把变量定义在指定的体中,见 2.3.2 小节。

当变量为多字节时,PICC 按低字节存放在低地址、高字节存放在高地址的原则存放变量,并以最低字节的地址作为该变量的地址。假设 int 型变量 i 值为 0x1234,如低字节 0x34 存放在 0x30 单元,高字节 0x12 就存放在 0x31 单元,并以 0x30 作为变量 i 的地址。

1. 带符号整数的存放格式

带符号整数是以补码格式存放的。下面先介绍几个名词。

定点数有 3 种表示法:原码、反码和补码。

● 原码:就是用二进制定点表示,即最高位为符号位,"0"表示正,"1"表示负,其余位表示数值的大小;

● 反码:正数的反码与其原码相同,负数的反码是把除符号位以外的其他各位的原码逐位取反;

● 补码:正数的补码与其原码相同,负数的补码是在其反码的末位加上 1。

单片机中的带符号整数均以补码方式存放。以 signed int 型变量为例,－1 的存放格式是这样的:

－1 的原码为 0b1000000000000001,反码为 0b1111111111111110(符号位不取反);

加上 1 后得到补码:

0b1111111111111111,即用 0xFFFF 表示－1。

而 0x8000＝0b1000000000000000 表示多少呢? 由于其最高位为 1,表示负数,求负数补码的逆过程,数值部分应是最低位减 1,然后取反。但是对二进制数来说,先减 1 后取反和先取反后加 1 得到的结果是一样的,故可采用整个数(包括符号位)取反加 1 的方法求得其绝对值:

0x8000 取反得到 0x7FFF;

加 1 后便得到该数的绝对值 0x8000＝32 768,即 0x8000 表示－32 768。

再以带符号型的 signed char 为例说明,有符号数 0x8C＝0b10001100 表示值是多少? 首先该数的最高位为 1,因此该数为负的。先求其绝对值:

该数取反得到 0b01110011;

加 1 后为 0b01110100＝0x74＝116,即 0b10001100 表示值是－116。

如果一个数的补码的最高位为 0,则补码就是原码。因此,带符号数 0x64 表示的数就是 0x64,即十进制的 100。

2. 浮点数 float 型、double 存放格式

PIC 16 系列中 PICC 的 float 型变量在内存中存放的格式参照 IEEE－754,只是这里尾数从原来的 23 位减为 15 位。表 2－2 给出了 24 位格式的 float 型的存放格式。

表 2－2　PICC 中的 float 型变量的存放格式

格　式	字节 2	字节 1	字节 2
float	s e7 e6 e5 e4 e3 e2 e1	e0 d14 d13 d12 d11 d10 d9 d8	d7 d6 d5 d4 d3 d2 d1 d0

表 2－2 中:

- s 为符号位,1 为负,0 为正;
- e7 至 e0 为指数;
- d14 至 d0 为尾数,d14 为 2^{-1},d13 为 2^{-2},…,d0 为 2^{-15},前有默认的整数 1。

其表示的数值按下式计算:

$(-1)^s \times 2^{(e-127)} \times 1.$尾数

举例,如有 float 格式的数存放于内存中,为 0xBFA800＝0b101111111010100000000000,最高位符号位 $s＝1$, $e＝$0b01111111＝127,尾数＝$2^{-2}+2^{-4}＝0.312\ 5$,因此,此数值为: $(-1)^1 \times 2^{(127-127)} \times 1.312\ 5＝-1.312\ 5$。

前已说明,在 PICC 中,double 型的变量可以设置为 24 位或 32 位,如 double 型为 24 位,则其表示的范围与精度和 float 型是完全相同的。当 double 型设定为 32 位时,其尾数成了 23 位,比 float 型增加了 8 位,可表示数的范围增大了,存放格式可参照 float 型。

3. 位变量

在标准 C 中没有位变量,位变量是 PICC C 语言中特有的。有了位变量,就可以方便地进行位操作,如对某一引脚设置为高电平或低电平就很方便了。有了位变量,就没有必要用一个

8 位的变量表示只要一位就可以表示的内容,可以节省单片机的内存。

位变量必须为全局变量,若干个位变量"合成"为无符号字符变量,编译后一般自动存入在体 0 的 0x20 单元及以后。位变量无法直接在观察窗口中查看。如果想知道位变量究竟被定义在何处,可以在相应的位变量操作语句设断点,运行到此处后,执行"View"→"Program Memory",单击"Symbolic"或"Machine"选项卡来查看程序存储器的汇编指令,可以在此窗口找到对应的断点,也就找到了 C 语句相应的汇编指令,如可以看到 PICC 指令为"FLAG2=0"对应的汇编"BCF 0x20,0x3",说明该位变量是在 0x20 的位 3。因此,可以在观察窗口中增加观察变量,其地址设定为 0x20,并用二进制的格式显示,则此寄存器的位 3 就代表了位变量FLAG2。

4. 变量的转换

变量的转换分为自动类型转换与强制类型转换。

自动类型转换的转换规则是:

- 实型赋予整型,只赋整数部分,舍去小数部分;
- 整型赋予实型,数值不变,但将以浮点形式存放,小数部分值为 0;
- 字符型赋予整型,由于字符型为单字节,而整型为双字节,故将字符型的值放到整型量的低 8 位中,高 8 位为 0。整型赋予字符型,只把低 8 位赋予字符型变量,高 8 位无效。

强制类型转换的一般形式为

(类型说明符)(表达式)

其作用是把表达式的运算结果强制转换成类型说明符所表示的类型,如

```
(float) x;        //强制把 x 转换为实型,不管 x 是何类型的变量
(int)(a-b);       //把 a-b 的结果强制转换为整型
```

在使用强制转换时应注意,类型说明符和表达式都必须加括号(单个变量可以不加括号)。

提示:如果在 Watch 窗口显示变量的值与实际不符,那是你设置的显示格式与数据格式不一致引起的。例如,定义为 float 变量,它是固定 3 字节的,显示时要相应定义为"24bits",并设定为"IEEE Float"格式。显示定义是在 Watch 窗口中单击鼠标右键后设定的。而 double 类型的变量,其位数是可以设定的(24 位或 32 位),显示时显示的位数与设定位数一致才能正确显示。

局部变量只有在其有效时该变量才可见。在程序窗口,把鼠标移到变量时,会在变量下方弹出的小窗口中给出该变量的值。

2.3.2　PICC 变量修饰关键词

1. extern(外部)变量声明

如果在一个 C 程序文件中要使用一些由其他文件定义的变量或者引用由嵌入汇编程序定义的变量,那么在本程序文件中要将这些变量声明成"extern"(外部)类型。

例如,C 程序文件 SUB1. C 中有如下定义:

char var1,var2;

在另外一个 C 程序文件 SUB2. C 中要对上面定义的变量进行操作,则必须在 SUB2. C 程序的开头定义:

```
extern char var1,var2;
```

2. volatile(易变)型变量声明

volatile 关键字是标准 C 中没有的,顾名思义,它告诉 PICC,这些变量是随机的,不要对这些变量进行优化处理。例如,单片机的输入端口是由外部电路决定的,它是随机的,如连续几次读输入值结果可能是不同的,但如果没有定义成 volatile 类型,连续的几个读同一端口的语句将被 PICC 认为此语句是多余的,编译时会删除它,造成错误,而定义成 volatile 类型后,就可以保证每次操作时都能直接从端口取数。因此,在相关的头文件中,所有的特殊功能寄存器都被定义成 volatile 型。

3. const(常数)型变量声明

在变量定义前冠以"const"关键词,那么所有这些变量就成为常数,程序运行过程中不能对其修改。

单片机的常数实际上是存于程序存储器的,并以查表的形式返回值。这是因为通常单片机的程序存储器相对较大,可以存入较多的常数。例如,用以下语句定义常数:

const char a=0x30;

const float x[5]={14.5,213.42,213.46,10.21,34.52};

可以像普通数组变量一样引用所定义的常数数组,如"b=x[3]";。

如果要在 Watch 窗口中显示常数,则会在该常数的地址前显示带绿色的"P",表示这是存于程序存储器的常数。除了字符型外,常数在 Watch 窗口中显示的内容是"不正确"的,这是因为如前所说的,常数在程序存储器中是以查表返回的汇编指令得到的,如常数 0x789A 存于程序存储器,假设此常数存于程序存储器的地址 0x0016,则可以在程序存储器窗口中看到,地址 0x0016 的内容是"0x349A",地址 0x0017 的内容是"0x3478","0x349A"实际上是汇编指令"RETLW 0x9A"的机器码,"0x3478"是汇编指令"RETLW 0x78"的机器码,这两句都是查表中的带参数返回的汇编指令,也就是说,用这种方式定义的常数,一个程序存储器单元(字)只能存储一个 8 位的字节常数,虽然程序存储器是 14 位的。

4. persistent(非初始化)变量声明

标准 C 语言的程序在开始运行前首先要把所有定义的但没有赋初值的变量全部清零。但在单片机中,有的变量是不能清零的,如有的端口的值是由外部线路确定的,有的寄存器内容在非上电复位时是不改变的,因此不是所有的变量在运行开始前都要清零的。为此,PICC 提供了"persistent"修饰词以声明此类变量无须在复位时自动清零,并且在退出某些函数时这类变量仍然保留。编程人员应该自己决定程序中的哪些变量必须声明成"persistent"类型,而且须自己判断什么时候需要对其进行初始化赋值。

5. static(静态)变量声明

默认的变量是自动变量,自动变量指的是当调用函数返回后这些局部变量不再保留,即不存在。如在声明中加了静态变量修饰词"static"后,则在退出函数后,这类变量仍然保留,相当于 persistent 类型的变量,但只有在相应的函数有效时才可见(指在 Watch 中)。

6. bank(体)选择声明

由于 PIC16 系列单片机的 RAM 数据存储器分为 4 个体,因此在定义变量时要指明是哪个体,默认时(不指明体)为体 0。用 bank1～bank3 指定变量存放在相应的体。

例如

```
bit   FLAG;            //定义体 0 的位变量 FLAG
char  a,b,c;           //定义体 0 的无符号字符型变量 a,b,c
bank2  int i,j;        //定义体 2 的有符号整型变量 i,j
bank1  char y[10];     //定义体 1 的无符号字符型数组 y,它有 10 个元素,下标从 0 到 9
bank3  int  z[5][3];   //定义体 3 的 2 维整型数组 z,一共有 5 行 3 列个元素
```

注意: 只有公共变量和静态型的局部变量才可以用"bank"修饰词,换句话说,非公共变量,只有静态变量才能被定义在非体 0。

如下定义:

```
bank1 static char i,j,k;
```

就定义了被定位在 bank1 的 i,j,k 为静态变量。修饰词"bank1"、"static"的顺序可以调换,结果是一样的。

设计者应当知道,自己编制的程序的数据存储器占用量是多少,编译结果窗口中会详细地给出所用的存储器的情况,某程序的编译结果如下所示:

```
Data space:

BANK0       used    4Ch (76) of    60h bytes    ( 79.2%)
BANK1       used    40h (64) of    50h bytes    (80.0%)
BANK2       used    0h ( 0) of     60h bytes    (0.0%)
BANK3       used    0h ( 0) of     60h bytes    (0.0%)
COMBANK     used    1h ( 1) of     10h bytes    (6.3%)
```

说明该程序编译后在体 0 使用了 0x4C 即 76 个存储器,占该体总存储器单元数 0x60(即 96)的 79.2%,体 1 用了 80%,体 2 和体 3 未用。最后一行给出的"COMBANK"指的是映射到体 0 的 0x70~0x7F 的 16 个单元的使用情况,用了 1 个即 6.3%。编译结果还给出程序存储器的占用情况(上面未给出)。应当告诉读者的是,寄存器的使用数量,除了用户定义的寄存器外,C 编译器还会根据程序的情况自动使用一些单元,因此不能只考虑程序中定义的 RAM 存储器。

如果定义的存储器超出相应的 bank,则会出现类似于如下的编译错误:

```
Error[491]    : can't find 0x54 words for psect "rbss_1" in segment "BANK1"
```

这个错误信息是提示无法在体 1 中建立 0x54 即 84 个字节的数据空间(体 1 只有 80 个通用寄存器),即体 1 空间不够用,解决办法是把定义的体 1 的部分寄存器定义到其他体去或者减少在体 1 定义的寄存器数量。

体分配的原则是先从体 0 开始定义,如果体 0 不够用,再定义在体 1,依此类推。

在定义变量时指定体,但在使用时,用户完全不用考虑体的选择问题,这就是 PICC 的魅力所在。用过汇编语言的读者肯定会对 PIC16 系列汇编语言的体选择感到烦琐与无奈,而在使用 PICC 编程后,如同被困的雄狮放出牢笼,那种轻松、自如的感觉,只有使用过汇编语言的人才能感受到。

在 PICC 的变量定义中,对于全局变量还可以指定地址,如希望把字符型变量 AA 定义在地址 0x30,可以用以下语句:

```
char AA @ 0x30;
```

但此时如果你想在 Watch 中查看变量 AA,则会显示"Symbol Not Found",这是为什么?实际上,上面的语句汇编后等效于

```
#define  AA  0x30
```

也就是说,PICC 并没有为变量 AA 保存地址 0x30,只是作了一个符号替换而已,该地址可能会被其他变量占用,即在运行中会与其他变量发生冲突,如果在定义语句前加上"static"关键字也是如此。因此,不推荐使用这种方法定义变量。

47

2.3.3　PICC 的结构体与共用体

PICC 还支持结构体与共用体,它与标准 C 没什么区别,故这里仅以例子说明,相信有一点 C 语言基础的读者会看懂的。

1. 结构体

可定义结构体如下:

```
struct
{     int     ff;
      char    vv[5];
}AC_Data;
```

并按如下引用:

```
AC_Data.ff = 12345;           //为结构体 AC_Data 的成员 ff 赋值
AC_Data.vv[3] = 213;          //为结构体 AC_Data 的成员 vv[3]赋值
i = AC_Data.vv[3] + 4;        //获取结构体 AC_Data 的成员 vv[3]的值并加上 3 赋予变量 i
```

也可以在结构体中按以下的方式定义位变量(这是定义位变量的另一种方法):

```
struct {      unsigned VOL:1;
              unsigned CUR:1;
              unsigned FUN:4;
              unsigned COS:6;
              unsigned SIG:1;
              unsigned POW:8;
         }FLAG;
```

上面的定义中:

- 成员 VOL 是 1 位;
- 成员 CUR 是 1 位;
- 成员 FUN 是 4 位,它的取值范围为 0～15;
- 成员 COS 是 6 位,它的取值范围是 0～63;
- 成员 SIG 是 1 位;
- 成员 POW 是 8 位,其实就是 char 型。

这种方法定义的变量,最多只能是 8 位,且只能是无符号的。编译的存放规则是从成员的低位开始存放,对同一个成员,必定存放在同一地址中。在上面的定义中,如 FLAG 的地址为 0x20,则成员 VOL 存放在 0x20 的位 0,CUR 存放在 0x20 的位 1,FUN 存放在位 2～位 5,

0x20 单元剩下 2 位,不够存放 6 位的成员 COS,因此成员 COS 存入到 0x21 单元的低 6 位,即位 0～位 5,成员 SIG 存入到 0x21 单元的位 6,同样成员 POW 存入到 0x22 单元的全部 8 位中,当然,可以直接定义 POW 为 char 型的变量。所定义的结构体 FLAG 地址分配如图 2 - 4 所示。

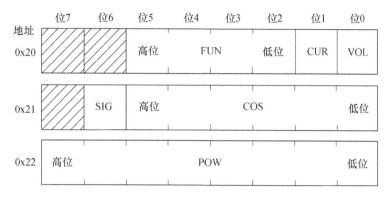

图 2 - 4　定义的结构体 FLAG 的地址分配图(假设 FLAG 地址在 0x20)

可以引用如下：

```
FLAG.VOL = 1;
FLAG.FUN = 3;
if (FLAG.SIG == 1)
    ...
```

2. 共用体

可定义如下的共用体：

```
union
{    unsigned int AD_TEMP;
     char AD[2];
}AD_RESULT;
```

这样,双字节的整型变量 AD_TEMP 与单字节的字符数组变量 AD[]共用存储空间,AD_TEMP 的低字节与 AD[0]共用,AD_TEMP 的高字节与 AD[1]共用。如作为 A/D 转换的结果暂存,把 AD 的低字节 ADRESL 存于 AD_RESULT. AD[0],高字节 ADRESH 存于 AD_RESULT. AD[1],则直接从 AD_RESULT. AD_TEMP 便得到 AD 的结果而不用把高、低字节"组装"成双字节数。

也可以通过定义共用体中的结构体来定义位变量

```
union {
        struct {unsigned b0: 1;
                unsigned b1: 1;
                unsigned b2: 1;
                unsigned b3: 1;
                unsigned b4: 1;
                unsigned : 3;    //最高 3 位未用,保留
                } AA;
        unsigned char BB;
        } FLAG;
```

需要对其中某一位操作时可以这样操作

```
FLAG.AA.b2 = 1;            //b2 位置 1
```

当然也可以把该共用体中的 BB 作为一般的字符型变量进行操作,如

```
FLAG.BB = 0b11110000;    //位变量的高 4 位置 1,低 4 位清 0
```

这样,需要使所有的位变量清 0 或置 1 等操作就更为简练、方便。

2.3.4　PICC 的指针

由于单片机的特点,PICC 中指针的定义方式和标准 C 不完全相同,有其自身的特点,要引起特别注意。

1. 指向 RAM 的指针

PICC 在编译 C 源程序时将指向 RAM 的指针操作最终用 FSR 来实现间接寻址。但 FSR 能够连续寻址的范围是 256 字节(bank0/1 或 bank2/3),因此在定义指针时必须明确指定该指针所适用的寻址区域,如定义成指向 bank0 和 bank1 的指针,可指向 bank0 和 bank1 的变量,而指针变量本身不一定非得存于 bank0 或 bank1 中。定义成指向 bank2 或 bank3 的指针,可指向 bank2 或 bank3 的变量,同样,指针变量本身不一定非得在 bank2 或 bank3 中。

例如,指针定义

```
1  char * bank2 zz0;
2  bank2 char * zz1;
3  bank3 char * bank1 zz2;
```

上面的例子中,行 1 定义了指向 bank0/1 的指针,指针本身存于 bank2 中。行 2 定义指向 bank2/3 的指针,未指明指针存放体,则指针本身存于 bank0 中。行 3 定义了指向 bank2/3 的指针,指针本身存于 bank1 中。

对于指针型变量的修饰词,出现在前面的修饰词的作用对象是指针所指的变量,出现在后面的修饰词的作用对象是指针变量本身。这些修饰词除了 bank 外,volatile、persistent 和 const 也是如此。

由于指向 RAM 的指针有明确的 bank 适用区域,在对指针变量赋值时就必须实现类型匹配,下面的指针赋值将产生错误:

```
char * zz0;          //定义指向 bank0/1 的指针
bank2 char aa[10];   //定义 bank2 中的一个数组
```

则程序语句:

```
zz0 = aa;            //错误!
```

上行语句试图将在 bank2 的变量 aa[]的地址赋给指向 bank0/1 的指针变量 zz0,出现此类错误的指针操作,PICC 在编译链接时会给出类似于如下的信息:

```
Fixup overflow in expression (...)
```

同样,若函数调用时用了指针作为传递参数,也必须注意 bank 作用域的匹配,这一点要特别加以注意。假定有下面的函数原型,通过参数传递数组:

```
void Send_1(char *);
```

那么要用此函数,被传递的数组一定只能位于 bank0 或 bank1 中。如果要传递的数组位于 bank2 或 bank3 内,必须再另外单独写一个函数

```
void Send_2(bank2 char *);
```

从内部代码看,这两个函数是完全一样的,但传递的参数中指针指向的体不同。

总之,在用指向 RAM 的指针时,要特别注意体的位置匹配!如出现"Fixup overflow"的错误指示,均是指针类型不匹配的赋值所致。

2. 指向 FLASHROM 常数的指针

前面说过,PICC 中定义的常数是存放于程序存储器的,即 FLASHROM,有时简称 ROM。

假设有一数组是已经被定义在 ROM 的常数,如

```
const char FZDX[] = "Fuzhou University";   //定义 ROM 中的常数
```

那么指向它的指针可以定义如下:

```
const char * ZZ;                //定义指向 ROM 的指针
```

可以对上面的指针变量 ZZ 赋值和实现取数操作

```
ZZ = FZDX;                          //指针赋初值
data = * ZZ + +;                    //取指针指向的一个数后指针加 1
```

但下面的操作是错误的：

```
* ZZ = data;                        //错误！往指针指向的地址写一个数，即试图修改常数
```

如果试图用一个指向 RAM 的指针指向常数，也会产生错误。如定义了以下指针：

```
char * YY;                          //定义指向 RAM 的 bank0/bank1 的指针 YY
```

如果将此指针 YY 指向常数数组 FZDX，则是错误的

```
YY = FZDX;                          //错误！用一个指向 RAM 的指针指向 ROM
```

指向常数的指针可以指向另外一个常数而不必重复定义，如上面的 ZZ＝FZDZ，指向存于程序存储器的常量数组 FZDX，如果现在有另一个常数数组 FJ，则可以再用 ZZ 这个指针变量指向该常数数组：ZZ＝FJ。

2.4　宏定义的使用

宏定义又称为宏替换，有时简称"宏"。
宏分为不带参数的宏与带参数的宏。

2.4.1　不带参数的宏定义

格式
＃define 标识符 字符串
其中的标识符就是所谓的符号常量，也称为"宏名"。
如以下的宏：

```
#define PI 3.1415926
```

在 PICC 编译时，凡遇到"PI"的地方均用"3.1415926"替代。
使用宏可提高程序的通用性和易读性，减少输入错误和便于修改。但要注意：

● 宏定义末尾不加分号；
● 宏定义通常在文件的最开头；
● 宏定义不分配内存。

2.4.2　带参数的宏定义

格式

＃define 宏名(参数表) 字符串

例如

＃define S(a,b) a * b

宏名和参数的括号间不能有空格。

如有"S1＝S(4,5);",第一步被换为"S1＝a * b;",第二步被换为"S1＝4 * 5;"。

从中可以看到,带参数的宏定义类似于函数调用,它也有一个哑实结合的过程,但与函数是有本质区别的,函数有调用与返回,而宏定义只是简单地替代;函数在编译时要检查形参与实参的类型是否一致,而宏定义不检查。其主要区别如下:

- 宏替换只作替换,不作计算和表达式求解。
- 函数调用在编译后程序运行时进行,并且分配内存;宏替换在编译前进行,不分配内存。
- 宏的哑实结合不存在类型问题,没有类型转换,编译时不进行类型匹配检查。
- 函数只有一个返回值,利用宏则可以设法得到多个值。
- 宏展开会使源程序变长,函数调用不会。
- 宏展开不占运行时间,只占编译时间,而函数调用要占用运行时间(分配内存、保留现场、值传递、返回值)。

多行宏定义用"\"作为续行符。

多行的带参数宏定义示例如下:

```
//宏定义,发送一个数,并等待其发送结束
＃define SEND_ONE(a)  \
TXREG = a;  \
while(TRMT = = 0)
```

引用时如同函数调用

```
SEND_ONE(0x45);
```

或:

```
x = 0x17;
SEND_ONE(x);
```

在多行宏定义中,最后一行不要加";",这样在宏引用时加上";"如同一个函数调用语句。同时在多行宏定义中不得加上注解语句,如有注解,放在宏定义前一行或后一行。

这里介绍 2 个经常要用到的带参宏定义。

```
#define BITSET(Var,Bitno) ((Var) | = 1<<(Bitno))
#define BITCLR(Var,Bitno) ((Var) & = ~(1<<(Bitno)))
```

这是分别对变量的某位置 1 和位清 0 的操作,其中的 Var 为变量名,只要是整型变量均可,Bitno 为变量的位,范围为 0~7 或 0~15 或 0~23,取决于变量的类型。

如要对某整型变量 aa 的第 12 位清 0,只要执行 BITCLR(aa,12) 即可。

还有,在 PICC 的头文件"PIC. H"有很多的宏定义,建议读者打开该文件查看。

> **温馨提示:** 为了减少堆栈,并减少函数调用时的分配内存、保留现场、值传递与返回值等所花费的时间,可用带参宏定义取代函数调用,此函数通常语句较少。但比较复杂的函数并有多次调用时不建议用宏定义替代,因为复杂的函数占用程序存储器的空间较大,如果用宏定义,则 n 次引用宏就在程序中占用 n 倍的空间!

2.5　数制与表示法

在 PICC 程序中,支持的数据格式有二进制、十进制、八进制和十六进制,它们的表示法如表 2-3 所列。

表 2-3　数制格式

数　制	格　式	说　明	举　例
十进制	AAA	A 为 0~9	10234
十六进制	0xBBBB	B 为 0~F,x 可大写或小写	如 0xFF,0x12AC
二进制	0bCCCC	C 为 0、1,b 可大写或小写	0b11011111
八进制	0DDDD	D 为 0~7,最高位是数字 0	012

> **提示:** 由于八进制是用前导 0(数字 0)来表示的,因此十进制的 234 绝对不能写为 0234! 如那样就成了八进制数了,结果是十进制的 156,这一点要引起特别的注意!

2.6　运算符

由于本书适用的读者对象已初步掌握 C 语言,故这里只用表格给出相关运算符的运算规则,如表 2-4 所列。

表 2－4　PICC 中常用的运算符

运算类型	符　号	说　明
算术运算	＋、－、*、/	加、减、乘、除
	%	整数求余,要求参加运算的量必须为整数常数或整数变量
关系运算	＜、＞、＝＝、＜＝、＞＝、!＝	分别为小于,大于,等于,小于或等于,大于或等于,不等于
逻辑运算	!	逻辑非,"! 真"＝假,"! 假"＝真
	&&	逻辑与,只有"真 && 真"结果为真,其余结果均为假
	‖	逻辑或,只有"假‖假"结果为假,其余结果均为真
位运算	&	按位与,只有 1 和 1 与结果为 1,其余结果均为 0
	‖	按位或,只有 0 和 0 或结果为 0,其余结果均为 1
	～	按位取反,0 取反后为 1,1 取反后为 0
	ˆ	按位异或,相同异或结果为 0,不同异或结果为 1

　　逻辑运算和位运算的区别是,参加逻辑运算的量本身就是逻辑量,运算结果也是逻辑量,而参加位运算的量是整型量,运算结果也是整型量。例如,在(a＞b) &&(b＞c)的逻辑运算中,(a＞b)和(b＞c)本身是个逻辑量,它要么是真,要么是假,运算结果也是逻辑量。而在 z＝x|y 中,x 和 y 都是整型量,运算规则是把 x 和 y 的每一位作或运算,结果存于 z 中。

　　假设 x＝0b11110000,y＝0b10101010,则按位与,z＝x & y 的结果,z＝0b10100000。而逻辑与,z＝x && y 的结果,z＝1,这是因为参加逻辑与的 2 个数均为逻辑量,而在 C 语言中,0 为假,非 0 为真,因此 x 和 y 均为真,所以结果为真即 1。初学者一定要认真领会逻辑运算与位运算的区别,否则会产生错误。

　　如果要使某变量的某些位置 1,其他位不变,可用按位或的方法,如 PORTB＝PORTB |0b11110000,结果是 B 口的高 4 位置 1(不管原来高 4 位是何状态),低 4 位保持不变。

　　如果要使某变量的某些位清 0,其他位不变,可用按位与的方法,如 PORTB＝PORTB &0b11110000,结果是 B 口的高 4 位保持不变,低 4 位被清 0(不管原来低 4 位是何状态)。

　　如果要使某变量的某些位取反,其他位不变,可用按位异或的方法,如 PORTB＝PORTBˆ0b11110000,结果是 B 口的高 4 位取反(原来如为 1 则为 0,原来为 0 则为 1),低 4 位保持不变。

小结:用按位与的方法可以对某些位清零,其他位不变;按位或的方法可以对某些位置 1,其他位不变;按位异或的方法可以对某些位取反,其他位不变。

　　上面用 PORTB 作为位运算的例子,只有当 PORTB 全为输出口时结果才正确,否则,作为输入引脚的 B 端口的状态是由外部电路决定的!

例如,a＝a ｜ 0b00100000 的结果是对 a 的第 5 位置 1,而 a＝a & 11011111 的结果是对 a 的第 5 位清零。

如果要判断某位是否为 1,在汇编程序中是很方便的,在 PICC 中可以用按位与的方法。如要判断字符型变量 A 的第 3 位是否为 1,可以这样判断

if ((A & 0x08)＝＝0x08)...　//0x08＝0b00001000

显然,比较结果为真,该位为 1,否则该位为 0。

2.7　PICC C 语言的基本语句

PICC 的基本语句和标准 C 相同。其格式也与标准 C 相同,如区别大小写,每个语句之后要有";",用"//"作为注释内容的标记,用"/ * "和" * /"把一整段作为注释内容等。

2.7.1　for 循环

格式

for (表达式 1;表达式 2;表达式 3)

　　{循环体语句组}

执行过程如下:

① 先求表达式 1 的值。

② 求表达式 2 的值,如果表达式 2 的值为真则执行循环体语句组;若为假则循环结束,执行此语句之后的语句。

③计算表达式 3,转②继续执行循环。

如用 for 循环进行软件延时

```
for (i＝0;i＜100;i＋＋)
    {NOP();NOP();}
```

上面的循环总的执行时间与变量 i 的类型有关,当 i 为 char 型时,执行时间为 802 T_{cy} ;当 i 为 unsigned int 型时,执行时间为 1 303 T_{cy} ;当 i 为 int 型时,执行时间为 1 603 T_{cy} ;当 i 为 unsigned long 型时, 执行时间为 2 605 T_{cy} ;当 i 为 long 型时,执行时间为 3 105 T_{cy} 。可见不同类型的循环变量执行的时间相差很大,在编程时要引起特别的注意,最好在 SIM 仿真中用跑表计时(见 1.8.3 小节),或在 PROTEUS 中设置断点检测此段程序的运行时间,做到心中有数。

2.7.2　while 语句

while 语句有 2 种形式。

1. 形式 1

格式

while(逻辑表达式)
{
　　循环体语句组
}

执行过程：

① 先计算逻辑表达式的值,结果为 0 则假,不执行循环体语句组,退出循环;如结果非 0 则为真,执行循环体语句。

② 转①再计算、判断逻辑表达式的值。

因此,常用 while(1){...}表示一个表面上看是死循环语句,当然如果需要退出循环,要在循环体中加上判断语句,用"break"语句强制退出循环,除非真想进入无限循环。

2. 形式 2

格式

do
{
　　循环体语句组
}
while(逻辑表达式);

执行过程：

① 执行循环体语句组；

② 计算逻辑表达式的值,若为假则退出循环,若为真转①继续循环。

由上可以看到,格式 1 与格式 2 的主要区别是格式 1 先判断逻辑表达式,因此它可能一次循环也不执行;而格式 2 是先执行循环体语句,再判断逻辑表达式,因此至少要执行 1 次循环。

2.7.3　goto 语句

格式

goto label
其中 label 为标号。

这个是无条件转向,在 PICC 中不用考虑程序存储器的页面问题,PICC 已经自动为你考虑好了!

建议少用 goto 语句,因为此语句会破坏 C 程序的结构性和可读性。

2.7.4 continue 和 break 语句

这两个是可用于循环控制的语句,continue 是跳过本次尚未执行的循环体语句,执行下一次循环;而 break 是中止循环,跳出循环体。如果是多重嵌套,则要根据 continue 和 break 的位置来确定是如何退出循环的。如下:

```
for (i = 0;i<5;i + +)
{   if (i = = 4) break;
  for (j = 0;j<6;j + +)
        {
            if ((i + j) = = 5) continue;
            NOP();
        }
}
```

当 i＝4 时,退出 i 循环(j 循环当然也不做了),当 i＋j＝5 时,不执行 j 循环后面的 NOP()指令,继续下一个 j 循环。

2.7.5 if 语句

和标准 C 相同,if 语句有 3 种格式。

1. 格式 1

if（表达式）

　〔语句组〕

2. 格式 2

if（表达式）

　〔语句组 1〕

else

　〔语句组 2〕

3. 格式 3

if（表达式 1）

　　〔语句组 1〕

else if(表达式 2)

　　〔语句组 2〕

else if(表达式 3)

　　〔语句组 3〕

…

else（表达式 n）

　　〔语句组 n〕

这 3 种格式中的表达式,可以是逻辑表达式或位变量,如

if（ADIF）〔语句组〕

此句的意思是,当位变量 ADIF 变量值为 1 时,执行语句组,否则不执行。格式 3 中的 if 执行过程,只要有一个条件满足,就只执行相关的语句组,而其他的判断等均不执行。

注意,如果语句组不止一个语句,就一定要用大括号括起来!

2.7.6　switch 语句

格式

　　switch（表达式）

　　〔　case　（常量表达式 1）:

　　　　语句块 1

　　　　break;

　　case　（常量表达式 2）:

　　　　语句块 2

　　　　break;

　　…

　　case　（常量表达式 n）:

　　　　语句块 n

　　　　break;

　　default:

　　　　语句块 n +1

　　〕

执行过程:

① 计算表达式的值。

② 表达式的值与常量表达式 1 比较,如相等,执行语句块 1,再执行 break,退出 switch 语句块;不等,与常量表达式 2 比较……

③ 如果都不等,执行语句块 $n+1$。

switch 语句中也可以没有 default 语句。

2.8　PICC C 中的函数

PICC 中的函数与子程序与标准 C 没有太大的区别,但是由于堆栈资源的原因,在 PICC 中的函数不支持函数的递归调用。

2.8.1　带返回值的函数

带返回值的函数的定义格式为

type Function_Name(tpye　val1, type　val2,…)

{ …

　　return(x);

}

这里,第 1 个 type 是函数返回值的数值类型,为变量的类型符号,如 char、unsigned int 等,默认的函数类型是 int;括号中的 type val1、type val2 为形式参数中的变量类型及变量名,如果无形式参数,则用"void"。

下例是单片机 PIC16F877A 的 A/D 转换函数的实例,它的功能是对指定 AD 通道 k 进行 A/D 转换并返回 AD 结果,有些语句读者可能还看不懂,没关系,这里只要知道函数的结构就可以了,其他的语句以后就懂啦!

```
//A/D 转换,对指定的通道 k 进行 A/D 转换,结果以 16 位整数返回
unsigned int AD_SUB(char k)
{   char i;
    unsigned int  x;
    ADCON1 = 0b11001000;            //设定 AD 结果右对齐,全部的模拟口均为 AD 输入口
    ADCON0 = 0b01000001;            // T_AD = 8 T_osc
    ADCON0 | = (k<<3);              //把通道号左移 3 次放入 ADCON0 的通道选择位中
    for (i=1;i<5;i++) NOP();        //打开 A/D 通道后延时 20 μs 左右
    ADGO = 1;                       //开始 A/D 转换
    while (ADGO == 1);              //等待 A/D 转换结束
    ADIF = 0;                       //清 AD 结束标志
    x = ADRESH<<8;                  //取 AD 结果的高 8 位左移 8 次
    x| = ADRESL;                    //加上 AD 结果的低 8 位
```

```
    return (x);              //以 AD 结果作为函数的返回值
}
```

此函数的声明应放在此函数之前,函数声明如下:

```
unsigned int AD_SUB(char);
```

在函数声明的形式参数中,形式参数的变量名可以不给,因为这里只是告诉编译程序此函数的形式参数的类型而已,与名字无关。

有了以上的函数定义后,我们可以这样调用:

```
x = AD_SUB(3);
```

此句的作用是对 A/D 通道 3 进行 A/D 转换,结果放在变量 x 中,当然变量 x 也应是无符号整型变量。

如果有多个返回值,怎么办?解决方法有二:

① 通过公共变量返回;

② 通过指针变量返回,实际上是返回数组的首地址,因此可以返回多个数值。

考虑到有的读者刚开始学习 C 语言,指针本来就是 C 语言中比较难掌握的内容,带指针变量返回的函数更难了,有兴趣的读者也可参阅相关 C 语言书籍自己编个试试。

2.8.2　无返回值的函数

无返回值的函数的定义格式为

```
void Function_Name(tpye    val1, type    val2,...)
{
  ...
}
```

与 2.8.1 小节比较便知,这里的函数没有类型,函数体中没有"return"语句,调用时按如下即可:

```
Function_Name(A,B,...);
```

其他与带参函数相同。

2.9　PIC. H 与 PIC168XA. H 介绍

在 PICC 中,我们可以直接使用寄存器的名字和位名,这些都归功于相关的头文件。还有一些宏定义也在这些头文件里。因此有必要知道这些头文件的基本情况。

在使用 PICC 于 PIC16 系列单片机中，头文件"PIC. H"是一定要用的，还会用到所用的单片机型号的相关头文件。

2.9.1　PIC. H 文件介绍

"PIC. H"文件是 PICC 程序编译必需的头文件，该文件在 PICC 安装目录下的 INCLUDE 目录下。此文件中的主要内容有：

① "PIC. H"文件根据用户所选用的单片机芯片型号自动包含相应的头文件，如选用 PIC16F877A 时，它就包含了"PIC168XA. H"的头文件。

② 定义常用的嵌入汇编宏定义，如

```
#define  CLRWDT()     asm("clrwdt")
#define  SLEEP()      asm("sleep")
#define NOP()         asm("nop")
```

这样在 PICC 下可以用"NOP();"代替"asm("nop");"等。

该文件还定义了配置位的定义和 EEPROM 的数据的存放定义、EEPROM、FLASHROM 的读/写宏定义。有了这些宏定义，我们可以使用：

配置位定义

__CONFIG(x)（前两个字符为两个下划线）

其中，x 可以从配置位菜单中得到的值填入，也可以参照头文件中的定义用与的办法写入。

EEPROM 初始数据

__EEPROM_DATA(D0,D1,D2,D3,D4,D5,D6,D7)（前两个字符为两个下划线）

其中，D0～D7 为 8 个字符型常数，定义必须从 EEPROM 的 0 单元开始，D0～D7 依次被定义在 EEPROM 的 0～7 单元，如有第二个 __EEPROM__DATA 语句，则被定义在 EEPROM 的 8～15 单元，依此类推。

EEPROM、FLASHROM 的读/写

EEPROM_READ(addr)　　　　　EEPROM 读；

EEPROM_WRITE(addr,value)　　EEPROM 写；

FLASH_READ(addr)　　　　　　程序存储器读；

FLASH_WRITE(addr,data)　　　程序存储器写；

注意，在 EEPROM 相关的宏定义中，addr 和 value 均为单字节的 char 型，而在 FLASHROM 相关的宏定义中，addr 和 data 均为双字节的 int 型。

如要把 0x12 数写入 EEPROM 单元 4，只要用如下的语句：

EEPROM_WRITE(0x04，0x12)；

如要把 EEPROM 的 04 单元数读出放入字符型变量 A,用如下的语句：

A＝EEPROM_READ(0x04)；

用汇编语言编写过 EEPROM 读/写程序的读者,一定会记得那令人头痛的体选择(EEP-ROM 的相关控制寄存器都在体 2、体 3),而现在的程序编写已变得非常轻松！

下面我们来解析在 PIC.H 中的 EEPROM_READ 宏定义：

```
1    #define   EEPROM_WRITE(addr, value) \
2    do{                                 \
3        while(WR)continue;              \
4        EEADR = (addr);                 \
5        EEDATA = (value);               \
6        CARRY = 0;                      \
7        if(GIE)CARRY = 1;               \
8        GIE = 0;                        \
9        WREN = 1;                       \
10       EECON2 = 0x55;                  \
11       EECON2 = 0xAA;                  \
12       WR = 1;                         \
13       WREN = 0;                       \
14       if(CARRY)GIE = 1;               \
15   }while(0)
```

为方便介绍,该宏定义被改写为每行一个语句,并加上行号。从上面的例子可以看到,这些宏定义如同函数,但又不是函数,这样就减少了堆栈的使用次数。行 1 是定义的宏名为 EE-PROM_WRITE,其中用到的参数为 addr 和 value。其他语句这里不解释,待读者学完本章及下一章后再回头看这一段就清楚了。注意,宏定义的最后一行通常不用";",调用宏定义时就要加上";",这样调用宏定义就像调用一个 C 函数一样。

2.9.2　PIC168XA.H 介绍

"PIC168XA.H"头文件是对 PIC16F873A、874A、876A 和 877A 单片机的特殊功能寄存器及位进行命名,如定义 B 端口：

```
static volatile unsigned char  PORTB  @ 0x06;
```

该定义 PORTB 的地址在 0x06,是 static volatile 类型的变量。

所有的寄存器定义中均有"static volatile"关键字,关键字"static"是说明这些变量是静态的,在位定义中,如

```
static volatile bit GIE   @ (unsigned)&INTCON * 8 + 7;
```

该定义 GIE 是 INTCON 的第 7 位,因此我们直接可以这样引用

```
GIE = 1;
```

即置 INTCON. GIE=1。

在"PIC168XA. H"文件的最后还定义了配置位,因此我们可以这样在程序中使用芯片配置位定义

```
__CONFIG (XT & WDTDIS & PWRTEN & BOREN & WDTDIS);
```

上例的详细内容不再说明,相关详细内容可查阅"PIC168XA. H"文件。

2.10　其他头文件介绍

实际上在 PICC 安装目录的 INCLUDE 目录下,还有许多其他头文件,由于其他头文件很少用,这里只介绍最常用的数学类函数 math. h,它定义了如下函数:

```
extern double fabs(double);
extern double floor(double);
extern double ceil(double);
extern double modf(double, double * );
extern double sqrt(double);
extern double atof(const char * );
extern double sin(double);
extern double cos(double);
extern double tan(double);
extern double asin(double);
extern double acos(double);
extern double atan(double);
extern double atan2(double, double);
extern double log(double);
extern double log10(double);
extern double pow(double, double);
extern double exp(double);
extern double sinh(double);
extern double cosh(double);
extern double tanh(double);
extern double eval_poly(double, const double * , int);
```

```
extern double frexp(double, int * );
extern double ldexp(double, int);
```

如果要用到相关的数学类函数,则在程序的开头处加上"#include <math.h>"。

在调用内部函数时,变量的类型如不一致,PICC将自动转换。

2.11　PICC的中断服务程序的编制

PICC可以实现C语言的中断服务程序。PIC16系列单片机的中断服务程序有一个特殊的定义方法,即

```
void interrupt INT_SER(void);
```

其中的函数名"INT_SER"可以是符合函数命名规则的其他字符,而其他部分必须完全相同,如必须是无形式参数和无返回参数,关键词"interrupt"也是必需的。PICC在最后进行代码连接时会自动将该函数定位到0x0004中断入口处,实现中断服务响应。编译器也会实现中断函数的返回指令"retfie"。PICC还会自动加入代码实现中断现场的保护与恢复,编程时不要像编写汇编程序那样加入中断现场保护和恢复指令语句。

中断的现场保护与恢复也是令初学者生畏的内容,现在我们可以甩手不管了!

但有一点要注意,在中断服务程序中调用的函数,必须专用,即不能同时在中断之外的程序中调用又在中断服务程序INT_SER中调用,编译时会检查此类错误。如下的错误信息说明在主程序和中断服务程序中都调用了函数AD_SUB。

```
Error[472]    : non-reentrant function "_AD_SUB" appears in multiple call graphs: rooted at
"_INT_SER" and "_main"
```

解决上述问题的办法是把函数AD_SUB复制,并命名为AD_SUB_I(只要不重名即可),在中断服务程序INT_SER中调用AD_SUB_I函数,而在中断服务程序之外调用AD_SUB子程序。

PIC16系列单片机的中断入口只有一个,即0004,因此程序中只有一个中断服务函数,可以通过判断中断标志位来确定中断程序的执行走向。

以下是一个中断服务程序的例子。

```
//总中断服务程序
void interrupt INT_SER(void)    //中断服务程序函数名为INT_SER
{    if (TMR0IF = = 1)
        TO_INT();              //当TMR0IF = 1时调用TO_INT
    if  (TMR1IF = = 1)
        TMR1_INT();            //当TMR1IF = 1时调用TMR1_INT
```

```
    if (INTF = = 1)
        INT_INT();                        //当 INTF = 1 时调用 INT_INT
}
```

2.12　在 C 中嵌入汇编指令

有时由于特殊原因,要在 C 中嵌入汇编指令。嵌入汇编有 2 种方法:一是行嵌入,二是块嵌入。行嵌入格式为

asm("汇编语句");

其中,双引号内的语句是合法的汇编语句,如

asm("CLRWDT");

如果要嵌入几个汇编指令,则用块嵌入,块嵌入的格式为

＃asm

汇编指令 1

汇编指令 2

…

汇编指令 n

＃endasm

其中的汇编指令必须符合汇编指令规范,而且在汇编指令中引用变量必须是 PICC 定义的全局变量(包括 PICC 头文件 PIC168XA. H 所定义的特殊功能寄存器名和用户定义的变量),且在变量前加上"_",如下:

```
＃asm
  bcf   _STATUS,6
  movlw 0x5A
  movwf _a
＃endasm
```

此块汇编先将 STATUS 的位 6 清 0,再将 0x5A 数送给全局变量 a。汇编嵌入不支持位名,如上例中的"bcf _STATUS,6"不能写为" bcf _STATUS,_RP1"。

还要注意的是,行嵌入中在后面有分号,块嵌入中每一行都没有分号。

既然用了 C 语言,就不要惦记着汇编语言! 总想在 C 语言中加入汇编语言是一些已有汇编基础的读者开始用 C 语言编程时的一个毛病。除非万不得已,一般不要嵌入汇编语言!

第 **3** 章

PROTEUS ISIS 使用介绍

PROTEUS 软件是英国 Labcenter Electronics 公司出品的电子设计软件,分为 ISIS 和 ARES 两部分。ISIS 是电子系统仿真软件,ARES 是印刷线路板设计软件。本书只介绍 ISIS 电子线路仿真部分,重点介绍 PIC16F 系列单片机的仿真。目前(2009 年 7 月)PROTEUS 最高版本是 7.5。本书以 7.5 版本为对象介绍该软件的使用。

3.1　PROTEUS ISIS VSM 概述

PROTEUS 的 ISIS VSM,是虚拟仿真技术模块,用户可以对各种电子线路包括单片机进行仿真,许多用户第一次见到该软件的仿真界面,无不被其逼真的仿真效果所倾倒!目前,它受到众多电子技术人员青睐,特别在单片机与电子线路的混合线路仿真中,得到了越来越多技术人员的喜爱。它的魅力在于:

- 超强的仿真界面,除了一般的电子线路外,可以仿真 LED、LCD、音响等;
- 可交互的仿真操作,可以仿真按键、开关、温度调节等;
- 支持单片机的软件仿真,可以根据单片机的程序仿真运行,调试程序,查看变量结果;
- 完善的虚拟测试技术,有示波器、电压、电流表、可仿真通信的虚拟终端等;
- 对众多的电子元件,特别是新元件的支持,元件库元件数量多达上万种,如 Microchip 公司的 PIC16、PIC17、PIC18 系列,dsPic24 系列,dsPic33 系列,I^2C、SPI 接口的数字温度传感器、EEPROM 等。

有了 PROTEUS 软件,就如同有了一个大型的电子实验室,在这个实验室里,有各种单片机、大量的电子元器件、各种电表、示波器、各种信号发生器,你可以在这里进行各种你想做的实验。

3.2　PROTEUS ISIS 菜单介绍

安装了 PROTEUS 的 ISIS 模块后，就可以执行 ISIS 软件，进入的界面如图 3 - 1 所示。

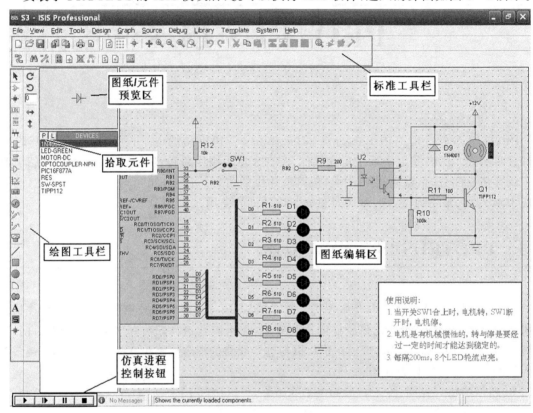

图 3 - 1　PROTEUS 主界面

在 ISIS 原理图编辑界面上，鼠标中间滚轮的前滚后滚可以方便地实现图纸的放大与缩小。按下鼠标滚轮时移动鼠标，可以移动图纸。读者试一下就知道了，这些操作给绘制与浏览原理图带来了很大的方便。

下拉菜单的右边会显示该菜单的快捷键（如果有快捷键的话），读者在使用时留意一下，记住了快捷键，操作时更方便。在菜单使用时，如下拉了某菜单，在鼠标移到菜单某项的同时，按下 F1 键，会出现一个窗口，说明该菜单的功能，如图 3 - 2 所示为鼠标移到了 File 菜单中的"Import Bitmap…"时弹出的帮助小窗口。同样，鼠标移在工具栏上，少许延迟也会在鼠标的下方弹出帮助小窗口，若按下 F1 键，会弹出内容更详细的帮助小窗口。

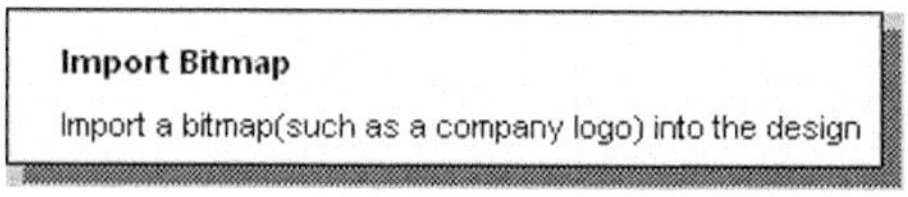

Import Bitmap
Import a bitmap(such as a company logo) into the design

图 3-2 鼠标移到菜单的同时按 F1 弹出的菜单说明

在以下的介绍中，只介绍与 ISIS 有关的菜单。

3.2.1 File 菜单

File 菜单如图 3-3 所示，File 菜单共分为 5 组：第一组为文件的新建、打开与保存；第二组为导入与导出图形文件，导入是把已存在的图形文件导入到线路图中，导出即把线路图导出为图形文件；第三组为打印相关内容；第四组为最近所打开的文件，供快速打开文件用；第五组为退出。这些菜单与其他软件是很类似的，相信读者一看便知，这里就不多说了。

New Design...
Open Design... Ctrl+O
Save Design Ctrl+S
Save Design As...
Save Design As Template...
Windows Explorer...
Import Bitmap...
Import Section...
Export Section...
Export Graphics
Mail To...
Print...
Printer setup...
Printer Information
Set Area
1 D:\PROTEUS\TRAIN\train
2 D:\PROTEUS\UART2\UART
Exit Q

图 3-3 File 菜单

3.2.2 View 菜单

View 菜单分为 4 组，如图 3-4 所示。

第一组从上至下分别如下。

- Redraw：重画，即画面刷新；
- Grid：显示/不显示栅格，单击改变显示或不显示栅格；
- Origin：图纸的坐标原点设置；
- X Cursor：改变鼠标的光标样式。

第二组：设置捕捉栅格大小，在 ISIS 中，所用的尺寸单位为英寸，英寸的符号为 in 或 inch，在 PROTEUS 的 ISIS 中用“in”表示。1 in=25.4 mm=1 000 mil，mil 是毫英寸，与ISIS中的符号“th”相同。默认的栅格为 0.1 in。

第三组为显示移动、放大缩小类。

第四组：显示或不显示工具栏设定，单击后会弹出一个窗口，用户根据需要选择显示或不显示工具栏。

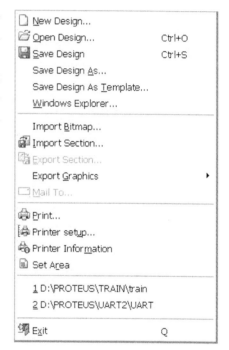

3.2.3　Edit 菜单

Edit 菜单分为 5 组,如图 3-5 所示。

图 3-4　View 菜单　　　　　　**图 3-5　Edit 菜单**

第一组:取消或重做操作。

第二组:查找元件,输入元件名后将显示所要找的元件属性窗口,找到元件后在此可直接编辑元件的属性。

第三组:剪切或拷贝对象到剪贴板或从剪贴板粘贴对象。

第四组:把被选择的对象移至下层或上层。当在同一平面位置上有 2 个以上不透明对象时,处于上层的对象会覆盖处于下层的对象,除非把上层的对象设置为透明的(如果该对象有透明度属性的话)。

第五组:只有一个选项——Tidy,即把当前未用的元件从已取到元件缓存区中移除。通常是已经完成线路图绘制后才进行此操作,这样,在放置元件时在元件缓冲区中只能见到已经放置到图中的元件。

3.2.4　Tools 菜单

Tools 菜单分为 3 组,如图 3-6 所示。

第一组：

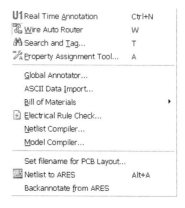

图 3 - 6　**Tools 菜单**

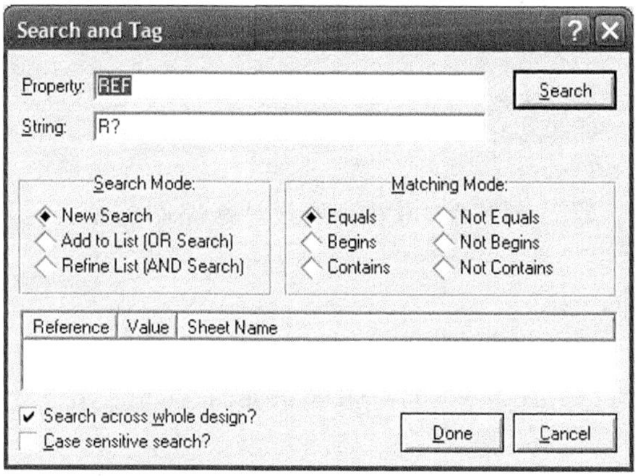

- Real Time Annotation。实时自动标注,选中时,放置元件时将会自动对元件标号进行标注,如放置电阻时,自动根据图纸中已有的电阻标号,按顺序标注为 R1,R2,R3,…。未选自动标注,则全部标注为"R?"。
- Wire Auto Router。自动连线,选中后在绘制连线时会自动闭合两元件间的连线。
- Search and Tag...。查找并标记,单击后将弹出一个窗口,如图 3 - 7 所示,在"Property:"中可输入"REF"查找元件标号,输入"VALUE"查找元件参数等。可以设定查找方式和查找的匹配方式。单击"Done"查找后,以红色显示找到的元件,图 3 - 7 显示的是查找标号为"R?"的元件。

图 3 - 7　**Search and Tag 窗口**

- Property Assignment Tool...。属性设定工具,这个工具有点重要,详见 3.3 节中工具栏介绍。

第二组：

- Global Annotator...。在整个设计中对未编号的元件自动编号。
- ASCII Data Import...。导入元件模型参数。
- Bill of Materials。按指定格式输出图纸的元件清单。
- Electrical Rule Check...。电气规则检查。
- Netlist Compiler...。建立网络表。
- Model Compiler...。模块编译。

第三组：与 ISIS 无关,不作介绍。

3.2.5　Design 菜单

Design 菜单如图 3 - 8 所示。

第一组：

- Edit Design Properties... 。编辑设计属性,如设计名称、文件号、版本号、设计者等,这些信息显示在右下角标题栏中。
- Edit Sheet Properties... 。编辑图纸属性。
- Edit Design Notes... 。编辑设计说明,将弹出一个文本编辑窗,可在此输入关于设计说明等相关信息。

第二组：

- Configure Power Rails... 。配置电源,可在此修改 V_{CC}/V_{DD} 和 V_{EE} 的值或增加新电源、地。默认时,$V_{CC}/V_{DD}=5$ V, $V_{EE}=-5$ V。

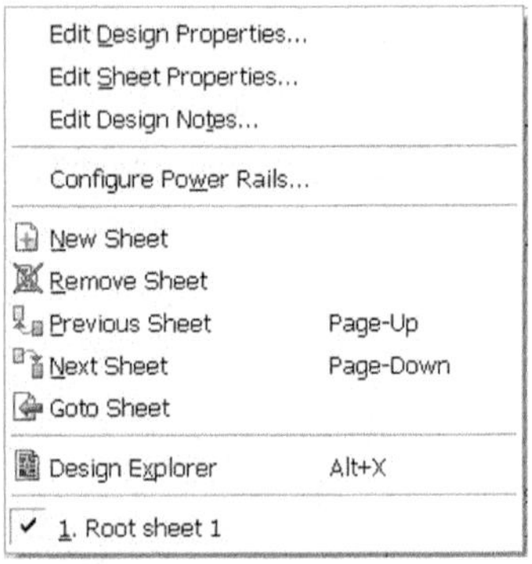

第三组：图纸操作,一看便知,不必说明。

第四组：

- Design Explorer。设计浏览器,可看到所设计线路图的相关元件信息。

图 3 - 8　Design 菜单

3.2.6　Graph 菜单

这里 Graph(图)指的是仿真图表。Graph 菜单如图 3 - 9 所示。

第一组：

只有在线路图上放置了仿真图表后,第一组的菜单才能用。当有多个仿真图表时,所进行的操作对象是对当前选定的仿真图表。

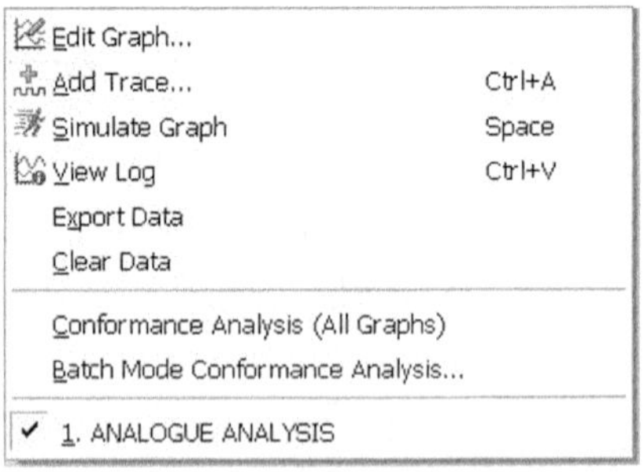

- Edit Graph... 。编辑当前图表,可以在此设定图表中标题、图表曲线的起、止时间等。
- Add Trace... 。在当前仿真图表新加入曲线。只有已经放置了电压探针或各种电压发生器,才能在仿真图表中放置曲线,单击一次此菜单项,只能增加一条曲线。建议不在此加入仿真曲线,直接用鼠标拖拽电压探针或电压发生器到仿真图表的方法更方便。

图 3 - 9　Graph 菜单

- Simulate Graph。根据所设置的参数进行图表仿真。
- View Log。显示仿真相关信息。
- Export Data。把仿真图表中的仿真曲线以文本方式输出到指定目录的指定文件名中,文件名后辍自动设定为 DAT。
- Clear Data。清除仿真图表中的曲线。

第二组：
- Conformance Analysis(All Graphs)。对所有的图表进行一致性分析。
- Batch Mode Conformance Analysis....。进行批处理方式的一致性分析。

3.2.7 Source 菜单与 Debug 菜单

Source 菜单主要是对单片机的源程序及编译进行设置，Debug 菜单作调试用，详细介绍见 3.6 节。

3.2.8 Library 菜单

Library 菜单如图 3-10 所示，主要是放置库中的元件、新建元件、拆装、组装元件等，这里只介绍"Pick Device/Symbol..."菜单项。
- Pick Device/Symbol....。拾取元件，即在此拾取的元件被放置到元件缓冲区，供放置时选用。通常在绘制线路图前，先在此拾取线路图中所需的元件，然后退出此菜单，在放置元件模式下放置元件。

3.2.9 Template 菜单

Template 菜单如图 3-11 所示。Template 菜单中主要是对模板中的相关参数进行设置与修改。

图 3-10　Library 菜单　　　　　图 3-11　Template 菜单

第一组：

● Goto Master Sheet。直接转向主图纸（当有多张图纸时）。在主图纸中设置的相关图纸参数将影响整个设计的所有图纸。

第二组：

● Set Design Defaults...。设置设计的默认参数，单击后弹出如图 3 - 12 所示的窗口。在此窗口中主要设置图纸中的各种默认颜色、字体，仿真过程中各种参量的颜色，以及是否隐藏文本等。图 3 - 12 中的"Show hidden text?"通常不打勾，这样在图纸上就不显示元件上的"＜Text＞"字样。

● Set Graph Colours...。设置仿真图表中各种颜色。

● Set Graphics Styles...。设置仿真图表中各种对象的线型、线宽、颜色等。

● Set Text Styles...。设置设计中的文本的字体、大小等参数。

● Set Graphics Text...。设置要放置的文本属性，设置之后，放置的文本属性按这里设置的属性。

● Set Junction Dots...。设置节点样式，可以选择的样式有方形、圆形和方片形（棱形）。

第三组：

● Load Styles From Design...。从已有的设计中设定的样式（包括颜色、字体等）应用于本设计。

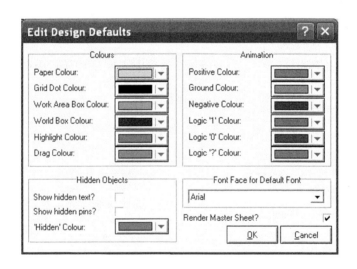

图 3 - 12　Edit Design Defaults 窗口

3.2.10　System 菜单

System 菜单如图 3－13 所示。

系统菜单主要内容如下。

第一组：

● System Info...。系统信息，显示 PROTEUS 软件的版本号，软件授权给何方，以及计算机系统的主要信息等。

● Check for Updates...。检查是否有更新信息，当然你的计算机必须联网，你所用的软件也必须是正版的。

● Text Viewer。文本查看。

第二组：

● Set BOM Scripts...。配置要在元件清单中显示的内容。

● Set Environment...。编辑环境设置，如自动保存时间间隔（默认为 15 min），可取消的操作的次数（默认为 20 次），工具栏提示延时时间（默认为 1 s）等。

● Set Paths...。设置打开设计的目录，如可设为上一次打开的目录，或系统的 Sample 目录。

● Set Property Definitions...。设置属性定义，一般不用设置。

● Set Sheet Sizes...。设置图纸大小，有 A0～A4 及自定义尺寸，单位为英寸（in）。

● Set Text Editor...。设置文本字体。

● Set Keyboard Mapping...。设置菜单的功能键。

第三组：

● Set Animation Options...。单击此菜单后弹出如图 3－14 所示的窗口，在"Simulation Speed"中设置仿真速度，包括每秒动画的帧数、每帧的时间间隔、执行单步的时间、在仿真计算时的最大时间步长等。在"Animation Options"中选择是否显示电压/电流探针的电压/电流值、是否以颜色的方式显示引脚的逻辑状态、是否以颜色的方式显示导线中的电压、是否在导线上显示电流的方向等。在"Voltage/Current Ranges"中设定最大电压和最小电流。单击其中的"SPICE Options"将出现与"Set Simulator Options..."相同的窗口（图 3－15）。

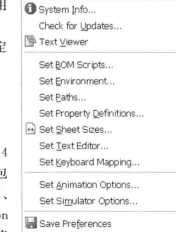

图 3－13　System 菜单

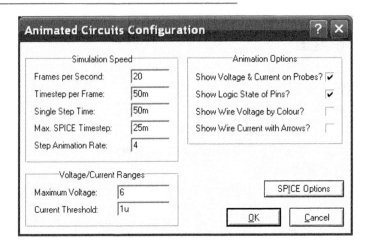

图 3 - 14　仿真动画设置菜单

● Set Simulator Options. . . 。仿真参数菜单，如图 3 - 15 所示，该窗口用来设置 PSPICE 中仿真计算的误差要求等，通常不用设置，用默认值即可。

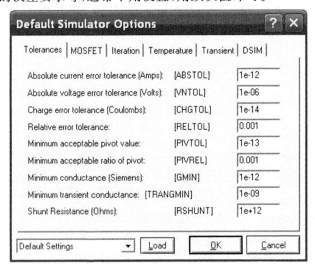

图 3 - 15　仿真参数设置菜单

3.3　PROTEUS ISIS 标准工具栏介绍

为了便于用户操作，PROTEUS 将常用的菜单中的操作用工具栏的方式给出，在主界面的横向工具栏为标准工具栏，如图 3 - 1 所示。所有的工具栏的工具都可以在菜单中找到。

其中,打开、保存、打印等与其他软件类似的工具在此就不介绍了。现介绍标准工具栏的使用。

⊕:设置或取消图纸的坐标原点;

✛:图纸的中心点,单击此工具图标后,在图纸上单击鼠标后,屏幕就以此点为中心显示;

🔍 🔍:图纸的放大与缩小;

🔍:显示全图,这里的全图指的是所设置的图纸大小;

🔍:局部放大,单击后用鼠标拉一个要放大的区域,再单击一下鼠标即可;

📋 📋 ↻ ✖:分别是块拷贝、块移动、块翻转和块删除,只有用鼠标选择了块后这 4 个工具才能用;

🔍:拾取元件,即从元件库中选定元件,放在缓冲区中供放置之用;

✚:组成新元件;

🖊:封装工具(与 ISIS 无关);

🔧:元件拆卸,经拆卸后的元件可重新组成新元件;

🔗:连线自动选择,选中时,在连接电气连线时只要在待连接的两个节点上单击便会自动连接,但通常这种连接可能不美观;

🔍:查找元件;

🔧:为元件参数赋值,如通过鼠标半自动为网络标号赋值、为元件相关参数进行局部或整体修改。单击后弹出如图 3 - 16 所示的窗口,图中的设定是用鼠标单击元件,则该元件的值将修改为 1k,注意,单击图 3 - 16 中的“OK”后,当鼠标移到元件上时光标成为“🖑”,便可以单击元件以修改参数。如果单击前已经选定了若干个元件,希望这些选定的元件值均改为“1k”,应在窗口中的“Apply to”中选中“Local Tagged”,就把所选的元件的参数自动改为“1k”;如果要修改所有的元件,则选中“All Objects”。在图 3 - 16 中的“String”中常用的属性如下。

- NET,网络标号,例 NET＝D♯,在图 3 - 16 中的“Count”输入初值(如 4),“Increment”输入增量(通常为 1),则在连线处单击时会自动放置网络标号:D4,D5,…。
- REF,元件的标号,例 REF＝R♯,“Count”输入 3,“Increment”输入 1,则单击相应的元件后,元件的标号则分别为 R3,R4,…。
- VALUE,元件参数,如 VALUE＝1k,此时与“Count”、“Increment”无关。单击相应的元件则将其参数改为 1k。

有一些元件的特殊属性名称可能不知道,可以双击该元件,出现 Edit Component 窗口,选中“Edit properties as text”,将在此窗口中以文本方式显示该元件的属性。例如,能在运行中模拟点亮的 LED 的文本属性如下：

```
{MODFILE = LEDA}
{VF = 2.2V}
{IMAX = 10mA}
{BV = 4V}
{RS = 3}
{ROFF = 100k}
{TLITMIN = 0.1m}
```

　　这里显示的最大电流为 10 mA，如欲将其最大电流修改为 5 mA，则在图 3 - 16 中的 "String"中输入"IMAX＝5mA"，单击"OK"后，再单击欲修改的 LED 即可，这样可方便地修改若干个参数相同的元件。

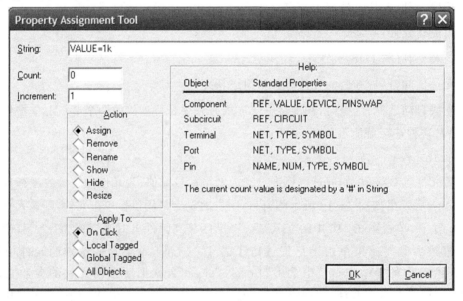

图 3 - 16　属性赋值窗口

:显示当前图纸中的元件清单；

:新建图纸；

:移除当前图纸(只有 2 张以上图纸时)；

:显示元件清单；

:电气规则检查并显示检查结果；

:将网络表转换为 ARES 的 PCB 设计。

3.4　PROTEUS ISIS 绘图工具栏介绍

绘图工具栏的功能是绘制电子线路及其他图形,现逐一详细介绍其功能。

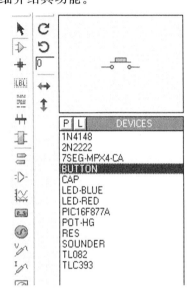

:选择工具,可以通过鼠标拉出一个区域选定元件,此时元件颜色变为红色,表示被选中,可以用右键选择块复制、块移动、块删除及拷贝到剪贴板等功能。

:放置元件,此时是把已经放置在元件缓冲区的元件(即对象选择区)放置在图纸上,如图 3-17 所示。此时,用鼠标单击对象选择区中的元件,在图纸上单击鼠标就放置好了元件,可连续放置,直到单击其他工具栏。

:放置电气的连接节点,通常是会自动产生连接节点的。

:放置网络标号,单击此工具后在线路图的连线处单击鼠标,会弹出如图 3-18 所示的窗口,在"String"文本输入区中输入网络标号,或从中下拉,选择已有的网络标号。在"Style"选项卡中,可设置标号的文字属性,其中还有网络标号的显示角度、对齐方式等选择项。

图 3-17　放置元件窗

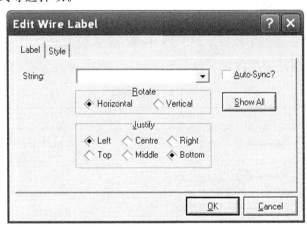

图 3-18　放置网络标号窗口

:放置多行文本,单击后弹出一个小型文本编辑窗口,在此窗口内输入文本,按回车键换行。

：放置总线，可在此线上放置网络标号，如 D[0…7]表示网络标号分别为 D0，D1，…，D7。

：放置端点，指各种输入、输出端子及电源等，其元件如表 3 - 1 所列，这些元件可在其上命名标注，有的可用默认值，如"POWER"默认时为"VCC/VDD"，为＋5 V，如标为"VEE"则为－5 V，可通过执行"Design"→"Config Power Rails..."修改。

表 3 - 1　端点元件列表

元件名称	图　形	说　明
DEFAULT	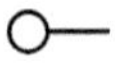	普通端子
INPUT	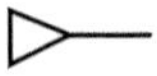	输入端子
OUTPUT	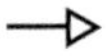	输出端子
BIDIR		双向端子
POWER		电源端子，默认为 VCC/VDD
GROUND	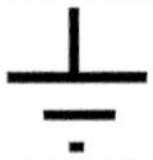	地端子，默认为 GND
BUS		总线端子

：放置引脚，可在元件中放置新的引脚，注意，打叉的为对外供连接的节点，如表 3 - 2 所列，只有自定义元件时才需要放置引脚。

表 3 - 2　引脚列表

元件名称	图　形	说　明
DEFAULT		通用引脚
INVERT		反相引脚
POSCLK		正向时钟
NEGCLK	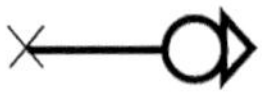	反向时钟
SHORT		短　接
BUS		总　线

：放置仿真图表，可放置各类信号图表，有模拟信号（ANALOGUE）、数字信号（DIGIT-AL）、混合信号（MIXED）、频率响应分析（FREQUENCY）、转移特性分析（TRANSFER）、噪声信号（NOISE）、失真分析（DISTORTION）、傅里叶分析（FOURIER）、音频分析（AUDIO）、交互分析（INTERACTIVE）、一致性分析（CONFORMANCE）、直流扫描（DC SWEEP）、交流扫描（AC SWEEP）分析等。

：放置激励信号源，可用的激励源如表 3－3 所列。现以交流源为例说明，单击交流源，将弹出如图 3－19 所示的窗口（选择其他不同的激励源的窗口基本相同），可以在此设置此激励源的幅值（Amplitude）、频率（Frequency）、初相角（Phase）及阻尼因子（Damping Factaor）。不选或选中其中的"Current Source?"可将此激励设置为电压源或电流源。

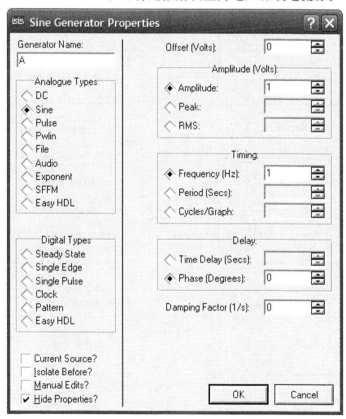

图 3－19　交流激励源设置窗口

表 3 - 3　激励信号源列表

元件名称	图　形	说　明
DC		直流源
SINE		交流源
PULSE		模拟脉冲源
SFFM		单频调频源
PWLIN		分段线性源(手动设置)
EXP		指数脉冲发生器
FILE		由文件确定的信号源
AUDIO		音频激励,指定 WAV 音频文件
DSTATE		单稳态信号激励源
DEDGE		单边沿信号发生器
DPULSE		单脉冲发生器
DCLOCK		时钟信号发生器

续表 3 - 3

元件名称	图　形	说　明
DPATTERN		数字脉冲信号发生器
SCRIPTABLE		HDL 信号激励源

　　如果放置了分段设置的"PWLIN"信号源,单击该信号源后会弹出如图 3 - 20 所示的窗口。该窗口中有一个信号编辑区,其操作如下:

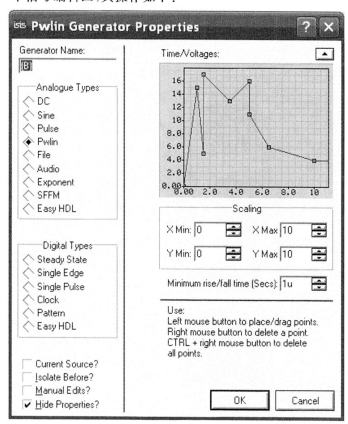

图 3 - 20　分段线性激励设置窗口

● 单击鼠标左键可增加关键点;
● 在关键点单击鼠标右键则删除关键点;

● 在关键点单击鼠标左键并按下拖动时使关键点移动;

● CTRL＋鼠标右键删除所有关键点。

在其坐标比例设置中,横坐标 X 为时间,单位为 s;纵坐标 Y 为电压或电流,单位为 V 或 A。

如放置"FILE"激励,需在窗口中输入相应的文件名,文件的格式是每行一组数据,第一个是时间,第二个是电压或电流,中间以空格或制表符隔开。时间必须从小到大设置。

其他激励源都有与图 3-19 类似的属性编辑修改窗口,这里就不再介绍了。

:分别是电压探针与电流探针。放置在适当的位置,在仿真时会实时给出所放置点的电压或电流值。

:放置虚拟仪器,PROTEUS 中的所有虚拟仪器如表 3-4 所列。

表 3-4　虚拟仪器列表

元件名称	图　形	说　明
OSCILLOSCOPE		示波器,最多显示 4 路模拟或数字信号
LOGIC ANALYSER		逻辑分析仪
COUNTER TIMER		计数定时器,可显示时间(按秒或时/分/秒显示)、频率、计数值
VIRTUAL TERMINAL		虚拟终端,运行后单击鼠标右键可设置显示模式。RXD 为数据接收端,TXD 为数据发送端,RTS 为请求发送信号,CTS 为清除传送。在其属性中设置通信参数如波特率等
SPI DEBUGGER		SPI 调试器

元件名称	图　形	说　明
I²C DEBUGGER		I²C 调试器
SIGNAL GENERATOR		信号发生器,运行后可在面板上设置信号参数
PATTERN GENERATOR		模式发生器
DC VOLTMETER DC AMMETER AC VOLTMETER AC AMMETER		交/直流电压电流表,单击属性后可设置量程为 V/mV/μV,A/mA/μA

／　■　●　◇　◖◗:这些是绘图工具,分别绘制直线、矩形、圆形、弧线和封闭的多边形。

🅰:放置单行文本,通常用作设计使用说明等。

🆂:从库中放置符号。

➕:放置标记,单击后,在对象选择区选取所需的放置符号。通常在新设计元件中使用。

C　⟲　[0]　↔　↕:在放置元件前,选择所要放置元件的放置方向,文本框显示当前设置的方向角度(逆时针为正),分别为顺时针、逆时针、水平翻转、垂直翻转。

PIC16系列单片机C程序设计与PROTEUS仿真

3.5　仿真进程控制按钮介绍

| ▶ | ▶ | ‖ | ■ |：此按钮在 ISIS 界面的左下角，从左至右依次为全速、单步、暂停和停止按钮。注意这里的全速，有时由于计算机速度或单片机程序的复杂性及界面复杂的显示（如复杂的各种曲线在示波器上显示）等原因，会使得仿真的速度跟不上实际运行的速度，此时会在仿真日志上显示出如下的信息：

```
Simulation is not running in real time due to excessive CPU load.
```

但这个不防碍仿真运行，只是所看到的画面慢点而已。

还有，这里的单步，指的是动画显示的单步而不是对应于源程序的单步，默认值是50 ms。如需进行源程序单步运行，需在 Debug 菜单下的相关菜单项选择。

仿真进程控制按键中的单步时间可在菜单设定："System" →"Animation Options. . ."，在其中的"Single Step Time"设定。

3.6　元件库与常用元件介绍

86

3.6.1　元件库介绍

PROTEUS 有着大量的元件，它按照不同的功能放在不同的库中，每一个元件均有元件名称（Device）、库（Library）、类说明（Cat.）、子类说明（Sub - Cat.）、制造商（Manufacturer）和元件描述（Description）。在选取元件的窗口，如图 3 - 21 所示，PROTEUS 把元件按照大类、子类、制造商分组存放，用户可在输入关键字区输入关键字，此关键字可以是元件名称、元件类型、元件描述中的词等，PROTEUS 会自动把元件名称、元件类型、元件描述中有相关的词的元件找出并列表显示。

如果用户比较熟悉元件库，可以直接先单击元件的大类项，再单击子类，这样出现的主窗口的元件数少很多，容易选取。

如果用户不太熟悉元件库，教你一个办法：如想找一个具有 SPI 接口的元件，可在此输入"SPI"就可以在主窗口中列出所有与"SPI"有关的元件。

对于初学者，最令人头痛的是找不到自己需要的元件，因此这里详细介绍 PROTEUS 中的大类元件，以便于查找。

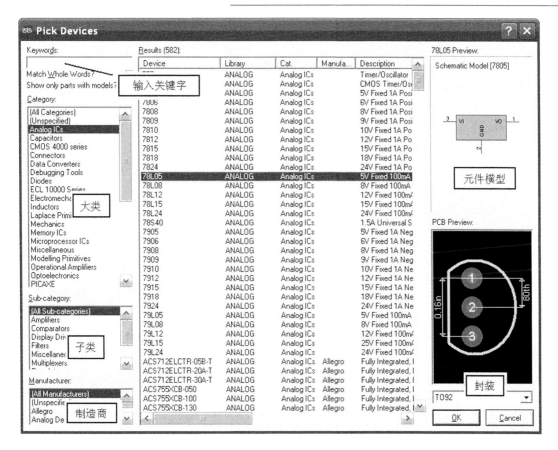

图 3 - 21 拾取元件窗口介绍

- Analog ICs:各种模拟器件,其中主要有放大器、比较器、稳压器、电压参考源等;
- Capacitors:各种电容器;
- CMOS 4000 series:CMOS 4000 系列,各种逻辑器件;
- Connectors:连接器件;
- Data Converters:数据转换,各种 ADC 和 DAC 器件;
- Debugging Tools:调试工具,如逻辑指示器、可操作的逻辑信号源,实时电压、电流、逻辑中断发生器等;
- Diodes:二极管;
- ECL 10000 Series:ECL 10000 系列;
- Electromechanical:各种电机、风扇等;
- Inductors:电感;
- Laplace Primitives:拉普拉斯变换模型;

- Mechanics：各种电机；
- Memory ICs：存储器；
- Microprocessor ICs：微控制器，各厂家的各种单片机；
- Miscellaneous：杂，如电池、晶振、保险丝（可设熔断电流，超过显示熔断）、可调光阻、动画式交通灯等；
- Modelling Primitives：各种基本仿真器件；
- Operational Amplifiers：运算放大器；
- Optoelectronics：各种发光器件，包括各种数码发光管、字符型和点阵型 LCD 显示器、光电耦合器等；
- PICAXE：PICAXE 系列单片机；
- PLDs & FPGAs：PLDs 与 FPGAs 器件；
- Resistors：电阻；
- Simulator Primitives：常用的模拟器件，有各种电压源和电流源、各种门电路、电池；
- Speakers & Sounders：喇叭与音响；
- Switches & Relays：开关与继电器；
- Switching Devices：开关器件，主要指单向、双向可控硅等功率器件；
- Thermionic Valve：热阴极电子管；
- Transducers：各种传感器，包括各种热电偶、压力传感器、数字式温度/湿度表；
- Transistors：晶体管，包括三极管和场效应管；
- TTL 74 series，TTL 74ALS series，TTL 74AS series，TTL 74F series，TTL 74HC series，TTL 74HCT series，TTL 74LS series，TTL 74S series：TTL 74 系列芯片。

提示：在元件模型处显示为"No Simulator Model"时，此元件不能进行仿真。

3.6.2　常用元件介绍

这里介绍一些常用器件，以及本书经常用到的元件。

电阻，名称为 RES，所在大类为 Resistors，主要参数为电阻值，默认单位为 Ω。

电容，名称为 CAP，所在大类为 Capcitors，主要参数为电容值，默认单位为 F。

电感，名称为 INDUCTOR，所在大类为 Inductors，主要参数为电感值，默认单位为 H。

为按键，名称为 BUTTON，所在大类为 Switches & Relays，特点为可以通过鼠标单击模拟按键按下，鼠标放开自动弹开，如单击在动作标记的红色圆圈处，则为单击按键后合，鼠标移开保持闭合，再单击弹开，可以在其属性上设置导通与断开电阻及开关动作时间。

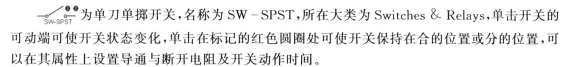为单刀单掷开关，名称为 SW - SPST，所在大类为 Switches & Relays，单击开关的可动端可使开关状态变化，单击在标记的红色圆圈处可使开关保持在合的位置或分的位置，可以在其属性上设置导通与断开电阻及开关动作时间。

为单刀双掷开关，名称为 SW - SPDT，所在大类为 Switches & Relays，操作与单刀单掷开关类似。

为可操动的高分辨率的电位器，名称为 POT - HG，所在大类为 Resistors，调整步长为 1%，可在其属性上设置为线性、指数或反对数，显示阻值的百分比。

可操动的线性电位器，名称为 POT - LIN，所在大类为 Resistors，调整步长为 10%，图形同上。

可操动的对数电位器，名称为 POT - LOG，所在大类为 Resistors，调整步长为 10%，图形同上。

LED，名称为 LED - BLUE、LED - GREEN、LED - RED、LED - YELLOW，分别为蓝色、绿色、红色和黄色的 LED，其发光电流可以在属性中设置，默认为 10 mA，当有一定电流通过时 LED 会"亮"。

8 段数码管，名称如 7SEG - COM - AN - GRN、7SEG - COM - CAT - GRN，所在大类为 Optoelectronics，有共阳、共阴 8 段（包括小数点）数码管。在此库中有各种颜色、共阳、共阴、1 位、2 位、4 位、8 位的数码管。另外，还有米字形管，以及 8×8 LED 点阵显示器等。查看该库的元件列表及描述可以知道其功能与特性。查找时只要输入"SEG"即可显示众多的各种数码管。

字符型液晶显示器，名称如 LM016L、LM041L，所在大类为 Optoelectronics，在库中的元件描述中，详细给出相关参数，如 LM016L 的描述是 16×2 的字符型 LCD，即 2 行、16 个字符。LM041L 为 16×4 字符型 LCD，即 4 行、16 个字符。

点阵型液晶显示器，名称如 HDG12864F - 3 等，所在大类为 Optoelectronics，HDG12864F - 3 为 128 列、64 行的图形点阵 LCD。

这里所说的 LCD 实际上是 LCM，即 LCD 模块，它是 LCD 与控制芯片的组合，单片机对 LCM 的操作控制实际上是对控制芯片的操作。因此，必须知道所用的 LCM 的控制芯片是何型号，如 HDG12864F - 3 在库中给出其控制芯片的型号为 SED1565。同样也是 128 列、64 行的图形点阵 LCM，型号为 LGM12641BS1R，其控制芯片为 KS0108，其控制显示的命令与 HDG12864F - 3 不同。在后面的叙述中，如不引起混淆，LCD 均指 LCM。表 3 - 5 给出了 PROTEUS 中图形液晶模块驱动芯片型号。

表 3 – 5　PROTEUS 中图形液晶模块驱动芯片一览表

控制芯片	LCD 型号
T6963C	LM3228，LM3229，LM3267 ，LM3283，LM3287，LM4228 ，LM4265，LM4267 ，LM4283，LM4287，PG12864F，PG24064F，PG128128A，PG160128A
SED1520	AGM1232G，EW12A03GLY，HDM32GS12 – B，HDM32GS12Y – B
SED1565	HDG12864F – 1，HDS12864F – 3，HDG12864L – 4 ，HDG12864L – 6，NOKIA7110，TG126410GFSB，TG13650FEY
KS0108	AMPIRE128x64 ，LGM12641BS1R

3.7　PROTEUS 绘制线路图实例

由于本书不介绍 PROTEUS 的 PCB 设计软件 ARES,故在此及以后的相关线路图设计中,不涉及 PCB 的内容。

以下以绘制一个线路为例说明 PROTEUS 的线路图绘制过程。

希望:读者一定要跟着动手绘制线路图。只看不做,对于初学单片机者来说是一大禁忌,那样就如同在岸上学游泳,能学会吗?

拾取元件:单击如图 3 – 1 中所示主窗口中的拾取元件工具"P",在弹出的 Pick Devices 窗口(图 3 – 21)中的"Keywords"输入区分别输入"877A"、"RES"、"SW –"、"MOTOR –"、"LED –"、"1N4001"、"OPTOCOUPLER – NPN",分别选择 PIC16F877A(单片机)、RES(通用电阻)、SW – SPST(单刀单掷开关)、MOTOR – DC(直流电机)、LED – GREEN(绿色 LED)、1N4001(二极管)、OPTOCOUPLER – NPN(光电耦合器),在"Transistors"大类(晶体管)中的"Description"(描述)找到描述中有"NPN Darlington Transistor"字样的元件,说明是 NPN 型的达林顿管,选取 TIPP112 的达林顿管。

放置元件:单击"▶"后,在图 3 – 22 中依次单击所拾取的元件,在图纸编辑区适当位置单击,便可放置元件。放置元件前可以单击放置工具栏中的旋转工具,将元件旋转后放置在适当的位置。在放置后,也可以通过选择单个元件或选择块来旋转元件,用鼠标右键单击元件,弹出菜单,选取旋转方向即可;也可以用鼠标选择块,再用鼠标单击右键,选取旋转方向。被选中的元件是以红色显示的。有些线路是相同或类似的,此时可以用块拷贝的方法。

可以先放置一个 LED 和一个电阻,将其标号、参数的文本适当移动到合适位置,并将其中的 LED 的参数(显示为"LED – GREEN")显示设定为隐藏,然后块选择此两个元件(图 3 – 23 中

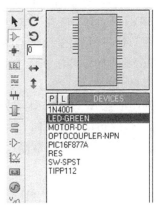

图 3 – 22　放置元件窗口

的 R5 和 D1），单击鼠标右键选择块拷贝（Block Copy），进行多次拷贝。

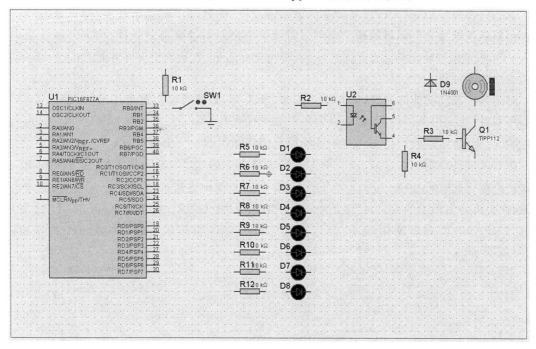

图 3 - 23　放置好元件的线路图

PROTEUS 的元件之间的连接一定要用导线相连，而不能像 PROTEL 那样可直接将元件的引脚相连。因此，放置元件时要考虑这点，图 3 - 24 给出了正确与错误的连线方法，为了能看清连线关系，该图有意将连线加粗。

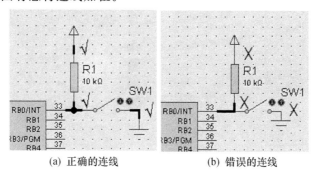

　　(a) 正确的连线　　　　　　　(b) 错误的连线

图 3 - 24　连线示意图

在图 3 - 24(a)中，2 个元件的引脚连接均通过短线，如 R1 与电源、SW1 与地均为如此。而在图 3 - 24(b)中的 2 个元件引脚连线没有通过短线而是直接相连，这是错误的。3 个元件引脚相连的正确方法应如图 3 - 24(a)所示，如 R1、SW1 和芯片的 33 脚均通过"T"形连接线相连。而图3 - 24(b)

中的接线是错误的,这样连接的结果是,只有 R1 与芯片的 33 脚相连,与 SW1 是没有相连的!

移动已经放置的元件,可以通过鼠标单击该元件,使其处于被选中状态(颜色变红)后,直接再用鼠标拖动该元件即可移动。也可以通过单击鼠标右键来移动元件:选取右键菜单中的"Drga Object"来移动元件。或者块选择后,单击鼠标右键,选取右键菜单中的"Block Move"来移动选中的元件块。

对于具有互动功能的元件,如互动式按钮、开关等,必须通过右键菜单选择"Drga Object"才能移动,因为如用鼠标单击,它还以为是对它操作呢!

图 3‑23 是已经放置好元件并调整好位置的线路图的一个中间过程。

接着就准备绘制相关电源、地。单击放置工具栏中的"",再单击其中的"POWER",即放置正电源,默认的正电源为 VCC/VDD,电压为 5 V,图中直流电机的电压为 12 V,故双击该电源,在弹出的窗口中的"Label"项的"String"中输入"+12V"。再单击"GROUND"放置地。单击"DEFAULT"放置通用端子,分别放于 U1 的 RB2 引脚的右边和电阻 R2 的左边,如图 3‑25所示。

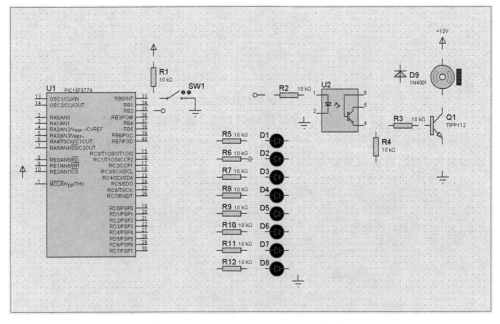

图 3‑25　放置好元件和电源的线路图

接着可以绘制连线,绘制连线可以在选择模式("")或放置模式("")下进行,当鼠标移到元件的引脚处,该引脚如呈现为小方形""且光标成为""时,就可以放置连线了。

图 3‑26 中还画了总线,是单击""后绘制的。

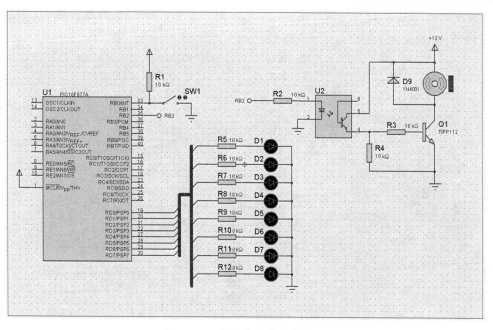

图 3 - 26　已初步连线的线路图

接着进行网络标号标注。单击"![图标]",出现如图 3 - 16 所示的窗口,在"String"中输入"NET＝D♯","Count"中输入"0","Increment"中输入"1","Actiont"中选"Assign","Apply to"中选"On Click"。单击"OK"后鼠标移到要标注的位置,出现光标"![图标]"时,单击鼠标就自动标注了。当在单片机 U1 的 D 端口标注后,重新单击"![图标]",在限流电阻的连线处再次进行网络名标注。同样,对电阻的标号重新标注,再次单击"![图标]",在图 3 - 16 所示的窗口中的"String"中输入"REF＝R♯","Count"中输入"1",其他同网络标注,分别单击相关电阻即可。再执行同样的操作,把限流电阻值的"10k"改为"510",在"String"中输入"VALUE＝510",单击需要赋值的电阻即可。用同样的方法可修改其他元件的各种参数。

如果只修改单个元件的参数,直接用鼠标右键单击要修改的元件,在弹出的菜单中选中"Edit Properties"修改相关的属性即可。

再放置多行方本,单击绘图工具栏中的"![图标]"后在图纸上单击,弹出 Edit Script Block 窗口,在其中可输入说明文字,可以按回车键换行,并在"Style"选项卡设置文字字体与颜色,单击"OK",再将其移动到线路图的右下角。为了美观起见,在多行文本加上边框,单击绘图工具栏中的"![图标]",在多行文本上方放置矩形,设置填充色为白色,再设置线型、线宽。但此时文本框是在其下方,被遮盖,因此单击矩形,选中它后执行"Edit"→"Send to back"便被设置为放在底层,文本便可见。

然后可根据线路图的大小,改变图纸尺寸:执行"System"→"Set Sheet Size",选中"Us-

PIC16系列单片机C程序设计与PROTEUS仿真

er",修改图纸尺寸大小,最后得到如图 3 - 27 所示的电子线路图。其中,单片机 U1 的属性设置及运行见 3.9 节。

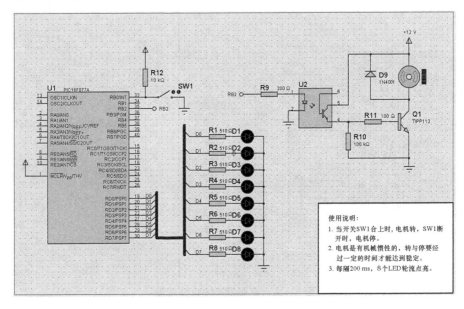

图 3 - 27　完成连线的线路图

3.8　在 PROTEUS 中调试 PIC16 系列的 PICC C 程序

在 PROTEUS 下,可以直接编译、调试、运行 PIC 系列单片机的 PICC C 源程序。

在 PROTEUS 下,通过执行"Source"→"Setup External Text Edit...",可以自己选择编辑、修改源程序的文本编辑器,如图 3 - 28 所示,通过"Browse"选择要作为文本编辑器的程序,单击"OK"即可,其他都是默认的设置。

图 3 - 28　文本编辑器选择窗口

图 3-28 中所选择的 UEDIT32 是一种适合于程序录入、修改的文本编辑器,它能显示文本的行号,并可选择查看方式为"C/C++",在此方式下,大、小括号的配对颜色显示,大括号可以收起与展开等特点,非常适合于 C 语言程序的查看与修改,建议用此程序作为 PROTEUS 的程序编辑器。

假设已有一个名为"AA.C"的 C 程序。具体调试过程如下。

执行"Source"→"Add/Remove Code Generation Tools...",选择添加/删除语言工具,弹出如图 3-29 所示的窗口,由于 PICC 编译器不是 PROTEUS 的已有编译工具(汇编是已有的),需要新增语言工具,单击如图 3-29 所示的"New"按钮,将出现浏览器,找到 PICC 编译器所在的目录,选择"PICC.EXE"作为编译工具后,出现如图 3-30 所示的窗口,按图 3-30 中的内容设定:"Source Extn:"(源程序的后辍)填"C","Obj Extn:"(目标文件后辍)填"HEX"。如果所选的单片机是 PIC16F877A,就一定要在"Command Line"中填入"——CHIP=16F877A　%1　—GFILE",如图 3-30 所示。这是因为,在此环境下编译 C 程序,要指定单片机的型号,其中的 GFILE 选项是指定要输出源程序的编译信息,只有这样设定,才能在后面的调试中显示源程序,进行 C 程序的逐行调试。

顺便说明一下,如果用的是汇编语言,选择的工具应为"MPASMWIN",在"Command Line"中填入"——CHIP=16F877A　%1　/q",才能在 PROTEUS 界面上编译汇编程序。

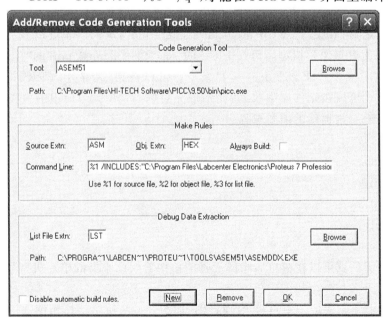

图 3-29　添加/删除语言工具窗口

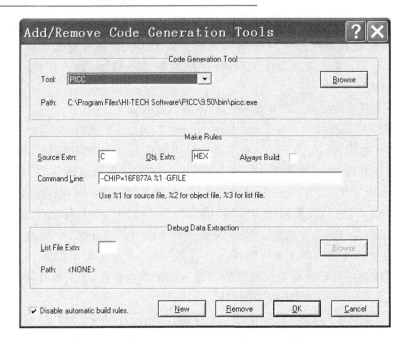

图 3 - 30　新增 PICC 作为语言工具窗口

经过如此设定后,在图 3 - 31 中的"Code Generation Tool"下才可以找到"PICC"工具。PROTEUS 支持的 PIC 单片机型号可在 PICC 的手册文件"manual. pdf"的"Appendix C"中查找,该文件在 PICC 安装目录下的 docs 子目录下。可以看到,大部分的 PIC16 系列单片机都名列其中。当然也可以在元件库中找到:在拾取元件窗口(图 3 - 21)中的大类"Microprocessor ICs"下的小类后,根据你的需要选择:

PIC10 Family;

PIC12 Family;

PIC16 Family;

PIC18 Family;

PIC24 Family;

DSPIC33 Family。

选中某个小类后就可以在窗口右边的元件清单中看到此小类的单片机型号了。

【例 3.1】　开关控制电机的启停

假设现已绘制了相关的 PROTEUS 设计图,如图 3 - 27 所示。按照图 3 - 27 中的连接关系,编制了相应的 C 程序如下。该程序按每 0.2 s 检测开关 SW1 的位置,如合上,则置 RB2 为高电平,启动电机;如打开,则置 RB2 为低电平,电机停转,用一个闪亮的 LED 表示单片机正在工作。

```
#include <pic.h>
#define   MOTOR   RB2
void DELAY(unsigned int);
main(void)
{   char  A;
    MOTOR = 0;
    OPTION = 0b00000000;   //设定 RB0 为下降沿中断
    TRISB = 0b00000001;    //设定 RB0 为输入,RB2 为输出
    TRISD = 0b00000000;    //PORTD 全为输出口
    A = 0b00000001;
    PORTD = A;   //PORTD 的第 0 位 LED 亮
    INTCON = 0;   //禁止中断
    while(1)
    {
        if (RB0 == 1)   //每隔 200 ms,检测一下开关 SW1 的状态
            MOTOR = 0;   //SW1 断开时 RB0 为高电平,让电机停
        else
            MOTOR = 1;   //SW1 合上时 RB0 为低电平,让电机转
        DELAY(200);
        A = A<<1;
        if (A == 0)
            A = 0b00000001;   //当最高位亮后,从最低位循环重复
        PORTD = A;   //LED 轮流亮
    }
}


//= = = = = = =延时(n)ms
void DELAY(unsigned int n)
{
    unsigned int j;
    char k;
    for (j = 0;j<n;j + +)
            for (k = 246;k>0;k - -)
                NOP();
}
```

假设此文件名为 S1. C,因此执行"Source"→"Add/Remove Source Code Files. . ."后弹出如图 3-31 所示的窗口。

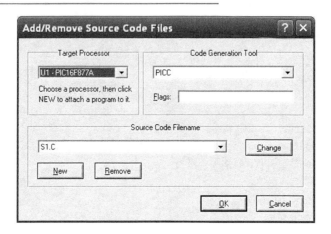

图 3 - 31 添加源程序窗口

在图 3 - 31 所示的窗口中,先选右边的代码编译工具"PICC",这个工具就是我们自己设定的,然后在下方的源程序名中单击"Change"找到相应的源程序,单击"OK"。接着就是着手编译 C 程序:执行"Source"→"Build　All",编译后会给出编译结果窗口。然后单击图 3 - 27 中的单片机 U1,弹出如图 3 - 32 所示的窗口,其中单击"Program File",选择刚编译的结果"S1. COF",修改晶振频率为相应的频率,要说明的是,在图 3 - 27 中没有画出晶振部分元件。如果绘制了晶振线路,振荡频率也是不按线路的参数运行,而是由图 3 - 32 中设定的晶振频率运行的。而芯片的配置位是由程序中的"__CONFIG()"语句设定的,在图 3 - 32 中的设置无效。

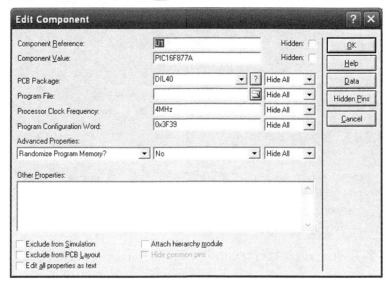

图 3 - 32　在 PROTEUS 中的单片机设置

接着就可以开始调试了。有一点要特别说明，要进入代码级调试 C 程序，即能在调试时显示相应的 C 程序，一定要选择后辍为".COF"的文件而不能选择后辍为".HEX"的文件，选择后辍为".HEX"的文件后在调试时是见不到相应的 C 代码的。

执行"Debug"→"Start/Restart Debugging"便进入调试模式。此时 Debug 菜单如图 3-33 所示，不同的设计线路，菜单是不一样的。如果还有 SPI、I²C 之类的元件，则菜单还将显示与 SPI、I²C 相关的选项。

图 3-33 中的菜单分为 6 组，相关的快捷键在调试时经常要用到，故介绍如下。

第一组：
- 开始调试，快捷键为 Ctrl+F12；
- 暂停，快捷键为 Pause；
- 停止调试，快捷键为 Shift+Pause。

第二组：
- 全速运行（如有断点，则运行到断点时暂停），快捷键为 F12；
- 全速无断点运行，快捷键为 Alt+F12；
- 指定运行时间，时间到暂停。

第三组：
- 宏单步（把一个子程序作为一步执行），快捷键为 F10；
- 单步，快捷键为 F11；
- 执行到子程序结束返回，快捷键为 Ctrl+F11；
- 单步运行到指定行，快捷键为 Ctrl+F10；
- 连续单步，快捷键为 Alt+F11。

这里的一步对应的是 C 语言的一个语句。

第四组：本组为配置诊断的相关设置，一般用默认设置即可。

第五组：将各种显示窗口按水平或垂直排列。

第六组：本组的菜单会根据不同的线路设计显示不同的内容。如本设计中，显示与单片机有关的内容，单击将出现相关窗口。因这一部分比较重要，详细介绍如下。

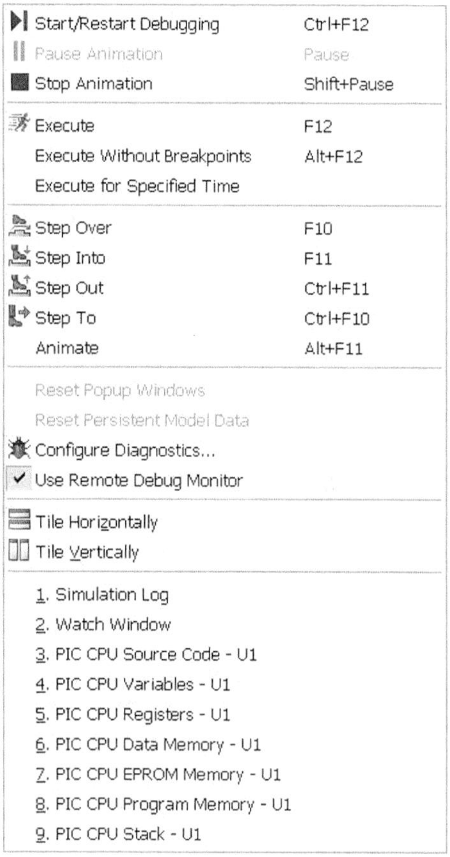

▶ Start/Restart Debugging	Ctrl+F12
⏸ Pause Animation	Pause
⏹ Stop Animation	Shift+Pause
🏃 Execute	F12
Execute Without Breakpoints	Alt+F12
Execute for Specified Time	
Step Over	F10
Step Into	F11
Step Out	Ctrl+F11
Step To	Ctrl+F10
Animate	Alt+F11
Reset Popup Windows	
Reset Persistent Model Data	
🐞 Configure Diagnostics…	
✔ Use Remote Debug Monitor	
Tile Horizontally	
Tile Vertically	
1. Simulation Log	
2. Watch Window	
3. PIC CPU Source Code - U1	
4. PIC CPU Variables - U1	
5. PIC CPU Registers - U1	
6. PIC CPU Data Memory - U1	
7. PIC CPU EPROM Memory - U1	
8. PIC CPU Program Memory - U1	
9. PIC CPU Stack - U1	

图 3-33　进入 Debug 模式下的 Debug 菜单

- Simulation Log。仿真日志，显示仿真过程中的相关信息，如有错误也在此显示。
- Watch Window。观察窗口，只有特殊功能寄存器才能在此窗口显示。弹出 Watch 窗口后，单击鼠标右键将弹出属性窗口，可选择的项目包括添加或删除观察窗口的选项、设置显示格式、设置显示的字体与大小等,如果有多个单片机,则应选择你要查看的那个芯片的寄存器,如 U1、U2 等,这里的 U1、U2 是 PROTEUS 图中的单片机芯片标号,下同。

- PIC CPU Source Code – U1。单片机 U1 的 C 程序代码窗口,可用鼠标单击窗口设定/删除断点。在全速运行时,此窗口是不可见的。暂停时如果此窗口未显示,则在单击此菜单项后便弹出 C 程序代码窗口。如果在菜单中未出现此项,则应在单片机属性窗口中把代码文件选为后辍为".COF"的文件。
- PIC CPU Variables – U1。显示单片机 U1 的用户定义的变量。
- PIC CPU Registers – U1。显示单片机 U1 的端口、状态字等主要寄存器。

接着是分别显示相关单片机的所有寄存器、EEPROM、程序存储器和堆栈窗口,在此就不多说了。

如果有多片单片机的话,菜单显示的方式与图 3 - 33 有点不同,其内容就更多了。

如在调试过程中需要修改程序,可单击菜单"Source"的最后一行(显示所调试的文件名),便以所设置的文本编辑器编辑 C 程序,保存后须再编译,重新调试。实际上如果程序修改后,在运行时 PROTEUS 会自动编译后再运行。

在全速运行时,会看到图 3 - 27 中的 8 个 LED 每隔 0.2 s 轮流闪亮一次。合上 SW1 电机就开始运转,打开 SW1 则电机停转,但由于惯性的原因,要经过一段时间后电机才完全停止。

当程序已经调试正确后,不需要进入调试时,可以不用调入 C 程序。这里可以在设计中移除 C 程序:执行"Source"→"Add/Remove Source Files...",在"Source Code Filename"中移除 C 文件(Remove),单击"OK"即可。此时单片机 U1 的属性窗口中的"Program File"所选的格式为"COF"或"HEX"均可,但同样,选后辍为".HEX"的代码文件在运行调试时是看不到源程序的。

3.9　在 MPLAB IDE 的 PROTEUS VSM 中调试 PICC C 程序

第 1 章已经介绍了 MPLAB IDE 的使用,因此这里以实例的方式介绍如何在 MPLAB IDE 中使用 PROTEUS ISIS VSM 仿真工具。首先新建一个 MPLAB IDE 项目文件:单击 MPLAB IDE 菜单:执行"Prpject"→"New..."将弹出一个窗口,在此窗口的"Project Name"中输入项目名,在"Project Derectory"中输入项目所在的目录名,也可单击"Browse..."来浏览选择目录。

项目名可以与源程序名不一样,当然也可以一样,项目名的后辍是".MCP"。接着是选择芯片型号,执行"Configure"→"Select Device...",选择适当的单片机芯片。接下来就是选择语言工具,执行"Project"→"Select Language Toolsuite",出现如图 3 - 34 所示的窗口,选取

PIC16系列单片机C程序设计与PROTEUS仿真

"HI—TECH PICC Toolsuite"。

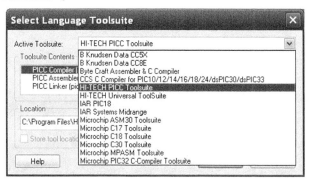

图 3-34 语言工具选择窗口

上面这些设置有点麻烦,但是不用担心,以上这些设置是第一次用 PICC 时,或者前一次不是用 PICC 时才需要设置的,通常是不用再设置的。

接着可以在项目中添加 C 程序,如果此时看不到你的项目窗口,可以执行"View"→"Project",便出现项目窗口。用鼠标右键单击项目窗口中的"Source Files",则出现如图 3-35 所示的窗口。选中右键菜单的"Add Files..."就可以加入已经写好的 C 程序,如图 3-36 所示。需要注意的是,如果你的语言工具不是选择 C 语言类的工具,则在加入文件时的 C 程序是不能加入的(此时你根本看不到 C 程序)。项目文件与 C 程序最好在同一目录下。

接着按照 2.2 节介绍的相关内容设置好相关编译参数,这里就不再说了。

图 3-35 添加源程序

图 3-36 已经添加了源程序的项目窗口

接着是选择仿真工具。当你的系统中安装了 PROTEUS 后,在 MPLAB IDE 的调试工具中便增加了"Proteus VSM"菜单项,执行 MPLAB IDE 菜单中的"Debugger"→"Select Tools"→"Proteus VSM",就表示选用 PROTEUS ISIS 的 PIC 单片机仿真,如图 3-37 所示。从该图可以看到,此时,PROTEUS 的 ISIS 被嵌入到 MPLAB IDE 窗口中,在主工具栏中增加了

"　●　●　"工具,绿色为开始 ISIS VSM 仿真,红色为停止 ISIS VSM 仿真。如果在窗口中不显示 PROTEUS 窗口,可以单击开始仿真按钮,便会出现仿真错误信息,同时也会出现 ISIS VSM 窗口。

在图 3-37 中,单击 PROTEUS VSM 窗口中的打开设计按钮,打开已有的 PROTEUS 设计图,如图 3-38 所示。

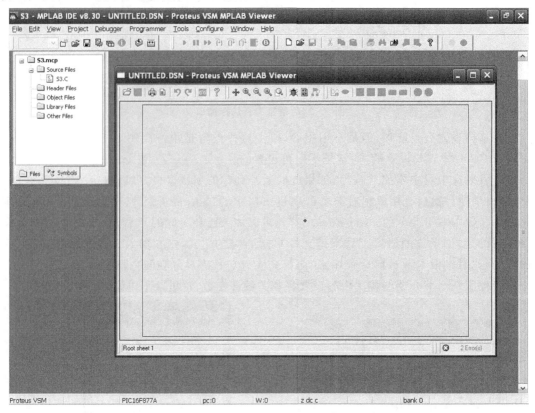

图 3-37　在 MPLAB IDE 中使用 PROTEUS VSM 仿真界面

此时可以单击 MPLAB IDE 的编译图标"　●　●　"中的一个,开始编译程序,如无错误,OUTPUT 窗口会显示本程序中的存储器资源占用情况,如下所示的报告,显示了程序存储器空间(Program Space)、数据存储器空间(Data Space)、EEPROM 空间、ID 码、配置位寄存器等的使用情况。在数据存储器中还给出了 4 个体的详细情况,COMBANK 指的是处于体 0 的 0x70～0x7F 这 16 个存储器。

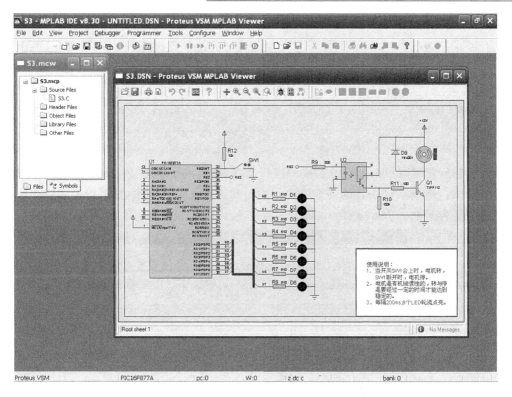

图 3 - 38　加入了 PROTEUS 线路图的 MPLAB IDE 界面

```
Memory Usage Map:
Program space:
    CODE            used    44h (      68) of   2000h words   (   0.8 % )
    CONST           used    0h (       0) of   2000h words   (   0.0 % )
    ENTRY           used    0h (       0) of   2000h words   (   0.0 % )
    STRING          used    0h (       0) of   2000h words   (   0.0 % )
Data space:
    BANK0           used    6h (       6) of   60h bytes     (   6.3 % )
    BANK1           used    0h (       0) of   50h bytes     (   0.0 % )
    BANK2           used    0h (       0) of   60h bytes     (   0.0 % )
    BANK3           used    0h (       0) of   60h bytes     (   0.0 % )
    COMBANK         used    0h (       0) of   10h bytes     (   0.0 % )
EEPROM space:
    EEDATA          used    0h (       0) of   100h bytes    (   0.0 % )
ID Location space:
    IDLOC           used    0h (       0) of   4h bytes      (   0.0 % )
```

```
Configuration bits:
    CONFIG        used    0h (      0) of    1h word     ( 0.0%)
Summary:
    Program space    used    44h (     68) of    2000h words ( 0.8%)
    Data space       used    6h (       6) of    170h bytes  ( 1.6%)
    EEPROM space     used    0h (       0) of    100h bytes  ( 0.0%)
    ID Location space used   0h (       0) of    4h bytes    ( 0.0%)
    Configuration bits used  0h (       0) of    1h word     ( 0.0%)
```

编译成功后就可以单击开始仿真按钮进行仿真,可以按照单步、宏单步、全速、连续单步等方式进行调试。这里将 C 语言的一个语句作为一句。在此仿真模式中,可以设置多个断点。

图 3-39 为其中一个运行中的画面。

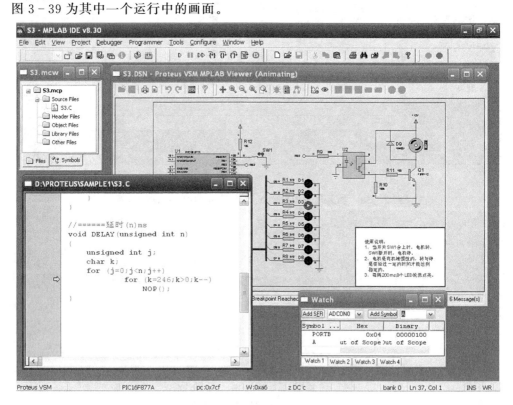

图 3-39　例 3.1 的运行中的一个画面

如果要在 MPLAB IDE 中修改 PROTEUS 的仿真线路图,必须停止仿真才能进行,通常只在此作一些小的修改,如修改连线、修改参数等。如要进行大的修改,只能在 PROTEUS ISIS 下进行。

第 **4** 章

PIC16F877A 单片机基本功能与编程

本章将介绍 PIC16F877A 的输入/输出端口、各种定时器、A/D 转换器、同步/异步通信、SPI 和 I²C 接口通信、CCP 模块、参考电压模块、比较器模块、中断、看门狗等。这些是单片机的基本功能。

本章中的每个部分均有实例编程,有的实例还采用了互动选择,读者既能学习这些基本模块的使用,还能从中掌握编程技巧。在最后一节,介绍了 PIC16F887 与 PIC16F877A 的区别,并详细描述了 PIC16F887 特有的功能与特点,并配有编程示例。

4.1 输入/输出端口

PIC16F877A 有 33 根 I/O 引脚,这 33 个 I/O 引脚均可以作为普通的输入/输出引脚使用,大部分 I/O 引脚还有 2 个以上的功能。有 A、B、C、D、E 共 5 个端口,其中,A 端口有 6 个引脚,B、C、D 端口各有 8 个引脚,E 端口有 3 个引脚。

作为普通引脚,到底是作为输入还是输出,是由各自的方向控制寄存器控制的,A、B、C、D、E 端口的方向控制寄存器分别为 TRISA、TRISB、TRISC、TRISD、TRISE。相应的控制寄存器的位为 0,则该 I/O 引脚作为输出;为 1 作为输入。

> **记忆小窍门**:端口的输入与输出设置很容易记住,"Output"的第一个字母"O"与数字"0"相像,因此端口的控制寄存器的相关位设置成 0 就是输出;而"Input"的第一个字母"I"与数字"1"相像,因此端口的控制寄存器的相关位设置成 1 就是输入。

例如,语句 TRISB=0b11110000,就设置了 B 端口的高 4 位为输入,低 4 位为输出。

每个 I/O 引脚的最大输出电流(拉电流)为 20 mA,最大输入电流(灌电流)为 25 mA。此外,A、B、E 端口的最大输入电流总和与输出电流总和均为 200 mA,C、D 端口的最大输入电流总和与最大输出电流总和也为 200 mA。

对 I/O 端口的写操作是一个读-修改-写的过程,一条写 I/O 引脚的指令如 RB3＝1,实际上是在指令的开头读入整个 B 端口,并在指令周期的末尾时刻把 1 写入 RB 端口 3 的输出锁存器。如果紧接着有一条读指令,如 x＝PORTB,在指令周期的开始处,由于前一指令产生在 I/O 端口的电平尚未稳定时,读入的可能是引脚的前一个状态值而不是新状态值。因此,连续对同一端口进行写操作时,最好用一个 NOP 指令或者其他不访问该 I/O 端口的指令隔开,如

```
RA3 = 1;
NOP( );
RA4 = 0;
```

4.1.1　端口 A

端口 A 有 6 个引脚,除了 RA4 外,其余 5 个口均可作为 A/D 转换的模拟电压输入口,还有部分引脚与比较器、SPI 有关,RA4 还与 TMR0 有关。因此,在使用 RA 口时,除了要设置 TRISA 外,有时相关寄存器也要设置。

在上电复位时,RA 口的默认设置是作为模拟输入,即 ADCON1(见 4.6 节)中默认值为 0b00xx0000,这个值的设置结果是除 RA4 外的所有的 RA 口都作为模拟输入口,在使用时要特别注意。

RA 口的各引脚介绍如下。

● RA0/AN0:I/O 引脚、模拟电压输入通道 AN0。
● RA1/AN1:I/O 引脚、模拟电压输入通道 AN1。
● RA2/AN2/VREF－/CVREF:I/O 引脚、模拟电压输入通道 AN2、A/D 负参考电压输入、参考电压模块输出。
● RA3/AN3/VREF＋:I/O 引脚、模拟电压输入通道 AN3、A/D 正参考电压输入。
● RA4/T0CKI/C1OUT:I/O 引脚(为施密特电平)、TMR0 计数脉冲输入、比较器 1 输出。需特别注意的是,RA4 是集电极开路结构,因此,当 RA4 作为输入时,须接一个上拉电阻(几 kΩ 到 20 kΩ),才能输出高电平。
● RA5/AN4/SS/C2OUT:I/O 引脚、模拟电压输入通道 AN4、SPI 从动选择输入、比较器 2 输出。

4.1.2　端口 B

端口 B 有 8 个引脚,8 个引脚具有内部弱上拉使能控制,由 OPTION 寄存器的第 7 位

RBPU 控制,如果弱上拉使能,作为输入的 RB 口在端口悬空时将被上拉到高电平。

如图 4 - 1(a)所示,RB0 作为按键输入口,如果禁止 B 口弱上拉,则此按键未按下时,RB0 口为悬空,状态不定,这是不允许的,因此必须如图 4 - 1(b)所示外接一个上拉电阻。也就是说,如图 4 - 1(a)所示的电路,一定要设置成 B 口弱上拉,此时按键未按下时,RB0 被弱上位为高电平,在此情况下,B 口弱上拉可以节省一个电阻。

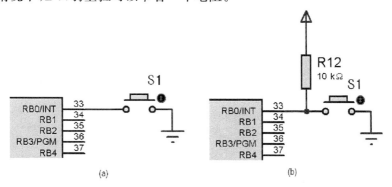

图 4 - 1　B 口弱上位示意图

B 口的 RB0/INT 具有外部中断功能,RB 的高 4 位还具有电平变化中断功能,当此 4 个引脚作为输入时,只要有一个引脚的电平发生变化,就会使 RB 电平中断标志位置 1。这里所说的电平变化指的是逻辑电平变化,即从高变低或从低变高。这些功能的设置,与 OPTION、INTCON 有关,可参见相关各章节。RB 端口的引脚介绍如下。

- RB0/INT:I/O 引脚、INT 中断;
- RB1、RB2、RB4、RB5:I/O 引脚;
- RB3/PGM:I/O 引脚、低电压编程电压引脚;
- RB6/PGC:I/O 引脚、编程时钟线;
- RB7/PGD:I/O 引脚、编程数据线。

如果使用 ICD2 作为调试工具,RB6、RB7 引脚将被调试系统占用,因此在调试时此 2 个引脚暂不能使用。

4.1.3　端口 C

端口 C 有 8 个引脚,是功能最多的一个端口,其功能介绍如下。

- RC0/T1OSO/T1CKI:I/O 引脚、TMR1 振荡输出、TMR1 外部脉冲输入;
- RC1/T1OSI/CCP2:I/O 引脚、TMR1 振荡输入、CCP2;
- RC2/CCP1:I/O 口、CCP1;
- RC3/SCK/SCL:I/O 引脚、SPI 的时钟线、I²C 的时钟线;

- RC4/SDI/SDA：I/O 引脚、SPI 的数据输入、I²C 的数据线；
- RC5/SDO：I/O 引脚、SPI 的数据输出；
- RC6/TX/CK：I/O 引脚、异步串行通信的发送、同步串行通信的时钟线；
- RC7/RX/DT：I/O 引脚、异步串行通信的接收、同步串行通信的数据线。

4.1.4　端口 D

端口 D 有 8 个引脚，它除了作为普通 I/O 口外，还能作为并行从动口使用。

4.1.5　端口 E

端口 E 只有 3 个引脚，它们都可以作为 A/D 转换的模拟电压输入口，功能如下。
- RE0/RD/AN5：I/O 引脚、并行从动口的读控制、模拟电压输入通道 AN5；
- RE1/WR/AN6：I/O 引脚、并行从动口的写控制、模拟电压输入通道 AN6；
- RE1/CS/AN7：I/O 引脚、并行从动口的片选控制、模拟电压输入通道 AN7。

4.2　中　断

4.2.1　中断的概念

中断是单片机中的一个重要的概念。通俗地说，单片机在执行程序的过程中，有一个突发事件或更紧急的事件需要先处理，这时就要暂停目前执行的程序，转向执行更紧急的程序。这种"暂停"原先程序的执行，就叫中断。

中断的例子实际上在生活中到处都是。举个例子：假设你正在看书，突然手机响了，这时一般你会暂停看书去接听电话（在上课和开会时可是不行的，此时必须禁止中断）。为了在接听电话后能继续看书，即继续从接听电话前的内容往下看，你可能会用一个书签放在你接电话时看的页码处（也许你不放书签，但要记在脑子里）。这样当你接完电话后，便可以从接电话前的页码继续往下看。

上面生活中的中断例子，实际上包括了中断事件的产生（有电话打来）、中断的现场保护（放书签）、中断服务程序（接听电话）、现场恢复（电话接听完毕，回到接电话前看的页码）、中断返回（继续看书）。

中断带给我们很多方便，我们不必为了一个电话始终守候在电话旁，我们可以去做原来想做的事。在单片机中更是如此，比如，单片机有一个按键，通常单片机不可能不停地检测是否有按键,而只要设置好按键中断使能,就可以放心地去执行原来要执行的程序,一旦有按键,单片机会自动进入中断服务程序,执行按键处理程序,处理完按键程序后,退出按键中断,回到按键前执行的程序处继续执行。

PIC16F877A 能够识别的中断有 15 个,中断的内部逻辑结构如图 4 - 2 所示。

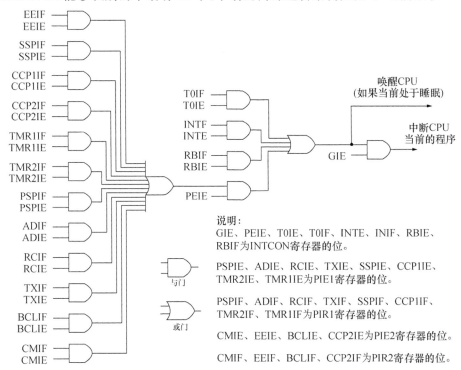

图 4 - 2　PIC16F877A 中断逻辑示意图

图 4 - 2 中用到了与门和或门。

与门的输入、输出关系是:只有所有的输入均为 1,才能输出 1。

或门的输入、输出关系是:只要有 1 个输入是 1,输出就是 1。

图 4 - 2 中左边的与门输入,标有"IF"字符的为中断标志(除 INTF 外),标有"IE"字符的为中断使能标志(除 INTE 外)。每一个以这 2 个字符作为输入的与门为一个中断源,共有 15 个中断源。

单从逻辑图 4 - 2 上看,产生中断的最终结果是从最右边的与门输出 1。例如,要使 TMR1IF=1 能正确输出到最后,TMR1IE 必须为 1(TMR1 溢出中断使能),同时,PEIE(外围中断使能)和 GIE(全局中断使能)也须为 1,缺一不可。可以从图中的逻辑关系帮助读者理解随后介绍的中断相关控制寄存器。

中断过程单片机是这样执行的:

① 有中断请求时,如果相应的中断使能允许,且全局中断允许,单片机自动把中断时要执行的下一条指令的地址,即 PC+1 压入堆栈,并强制把 PC 指针置为 0x0004,程序转向 0x0004,硬件强制置全局中断使能位 GIE=0,即退出中断前不允许再进入中断;

② 把 W 寄存器、状态寄存器 STATUS、PCLATH 及用户要保护的寄存器存入自己定义的保护寄存器中(在用汇编时须由用户编程处理,且要严格按照要求与步骤进行);

③ 清中断标志位(用户编程处理);

④ 执行中断服务程序;

⑤ 恢复②中保护的相关寄存器(在用汇编语言时须由用户编程处理,且要严格按照要求与步骤进行);

⑥ 执行中断返回指令"retfie"(汇编指令),此时单片机自动置 GIE=1,即恢复中断使能,单片机将栈顶内容给 PC,此值就是中断前一刻单片机要执行指令的地址,也就是说,是单片机执行中断前要执行的指令。

　　用 PICC 编程时,用户不用考虑步骤①、②、⑤、⑥,只要写③、④部分即可,寄存器的保护与恢复均由 PICC 自动处理。用汇编编程就没这么简单,要考虑②～⑥的所有内容,即用汇编编程时,要有中断现场保护与恢复的内容!

4.2.2　与中断有关的寄存器

　　与中断直接相关的寄存器有 INTCON、PIE1、PIE2、PIR1、PIR2。当然还得加上与各中断功能模块有关的寄存器,这里先介绍与中断直接相关的寄存器,如表 4-1～表 4-5 所列。

表 4-1　中断控制寄存器 INTCON

寄存器名称:INTCON			地址:0x0B,0x10B,0x8B,0x18B		
位	位名称	功能	复位值	值	说明
7	GIE	全局中断使能	0	1	允许
				0	禁止
6	PEIE	外设中断使能	0	1	允许
				0	禁止
5	T0IE 或 TMR0IE	TMR0 溢出中断使能	0	1	允许
				0	禁止
4	INTE	INT 引脚中断使能	0	1	允许
				0	禁止
3	RBIE	RB 口高 4 位电平变化中断使能	0	1	允许
				0	禁止

续表 4-1

位	位名称	功能	复位值	值	说明
寄存器名称:INTCON			地址:0x0B,0x10B,0x8B,0x18B		
2	T0IF 或 TMR0IF	TMR0 溢出中断标志位	0	1	TMR0 溢出
				0	TMR0 未溢出
1	INTF	INT 中断标志位	0	1	发生了 INT 中断
				0	未发生 INT 中断
0	RBIF	RB 口高 4 位电平变化中断标志位 相关引脚作为输入时才有效	x	1	RB7:RB4 引脚中至少有一位的逻辑状态发生了变化
				0	RB7:RB4 引脚的逻辑状态未发生变化

说明:复位值"x"表示不定,下同。

表 4-2　外设 1 中断控制寄存器 PIE1

位	位名称	功能	复位值	值	说明
寄存器名称:PIE1			地址:0x8C		
7	PSPIE	并行从动端口读/写中断使能	0	1	允许
				0	禁止
6	ADIE	A/D 转换完成中断使能	0	1	允许
				0	禁止
5	RCIE	通用同步/异步串行接收中断使能	0	1	允许
				0	禁止
4	TXIE	通用同步/异步串行发送中断使能	0	1	允许
				0	禁止
3	SSPIE	同步通信 SPI,I²C 中断使能	0	1	允许
				0	禁止
2	CCP1IE	CCP1 中断使能	0	1	允许
				0	禁止
1	TMR2IE	TMR2 溢出中断使能	0	1	允许
				0	禁止
0	TMR1IE	TMR1 溢出中断使能	0	1	允许
				0	禁止

表 4 - 3　外设 2 中断控制寄存器 PIE2

寄存器名称：PIE2				地址：0x8D		
位	位名称	功能	复位值	值	说明	
7	—	—	—	—	—	
6	CMIE	比较器中断使能	0	1	允许	
				0	禁止	
5	—	—	—	—	—	
4	EEIE	EEPROM 写完成中断使能	0	1	允许	
				0	禁止	
3	BCLIE	总线冲突中断使能	0	1	允许	
				0	禁止	
2	—	—	—	—	—	
1	—	—	—	—	—	
0	CCP2IE	CCP2 中断使能	0	1	允许	
				0	禁止	

表 4 - 4　外设 1 中断标志寄存器 PIR1

寄存器名称：PIE1				地址：0x8C		
位	位名称	功能	复位值	值	说明	
7	PSPIF	并行从动端口读/写中断标志	0	1	有中断发生	
				0	无中断发生	
6	ADIF	A/D 转换完成中断标志	0	1	有中断发生	
				0	无中断发生	
5	RCIF	通用同步/异步串行接收中断标志	0	1	有中断发生	
				0	无中断发生	
4	TXIF	通用同步/异步串行发送中断标志	0	1	有中断发生	
				0	无中断发生	
3	SSPIF	同步通信 SPI、I^2C 中断标志	0	1	有中断发生	
				0	无中断发生	
2	CCP1IF	CCP1 中断标志	0	1	有中断发生	
				0	无中断发生	
1	TMR2IF	TMR2 溢出中断标志	0	1	有中断发生	
				0	无中断发生	

续表 4 - 4

寄存器名称:PIE1				地址:0x8C	
位	位名称	功能	复位值	值	说明
0	TMR1IF	TMR1 溢出中断标志	0	1	有中断发生
				0	无中断发生

表 4 - 5　外设 2 中断标志寄存器 PIR2

寄存器名称:PIE2				地址:0x8D	
位	位名称	功能	复位值	值	说明
7	—	—			—
6	CMIF	比较器中断标志	0	1	有中断发生
				0	无中断发生
5	—	—			—
4	EEIF	EEPROM 写完成中断标志	0	1	有中断发生
				0	无中断发生
3	BCLIF	总线冲突中断标志	0	1	有中断发生
				0	无中断发生
2	—	—			—
1	—	—			—
0	CCP2IF	CCP2 中断标志	0	1	有中断发生
				0	无中断发生

4.2.3　中断的编程

【例 4.1】　如图 4 - 3 所示,利用 RB0/INT 中断,每按一次按键 S1,LED 翻转亮。

从中断逻辑图 4 - 2 看,要使 RB0 能进入按键中断,必须置 RBIE 为 1,GIE 为 1,此外,还要设置 RB0 为输入,并将 OPTION 寄存器和 RB0/INT 有关的位进行正确设置。

程序还考虑了实际按键中的抖动问题,即有按键按下时,先延时 30 ms(躲过按键抖动时间)后才开始执行按键中断服务程序。

> 提示:按键中断标志位清 0,一定要在防抖动的延时之后,否则就起不到防抖动的作用。这是因为如果一进入中断就清中断标志位,在延时期间按键发生了抖动,又会产生中断标志,这样一退出中断服务程序就马上又进入中断!

由于 RB0 没有外接上拉电阻,故一定要设置 RB 口弱上拉(OPTION 的最高位为 0)。

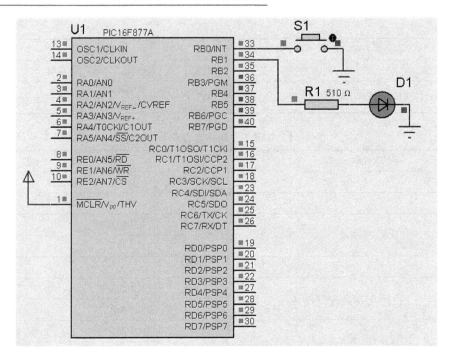

图 4-3　例 4.1 相应的线路图与运行界面

在此之后的所有程序中,如子程序与前面的完全一样,第一次给出后就不再给出,如本例中的延时子程序 DELAY,这些通用的子程序放在附录中。

特别说明,除非特别注明,本书中的程序均假设在晶振为 4MHz 下运行。

【例 4.1】　程序

```
//例 4.1  用 RB0/INT 按键,每按一下,LED 翻转亮
# include <pic.h>
  __CONFIG(0x3F71);               //配置位设定:XT,WDT off 等
# define LED RB1                  //常数替换定义,所有有 LED 字符的地址实际上是 RB1
char      A;                      //全局变量,保存 LED 状态
void DELAY(unsigned int);
void interrupt ISR(void);

void main(void)
{   OPTION = 0b00000000;          //B 口弱上拉,RB0 为下降沿触发中断
    TRISB = 0b00000001;           //设定 RB0 为输入,RB1 为输出
    INTCON = 0b10010000;          //允许 RB0/INT 中断
    LED = 1;A = 1;                //先让 LED 亮
    while(1);                     //原地等待
}
```

```
// = = = = = = = = 中断服务程序
void interrupt ISR(void)
{   if (INTF = = 1)                    //如果是 INT 中断才执行以下程序
    {
        DELAY(30);                     //按键防抖动,延时 30 ms,躲过抖动时间
        INTF = 0;                      //清中断标志位,须在延时之后
        if (A = = 1)                   //根据 A 的值来确定 LED 是否亮
            {A = 0;LED = 0;}
        else
            {A = 1;LED = 1;}
    }
}

// = = = = = = 延时(n)ms
void DELAY(unsigned int n)
{   unsigned int j;
  char k;
  for (j = 0;j<n;j + +)
            for (k = 246;k>0;k - -) NOP();
}
```

4.3　TMR0 定时器

　　定时器 TMR0 是一个 8 位的定时/计数器,内部有一个软件可编程的预分频器。其结构如图 4 - 4 所示,此图可以帮助读者理解 TMR0 的操作原理。图中用到了异或门,其输入与输出的关系是:相同输入,输出为 0;不同输入,输出为 1。图中的 WDT 为看门狗定时器,见4.14.1小节。

　　TMR0 可以作为定时/计数器使用,定时指的是对内部的指令周期时钟 T_{cy} 计数,计数指的是对输入到 RA4/T0CKI 引脚上的外部脉冲计数。从图 4 - 4 可以看到,位 T0CS 决定了TMR0 的计数源:T0CS＝0 时对系统时钟计数,T0CS＝1 时对外部脉冲计数。T0CS 位是OPTION 寄存器中的一位。从图 4 - 4 也可以看到,PSA＝0 或 PSA＝1 时 TMR0 的工作情况,读者可自行分析。

　　当对外部脉冲计数时,TMR0 可以由软件选择计数边沿(上升沿或下降沿),此位是T0SE,此位为 1 是在输入脉冲的下降沿计数值加 1,为 0 则为上升沿加 1。

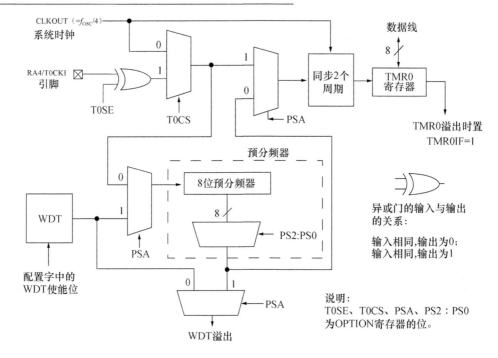

图 4 - 4　TMR0 结构示意图

作为外部脉冲输入给 RA4 计数用,求其高电平最小为 $0.8V_{CC}$,低电平最高为 $0.2V_{CC}$。在 $V_{CC}=5$ V 时,这两个值分别为 4 V 和 1 V。

当 TMR0 的值从 0xFF 加 1 后成为 0x00 时会产生中断标志即中断请求。

由于 TMR0 是个 8 位的定时/计数器,最大计数值是 0xFF,如果要求的计数值大于此数,就要用到预分频器。不用预分频器时,一个计数脉冲 TMR0 加 1,使用预分频器时,若干个脉冲加 1。如预分频比为 1:64,则 64 个计数脉冲 TMR0 加 1,其从 0 开始计数至溢出,实际计数值是 $256 \times 64 = 16\ 384 = 0x4000$。

由图 4 - 4 可知,PIC16 系列单片机的 TMR0 和 WDT(看门狗定时器)共用预分频,因此预频器同一时刻只能供一个对象使用。

如果要使 TMR0 的分频比为 1:1,就必须将预分频器给 WDT,而不管 WDT 是否使能。

显然,预分频比越大,计数或定时的分辨率越低,因此在选择预分频比时要经过计算,在满足要求的前提下使用最小的分频比。

以下用例子说明 TMR0 延时的时间常数计算过程。

假设要用定时器 TMR0 延时 10 ms,单片机用的是 4 MHz 晶振,则指令周期 $T_{cy}=1\ \mu s$。计算如下:

设预分频比为 K,则有 $256K \times T_{cy} = 10\ 000\ \mu s$,得到 $K \approx 39.06$,要取大于此值的最小分

频比,即 $K = 64$。

再计算延时常数 X,$(256 - X) \times 64 T_{cy} = 10\,000\ \mu s$,得 $X = 99.75$,四舍五入取整后,得 $X = 100$。

TMR0 的最大延时时间为 $256 \times 256 T_{cy} = 65\,536\ T_{cy}$,使用 4 MHz 晶振时,为 65.536 ms,如果延时超过此值,可以用累加中断次数的方法,或者用 TMR1 延时。

【例 4.2】 以 TMR0 作为计时器,通过 RB0 输出脉冲,每隔 10 ms 让 LED 闪亮,采用中断的方式,相应的线路图如图 4-5 所示。

【例 4.2】 程序

```c
#include <pic.h>
//例 4.2  用 TMR0 延时中断,产生脉冲
 __CONFIG(0x3F71);              //配置位设定:XT,WDT off 等
#define LED RB0
#define T0_10MS 100             //定义 TMR0 延时 10 ms 的时间常数
char      A;                    //全局变量,保存 LED 状态
void interrupt ISR(void);


void main(void)
{    TRISB0 = 0;                //设 RB0 为输出,其余 B 口未设置,采用上电默认值,为输入
     OPTION = 0b10000101;       //TMR0 对内部时钟计数,预分频器给 TMR0,分频比为 1:64
     INTCON = 0b10100000;       //允许 TMR0 溢出中断
     TMR0 = T0_10MS;            //TMR0 赋初值
     LED = 1;A = 1;
     while(1);                  //原地等待
}


// = = = = = = = = 中断服务程序
void interrupt ISR(void)
{    if (T0IF = = 1)
     {  T0IF = 0;               //清 TMR0 溢出中断标志位
        TMR0 = T0_10MS;         //TMR0 赋初值,必须
        if (A = = 1)
           {A = 0;LED = 0;}
        else
           {A = 1;LED = 1;}
     }
}
```

117

图 4-5 中放置了仿真图表,从中可以看到通过 RB0 引脚输出的波形,脉冲的高电平与低电平的宽度均为 10 ms,与前面的计算吻合。同样可以从示波器中看到波形,这里略。实际上,LED 闪亮 10 ms,肉眼并不能看清楚。

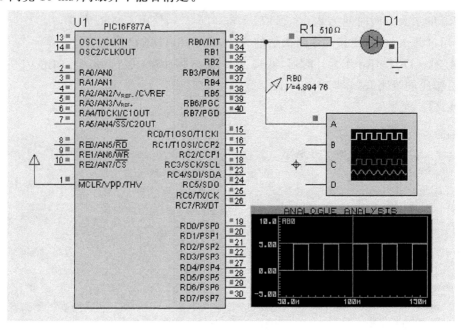

图 4-5　例 4.2 相应的线路图与运行界面

【例 4.3】　有如图 4-6 所示的电路,RA4 接 1 个按键,要求每按一下按键 S1,必须进入中断。在中断程序中让 LED 闪亮。

通常按键是采用中断的方式,不必不停地查询 RA4 引脚的状态。为了让 RA4 按键产生中断,则设置 TMR0 为外部计数,下降沿计数,预分频比为 1∶1,并将初值设置为 0xFF,这样只要一有按键,就产生中断,其他与例 4.1 类似。进入中断后,必须把 TMR0 重新赋值 0xFF,这样下次一按键才能进入中断。图 4-6 中的 RA4 引脚的上拉电阻 R2 是必需的。

【例 4.3】　程序

```
//例 4.3  用 TMR0 对外部计数作为按键,每按一下,LED 闪亮
# include <pic.h>
    __CONFIG(0x3F71);              //配置位设定:XT,WDT off 等
# define LED RB1
char    A;                        //全局变量,保存 LED 状态
void interrupt ISR(void);
void DELAY(unsigned int);
void main(void)
```

```
{   TRISB1 = 0;                  //设 RB1 为输出,其余 B 口未设置,采用上电默认值,均为输入
    OPTION = 0b00111000;         //TMR0 对外部脉冲计数,下降沿计数,预分频器给 WDT,则 TMR0
                                   分频比为 1：1
    INTCON = 0b10100000;         //允许 TMR0 溢出中断
    TMR0 = 0xFF;                 //TMR0 赋初值
    LED = 1;A = 1;
    while(1);                    //原地等待
}


// = = = = = = = = 中断服务程序
void interrupt ISR(void)
{   if (T0IF = = 1)
    {   DELAY(30);               //按键防抖动,延时 30 ms,躲过抖动时间
        T0IF = 0;                //清 TMR0 溢出中断标志位
        TMR0 = 0xFF;             //TMR0 赋初值,必须！
        if (A = = 1)
            {A = 0;LED = 0;}
        else
            {A = 1;LED = 1;}
    }
}
//DELAY 子程序见附录
```

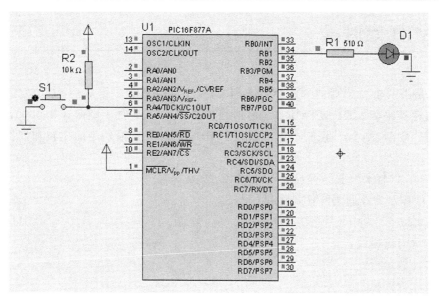

图 4 - 6　例 4.3 相应的线路图与运行界面

　　图 4-7 是相应于图 4-6 中按键按下时 RA4 和 RB1 引脚的波形图。从程序及波形图可知，未按键时，RA4 处于高电平，TMR0 值为 0xFF，按下 S1 键时，RA4 从高变低，TMR0 计数值加 1，马上溢出进入中断，延时 30 ms 后让 RB1 电平翻转，即 LED 闪亮。

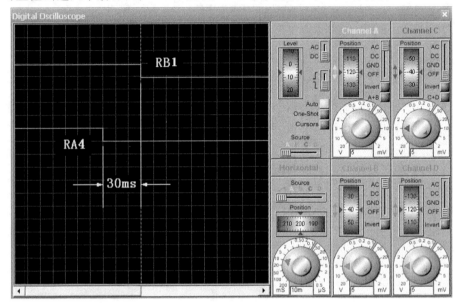

图 4-7　按键中断波形图

4.4　TMR1 定时器

　　TMR1 是由两个可读写的 8 位寄存器 TMR1H 和 TMR1L 组成的 16 位定时/计数器。当 TMR1 寄存器组（TMR1H：TMR1L）递增到 0xFFFF 后，再加 1 则回到 0x0000，即溢出，如果允许 TMR1 中断，则会产生 TMR1 中断。TMR1 还是 CCP 模块中的比较和捕捉工作方式的时基。

　　图 4-8 为 TMR1 内部结构示意图。

　　TMR1 的控制寄存器为 T1CON。

　　TMR1 可以有 3 种工作模式：

　　● 同步定时器模式；

　　● 同步计数器模式；

　　● 异步计数器模式。

　　TMR1 可以通过 TMR1ON 控制位来控制定时器 TMR1 的工作与否，它还有一个内部

"复位输入",可由一个 CCP 模块产生,即自动清零,图 4 - 8 中未画出此项功能,见 4.7.2 小节。

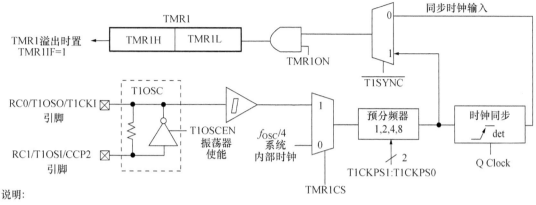

说明:
TMR1ON、T1SYNC、T1OSCEN、TMR1CS、
T1CKPS1、T1CKPS0为寄存器T1CON的位。

图 4 - 8　TMR1 内部结构示意图

TMR1 可以外接低频振荡器,当 TMR1 的振荡器使能时(T1OSCEN 位置 1),T1OSI 和 T1OSO 引脚自动被设定为输入,此时其相应的 TRIS 值被忽略。外接低频振荡器通常选用 32.768 kHz 作为时钟源。

> **说明:**作为时钟振荡器的 32.768 kHz 的振荡频率值是否有点怪? 其实这是作为时钟用的特殊频率,在 1 s 的时间内,此振荡器的输出脉冲数为 32768＝0x8000,这个值用十六进制表示就不怪吧? 也就是说,你把 TMR1 初值设置为 0x8000,溢出时间就是 1 s,初值设为 0 就是 2 s。

外接低频振荡器的接线如图 4 - 9 所示。当使用低频振荡器时,TMR1 计数器在休眠模式下仍然继续工作,因此 TMR1 可用于产生一个实时时钟。需要说明的是,晶振在 PROTEUS 中还不能仿真,即无法输出时钟给 TMR1 计数,但可用一脉冲源接于 RC0/T1CKI 或 RC1/T1OSI 进行模拟仿真。

由于 TMR1 的值是由 2 个 8 位寄存器构成的,因此在读取 TMR1 的值时要特别注意是否在读取时正好发生了从低字节 TMR1L 向高字节 TMR1H 进位的情况。假设正好在 TMR1H、TMR1L 值为 0x01FF 时读取高字节 TMR1 值得到 0x01,此时低字节向高字节进位,接着在读取低字节时值为 0x00,这样总的结果为 0x0100,而实际值应为 0x0200。如果在这种情况下先读低字节,得到的 TMR1L 值为 0xFF,此时低字节向高字节进位,接着在读取高字节时为 0x02,这样总的结果为 0x02FF,结果还是错的。

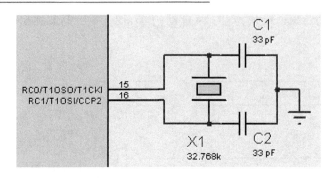

图4-9 TMR1 外接低频振荡器线路图

如果允许的话,在读 TMR1 值时让 TMR1ON＝0,停止计数,就不会存在这个问题了。如果不允许 TMR1 停止计数,则可以用以下程序避免发生读 TMR1 值时的错误。

```
A = TMR1H;              //先读高字节
B = TMR1L;              //再读低字节
C = TMR1H;              //再读高字节
if (A = = C)            //判断读期间是否发生了从低字节向高字节进位的情况
    X = (A<<8) + B;     //没有发生进位,就用第一次读高字节的结果
else
    X = (C<<8) + B;     //发生进位,用第二次读高字节的结果
```

表4-6 T1CON 寄存器

寄存器名称:T1CON				地址:0x10	
位	位名称	功能	复位值	值	说明
7	—	—	—	—	—
6	—	—	—	—	—
5	T1CKPS1	TMR1 预分频比	0		00: 1:1 01: 1:2
4	T1CKPS0		0		10: 1:4 11: 1:8
3	T1OSCEN	低频振荡器使能	0	1	振荡器使能
				0	振荡器关闭
2	T1SYNC	外部时钟输入同步控制位(TNR1CS＝0时此位无效)	0	1	不与外部时钟同步
				0	与外部时钟同步

续表 4 - 6

寄存器名称：T1CON				地址：0x10		
位	位名称	功能	复位值	值	说明	
1	TMR1CS	时钟源选择	0	1	外部时钟（RC0/T1CKI 引脚上的脉冲）	
				0	内部时钟（$f_{osc}/4$）	
0	TMR1ON	TMR1 使能	0	1	TMR1 使能	
				0	TMR1 关闭	

与 TMR0 延时计算公式相类似,不同的是 TMR1 是 16 位的定时/计数器,且只有 4 种预分频系数。假设要用 TMR1 延时 100 ms,所用的晶振为 4 MHz,计算过程如下。

先求预分频系数 K : $65\ 536\ K \times T_{cy} = 65\ 536\ K \times 1 = 100\ 000\ \mu s$,得 $K \approx 1.52$,取 $K = 2$。

再求延时常数 X : $(65\ 536 - X) \times K \times T_{cy} = (65\ 536 - X) \times 2 \times 1 = 100\ 000\ \mu s$,得 $X = 15\ 536$。

【例 4.4】　仍参照图 4 - 5 所示的线路图,以 TMR1 作为计时器,通过 RB0 输出脉冲,每隔 100 ms 让 LED 闪亮,采用中断的方式。

【例 4.4】　程序

```
//例 4.4  TMR1 延时 100 ms,让 LED 闪亮
#include <pic.h>
 __CONFIG(0x3F71);                    //配置位设定:XT,WDT off 等


#define T1_100MS   15536
#define LED RB0
char     A;                           //全局变量,保存 LED 状态


void interrupt ISR(void)
{   if (TMR1IF == 1)
    {    TMR1IF = 0;                    //清 TMR1 溢出中断标志位
         TMR1H = T1_100MS>>8;          //延时常数重新赋值
         TMR1L = T1_100MS;             //整型数赋给字符型变量,只赋整型的低字节
         if (A == 1)
             {A = 0;LED = 0;}
         else
             {A = 1;LED = 1;}
    }
}
```

```
void main(void)
{   TRISB0 = 0;                    //RB0 为输出口
    TMR1H = T1_100MS>>8;           //取延时常数的高字节
    TMR1L = T1_100MS;              //取延时常数的低字节
    TMR1IE = 1;                    //TMR1 中断使能
    INTCON = 0b11000000;           //GIE、PEIE 置 1 才能进入 TMR1 中断
    T1CON = 0b00010001;            //TMR1 预分频系数为 1：2,内部延时,开始工作
    A = 1;LED = 1;
    while(1);                      //原地等待
}
```

图 4-10 是本例在采用 SIM 仿真方式仿真时的输出波形图,图中的横坐标为指令数,可以看到,每隔 100 000 条指令周期即 100 ms(4 MHz 晶振),RB0 电平翻转一次,符合要求。

在 PROTEUS 仿真下,100 ms 的延时可以明显看到 LED 的闪亮,与例 4.2 延时 10 ms 的效果不同。

TMR1 的最大预分频系数为 1：8,其最大延时时间为 65 536×8× T_{cy} ＝524 288× T_{cy} ,在 4 MHz 晶振下,为 524.88 ms。

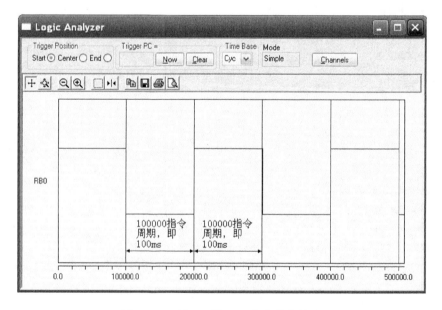

图 4-10　例 4.4 的 SIM 仿真输出结果

4.5　TMR2 定时器

TMR2 是一个 8 位定时器,带有一个预分频器、一个后分频器和一个周期寄存器。TMR2 还是 CCP 模块中的 PWM 工作方式下的时基。图 4-11 为其内部结构示意图。

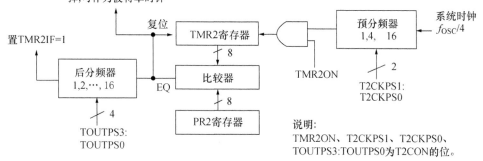

图 4-11　TMR2 内部结构示意图

TMR2 与 TMR0 和 TMR1 的不同点在于:TMR2 没有对外部脉冲计数功能;TMR2 具有输出后分频功能,即它可以设置溢出多少次时才进入中断;TMR2 还有一个周期寄存器 PR2。

事先应对 PR2 赋值,当 TMR2 计数值超过 PR2 时即 TMR2=PR2+1 时,就产生溢出,这和 TMR0 和 TMR1 不同。如设定 PR2=10,则 TMR2 计数至 10,再加 1 时即溢出,此时 TMR2 自动复位为 0。而 TMR0 必须超过 0xFF,TMR1 必须超过 0xFFFF 才能溢出(TMR1 在 CCP 中比较工作方式时也有相当于溢出值可改变的功能,见 4.7.2 小节)。上电时,PR2 的值为 0xFF,此时与 TMR0 的溢出情况类似。由于溢出值可设定,则无须设定 TMR2 的初值便可延时到所需的时间。

TMR2 的工作由 T2CON 寄存器控制,T2CON 寄存器的说明如表 4-7 所列。

表 4-7　T2CON 寄存器

寄存器名称:T2CON				地址:		
位	位名称	功能	复位值	值	说明	
7	—					
6	TOUTPS3		0		0000: 1:1	
5	TOUTPS2	输出后分频比选择位	0		0001: 1:2	
4	TOUTPS1		0		...	
3	TOUTPS0		0		1111: 1:16	

寄存器名称：T2CON				地址：	
位	位名称	功能	复位值	值	说明
2	TMR2ON	TMR2 使能	0	1	TMR2 使能
				0	TMR2 关闭
1	T2CKPS1	预分频比选择位	0		00： 1
0	T2CKPS0		0		01： 4
					1X： 16

【例 4.5】　利用 TMR2 的前后分频和 PR2 设定，延时 10 ms。通过 RB0 输出脉冲，每隔 10 ms 让 LED 闪亮，采用中断的方式，仍采用图 4-5 的线路图。

如果只用到预分频，则 TMR2 的最大延时时间为 $256 \times 16 \times T_{cy} = 4\ 096 T_{cy}$，4 MHz 晶振时为 4 096 μs，无法满足延时 10 ms 的要求，因此要用到后分频，令预分频系数为 16，后分频系数为 K_2，则有 $256 \times 16 \times T_{cy} \times K_2 = 10\ 000$ μs，$T_{cy} = 1$，得 $K_2 \approx 2.44$，取 $K_2 = 3$，即 3 次溢出中断一次，再求 PR2 的值

$(PR2 + 1) \times 16 \times T_{cy} \times K_2 = 10\ 000$ μs，把 $T_{cy} = 1$，代入 $K_2 = 3$，得 PR2 = 207.33，取 PR2 = 207。

计算结果为：TMR2 的预分频系数为 1：16，后分频系数为 1：3，PR2 的值为 207。也就是说，每 16 个指令周期 TMR2 加 1，当 TMR2 从 0 增加到 207 后再加 1 时溢出，TMR2 变为 0。但前 2 次 TMR2 溢出时其中断标志位 TMR2IF 并不置 1，只有溢出 3 次后 TMR2IF 才置 1，如果允许 TMR2 中断则溢出 3 次后进入中断。

最后运行结果与例 4.2 相同，输出波形和图 4-5 中的图表曲线相同。

【例 4.5】　程序

```
//例 4.5   TMR2 延时 10 ms,让 LED 闪亮
# include <pic.h>
    __CONFIG(0x3F71);              //配置位设定:XT,WDT off 等
# define LED    RB0
char      A;                       //全局变量,保存 LED 状态

void interrupt ISR(void)
{    if (TMR2IF == 1)
    {    TMR2IF = 0;               //清 TMR2 溢出中断标志位
        if (A == 1)
            {A = 0;LED = 0;}
```

```
        else
            {A = 1;LED = 1;
        }
}


void main(void)
{   TRISB0 = 0;                    //RB0 为输出口
    TMR2IE = 1;                    //TMR2 中断使能
    INTCON = 0b11000000;           //GIE、PEIE 置 1 才能进入 TMR2 中断
    T2CON = 0b00010111;            //TMR2 预分频系数为 1∶16,后分频系数为 1∶3,开始工作
    A = 1;LED = 1;
    PR2 = 207;                     //TMR2 的溢出值,当 TMR2 为此值 + 1 时溢出
    while(1);                      //原地等待
}
```

4.6　A/D 转换

　　自然界中存在的量绝大部分都是模拟量,所谓模拟量,指的是随时间连续变化的物理量,如温度、压力、电压、电流等。模拟量的值可以是无限多个值,如温度 37 ℃、37.1 ℃,还可以有 37.11 ℃等。而数字量只有 2 个值:0 和 1。A/D 转换指的是把模拟量转换为数字量,这里的数字量指的是用有限个 0 和 1 构成的量。

　　PIC16F877A 的 A/D 转换器采用逐次逼近法,将一个模拟量转换成一个用 10 位数字量表示大小的值。877A 的 A/D 转换器结构如图 4 - 12 所示。从图中可以看到,共有 8 路输入可作为 A/D 转换通道,它们是 A 端口中除 RA4 外的 5 个引脚和 E 端口的 3 个引脚。但 877A 内部只有一个 A/D 转换器,因此同一时刻只能对一路的模拟电压进行 A/D 转换,它通过一个多路模拟开关切换到不同的输入通道。它的参考电压也是通过模拟开关进行切换的。

　　A/D 转换结果与输入的模拟电压和参考电压有关,它们的关系如下:

$$\frac{(V_{\text{REF+}}) - (V_{\text{REF-}})}{1\ 023} = \frac{V_{\text{AIN}} - (V_{\text{REF-}})}{\text{A/D 结果}} \tag{4.1}$$

　　如果 $(V_{\text{REF-}})$ 为电源地,则 $(V_{\text{REF-}}) = 0$。1 023 是 10 位采样结果的最大值,即 $2^{10} - 1 = 0x3FF = 1\ 023$。对于常用的 5 V 系统,10 位 A/D 的分辨率能够识别的电压为 $5\ V/2^{10} \approx 4.882\ 8$ mV。

　　A/D 转换相关的寄存器主要是 ADCON0、ADCON1 及 ADRESH 和 ADRESL。ADCON0、ADCON1 的详细说明如表 4 - 8~表 4 - 11 所列。

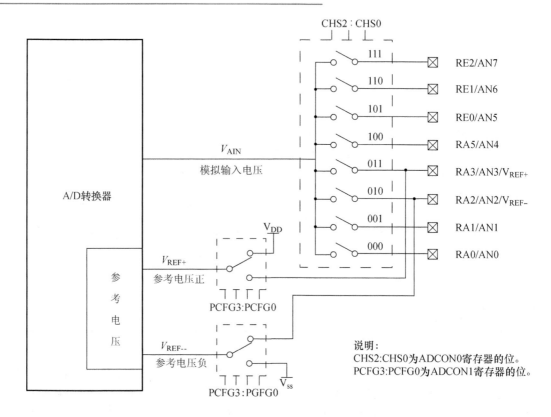

图 4 - 12　877A 的 A/D 转换器内部结构图

表 4 - 8　ADCON0 寄存器

寄存器名称:ADCON0				地址:0x1F	
位	位名称	功能	复位值	值	说明
7	ADCS1	A/D 转换时钟源选择	0		见表 4 - 10
6	ADCS0		0		
5	CHS2	A/D 通道选择	0		000: AN0
4	CHS1		0		001: AN1
3	CHS0		0		...
					111: AN7
2	ADGO	A/D 转换启动/状态位	0	1	启动 A/D 转换,结束后硬件自动清零
				0	A/D 转换结束
1	—		—		
0	ADON	A/D 模块使能	0	1	A/D 模块使能
				0	A/D 模块关闭

表 4 - 9　ADCON1 寄存器

寄存器名称:ADCON1			地址:0x9F		
位	位名称	功能	复位值	值	说明
7	ADMF	A/D 结果格式选择	0	1	右对齐
				0	左对齐
6	ADCS2	A/D 转换时钟源选择	0		见表 4 - 10
5	—		—		
4	—		—		
3	PCFG3	A/D 端口配置控制位	0	见表 4 - 11	
2	PCFG2		0		
1	PCFG1		0		
0	PCFG0		0		

表 4 - 10　A/D 转换时钟选择

ADCS2(ADCON1 的第 6 位)	ADCS1:ADCS0(ADCON0 的第 7、6 位)	每位 A/D 转换时间 T_{AD}
0	00	$2T_{OSC}$
0	01	$8T_{OSC}$
0	10	$32T_{OSC}$
0	11	内部专用的 RC 振荡器,2~6 μs
1	00	$4T_{OSC}$
1	01	$16T_{OSC}$
1	10	$64T_{OSC}$
1	11	内部专用的 RC 振荡器,2~6 μs

注:T_{OSC} 为晶振的振荡周期,4 MHz 晶振时,$T_{OSC}=0.25\ \mu s$。

表 4 - 11　A/D 端口配置控制位

PCFG	AN7	AN6	AN5	AN4	AN3	AN2	AN1	AN0	V_{REF+}	V_{REF-}
0000	A	A	A	A	A	A	A	A	V_{DD}	V_{SS}
0001	A	A	A	A	V_{REF+}	A	A	A	AN3	V_{SS}
0010	D	D	D	A	A	A	A	A	V_{DD}	V_{SS}
0011	D	D	D	A	V_{REF+}	A	A	A	V_{REF+}	V_{SS}
0100	D	D	D	D	A	D	A	A	V_{DD}	V_{SS}
0101	D	D	D	D	V_{REF+}	D	A	A	AN3	V_{SS}
011X	D	D	D	D	D	D	D	D	—	—

续表 4 - 11

PCFG	AN7	AN6	AN5	AN4	AN3	AN2	AN1	AN0	V_{REF+}	V_{REF-}
1000	A	A	A	A	V_{REF+}	V_{REF-}	A	A	AN3	AN2
1001	D	D	A	A	A	A	A	A	V_{DD}	V_{SS}
1010	D	D	A	A	V_{REF+}	A	A	A	AN3	V_{SS}
1011	D	D	A	A	V_{REF+}	V_{REF-}	A	A	AN3	AN2
1100	D	D	D	A	V_{REF+}	V_{REF-}	A	A	AN3	AN2
1101	D	D	D	D	V_{REF+}	V_{REF-}	A	A	AN3	AN2
1110	D	D	D	D	D	D	D	A	V_{DD}	V_{SS}
1111	D	D	D	D	V_{REF+}	V_{REF-}	D	A	AN3	AN2

对模拟输入电压 V_{AIN} 和参考电压 V_{REF+} 和 V_{REF-} 是有要求的,对它们的要求如表 4 - 12 所列。

表 4 - 12　PIC16F877A 对模拟输入电压与参考电压的要求

项　目	说　明	最小值	最大值	单　位
V_{REF}	(V_{REF+})-(V_{REF-})	2.0	$V_{DD}+0.3$	V
V_{REF+}	参考电压正端	$V_{DD}-2.5$	$V_{DD}+0.3$	V
V_{REF-}	参考电压负端	$V_{SS}-0.3$	(V_{REF+})-2.0	V
V_{AIN}	模拟输入电压	$V_{SS}-0.3$	(V_{REF+})+0.3	V

A/D 转换时序如图 4 - 13 所示。从打开 A/D 通道或选择新的 A/D 通道到 A/D 转换器的内部保持电容充电至与输入的模拟电压相同的时间就是 A/D 采集时间,通常为 20 μs 左右,然后才能启动 A/D 转换。10 位的 A/D 转换时间共需 12 T_{AD},T_{AD} 为一位的转换时间,对于 877A 来说,T_{AD} 最小为 1.6 μs。如果选择的 T_{AD} 小于 1.6 μs,则会产生较大的 A/D 转换误差。因此,在选择 A/D 转换时钟时,要特别加以注意。在 SIM 仿真和 PROTEUS 仿真中,如果信息提示 A/D 转换时钟太小,要修改程序使之满足要求,千万不要置之不理!

以下是在 MPLAB IDE 中的 MPLAB SIM 仿真中在 OUTPUT 窗口给出的信息,此信息警告用户,T_{AD} 时间小于 1.6 μs。

```
ADC-W0001:      Tad time is less than 1.60 μs
```

在 PROTEUS 的仿真中,将给出类似于如下的信息。如下的信息,它告诉你,仿真中的单片机 U1,在时间 0.041 076 000 s,PC＝0x0015 时的 A/D 转换时钟只有 0.5 μs,小于 1.6 μs。

```
⚠ [PIC16 ADC] PC = 0x0015. ADC conversion clock period (5e - 07) is less than min TAd = 1.6
u...  U1  0.041076000s
```

出现此类错误信息，只要把 ADCON1、ADCON0 中与 A/D 转换时钟有关的位修改，使得 $T_{AD} > 1.6\ \mu s$ 即可。

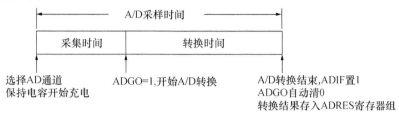

图 4 - 13　A/D 转换时序图

根据左对齐和右对齐的方式，A/D 的转换结果存于 ADRESH 和 ADRESL 中，图 4 - 14 给出了左对齐和右对齐的存放格式，一看便知。A/D 结果对齐方式是由 ADCON1 的位 7 的 ADMF 确定的。

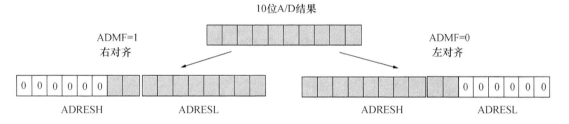

图 4 - 14　AD 结果对齐示意图

A/D 转换过程如下：

①有关的 I/O 口设置为输入（TRISA 或 TRISE）；

②对模拟引脚/基准电压/数字 I/O 进行设置，选择 A/D 结果格式（ADCON1）；

③选择 A/D 通道，选择 A/D 时钟，A/D 模块使能；

④延时约 20 μs，使得输入电压对保持电容充电达到稳定；

⑤开始 A/D 转换（ADGO＝1）；

⑥A/D 转换结束，ADGO 自动清零，软件对 PIR1 的 ADIF 清零；

⑦读 A/D 转换结果（ADRESH、ADRESL）。

【例 4.6】　AD 编程。

根据图 4 - 15 所示的线路图，通过拨码盘 SW1 选择 A/D 通道，3 位拨动开关 DSW1 选择 AD 结果对齐方式和参考电压（V_{REF+}）与（V_{REF-}），A/D 结果在 C 口和 D 口上的 LED 直接显示，如果有错误，在 RB7 的 LED 显示，并在 C 口上显示相应的错误信息。通过此例，读者可以充分理解 A/D 转换的设置、A/D 转换的过程与结果的关系。

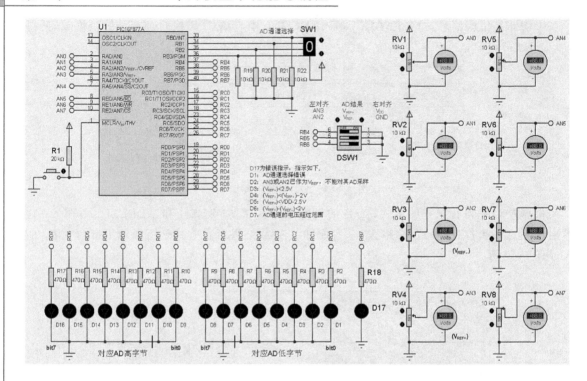

图 4 - 15　例 4.6 相应的线路图

在图 4 - 15 的 PROTEUS 线路图中,用到的元器件如下。

- BUTTON:按键;

- DIPSW_3:3 位拨码开关;

- LED - RED:红色 LED;

- LED - YELLOW:黄色 LED;

- PIC16F877A:单片机;

- POT - HG:高精度可调电位器;

- RES:电阻;

- THUMBSWITCH—BCD—C:BCD 拨码盘,输入范围为 0～9。

读者可以通过输入元件名的前几个字符找到这些元件。图 4 - 15 中用直流电压表 DC VOLTMETER 指示输入的模拟电压值。

这里介绍 BCD 拨码盘。图 4 - 16 为其外形、内部结构及应用接线。拨码盘的内部实际上有 4 个开关,每个开关分别对应数值为 8、4、2、1。如图 4 - 16(a)中拨码盘数值 5,内部是开关 4 和 1 合上,8 和 2 打开。通常将 8、4、2、1 引脚分别接单片机的端口的 3、2、1、0 脚,这样数据处理简单。拨码盘有 2 种输入范围,一种是这里用的输入范围 0～9,还有一种是输入范围

0～F,即十六进制。

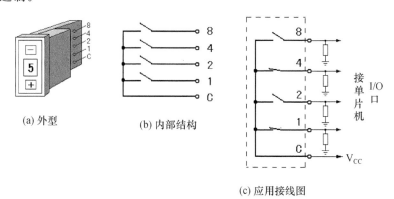

图 4 - 16　BCD 拨码盘原理结构

在图 4 - 15 中,8 个电位器输出分别接至 AN0～AN7。调整各电位器的位置可调整输入的模拟电压的大小,模拟电压在相应的电压表上直接显示。

拨码盘 SW1 的数值 0～7 分别对应 AN0～AN7,如果输入值超出 7 会给出错误显示。

3 位拨动开关,分别接 RB4、RB5、RB6。

接于 RB4 的为 AD 结果对齐选择:OFF(RB4＝1)为左对齐,ON(RB4＝0)为右对齐。

接于 RB5 的开关为(V_{REF+})选择:OFF(RB5＝1)为 AN3 输入作为(V_{REF+}), ON(RB5＝0)为 V_{DD} 作为(V_{REF+})。

接于 RB6 的开关为(V_{REF-})选择:OFF(RB6＝1)为(V_{REF-})接 AN2,此时强制将(V_{REF+})接 AN3 而不管 RB5 开关的位置为何;ON(RB6＝0)时,(V_{REF-})为 GND。

RD 端口显示对应 AD 结果的高字节,RC 端口显示对应 AD 结果的低字节。

当输入错误,D18 亮时,RC 口对应的 LED 亮,错误信息指示如下。

D1:AD 通道号超出 7;

D2:AN3 或 AN2 已作为(V_{REF}),不能对其 AD 采样;

D3:(V_{REF+})小于 2.5 V;

D4:(V_{REF-})大于(V_{REF+})－2 V;

D5:(V_{REF+})小于 V_{DD}－2.5 V;

D6:(V_{REF+})－(V_{REF-})＜2 V;

D7:AD 通道的电压超过范围。

【例 4.6】　程序

```
//A/D转换,结果在C口和D口的LED上显示,能进行各种通道选择和参考电压、结果对齐方式选择
# include <pic.h>
 __CONFIG (0x3F39);              //调试用
# define LED_ERR RB7             //参考电压错误指示
```

```
void CSH(void);
unsigned int AD_SUB(char);
char AD_REF_CHECK(void);
void DELAY(unsigned int);
char CHAN;                    //SW1 的开关状态,选择的 AD 通道号

main(void)
{   unsigned int y;
    char    i;
    CSH();
    while(1)
    {   DELAY(100);
        i = AD_REF_CHECK();
        if (i = = 0)
        {   LED_ERR = 0;
            y = AD_SUB(CHAN);
            PORTC = y;         //C 口显示 AD 结果的低字节
            PORTD = y>>8;      //D 口显示 AD 结果的高字节
        }
    };
}


// = = = = = = = 初始化程序
void CSH(void)
{   PORTC = 0;
    PORTD = 0;
    LED_ERR = 0;
    RBPU = 0;                  //B 口弱上拉使能
    TRISB = 0B01111111;        //B 口的低 6 位为输入
    TRISC = 0;                 //与 ADRESL 对应
    TRISD = 0;                 //与 ADRESH 对应
    TRISA = 0b00111111;        //A 口全为输入
    TRISE = 0b00000111;        //E 口全为输入
}


//A/D 转换,对指定的通道 k 进行 A/D 转换,结果以 16 位整数返回
//只进行 AD 通道等设置,ADCON1 不在此设置
unsigned int AD_SUB(char k)
```

```
{    char i;
     unsigned int  x;
     ADCON0 = 0b01000001;                // T_AD = 8T_OSC
     ADCON0 | = (k<<3);                  //设置 A/D 转换通道,打开通道
     for (i = 1;i<5;i + + ) NOP();        //打开 AD 通道后延时 20 μs 左右
     ADGO = 1;                           //开始 A/D 转换
     while (ADGO = = 1);                 //等待 A/D 转换结束
     ADIF = 0;                           //清 A/D 转换结束标志
     x = 0;
     x = ADRESH<<8;
     x| = ADRESL;
     return (x);
}


//检查相关电压与设置是否有错,如有错,返回非 0 值
char AD_REF_CHECK(void)
{    int   VREF1,VREF2,AD_TEMP,z;
     char x,y,RB_TEMP;
     RB_TEMP = PORTB;
     RB_TEMP & = 0b01111111;             //读入 RB 口的开关状态,高 1 位清零
     CHAN = RB_TEMP & 0b00001111;        //选择的通道号
     y = RB_TEMP>>5;
     if  (CHAN>7)
     {    x = 1;                         //错误标志的第 0 位,通道错误
          LED_ERR = 1;
          PORTC = x;
          PORTD = 0;
          return(x);
     }
     x = 0;                              //假设设定结果为正确
     ADCON1 = 0b10000000;                //设置 AD 参考电压为电源
     VREF1 = AD_SUB(3);                  //先以 V_DD 和 GND 为参考电压,对 AN3 进行 A/D 转换
     VREF2 = AD_SUB(2);                  //先以 V_DD 和 GND 为参考电压,对 AN2 进行 A/D 转换
     AD_TEMP = AD_SUB(CHAN);             //先以 V_DD 和 GND 为参考电压,对所选的通道进行 A/D
     转换
     if (y = = 0b00)
```

```
    {   ADCON1 = 0b01000000;                //参考电压为 VDD 和 GND
        VREF1 = 1023;                       //VDD 的 AD 结果为 1023
        VREF2 = 0;
    }
    else if  (y = = 0b01)
    {   ADCON1 = 0b01000001;                //参考电压为 AN3 和 GND
        VREF2 = 0;
        if  (CHAN = = 3)                    //选择 AN3 作为 VREF+，就不能同时作为 AD 通道。
            x + = 2;                        //错误标志的第1位，AN3 已作为 VREF+，不能对其 AD 采样
    }
    else if ((y = = 0b10) || (y = = 0b11))
    {   ADCON1 = 0b01001000;                //参考电压为 AN3 和 AN2
        if  (CHAN = = 2 || CHAN = = 3)
        x + = 2;                            //错误标志的第1位，AN3 或 AN2 已作为 VREF，不能对其采样
    }
    if  (VREF1＜1023/2)
        x + = 4;                            //错误标志的第2位，VREF+ 小于 2.5 V
    if (VREF2＞VREF1 - 1023 * 2/5)
        x + = 8;                            //错误标志的第3位，(VREF-) 大于(VREF+) - 2 V
    if (VREF1＜1023/2)
        x + = 16;                           //错误标志的第4位，(VREF+) 小于 VDD - 2.5 V
    if  ((VREF1 - VREF2)＜1023 * 2/5)
        x + = 32;                           //错误标志的第5位，(VREF+) - (VREF-)＜2 V
      if (AD_TEMP＜VREF2 || (AD_TEMP＞VREF1))
        x + = 64;                           //错误标志的第6位，AD 通道的电压超过范围
    if ((RB_TEMP & 0x10) = = 0x00)          //RB4 为 AD 结果对齐选择位
        ADFM = 1;                           //AD 结果右对齐
    if (x! = 0)
    {   LED_ERR = 1;
        PORTC = x;
        PORTD = 0;
    }
    else
        LED_ERR = 0;
    return(x);
}
//DELAY 子程序见附录
```

在例 4.6 的程序中,初始化程序之后,每隔 100 ms 检查相关电压与设定是否满足要求,如有错误则显示错误,如无错误则对所选择的相应的引脚、AD 结果对齐方式及(V_{REF+})、(V_{REF-})的选择情况进行 A/D 转换设置,并进行 A/D 转换,AD 结果在 D 口和 C 口上的 LED 显示。根据 LED 的亮、暗可以得到 AD 的结果。

根据不同设置与输入情况的仿真运行结果列于表 4-13,供读者深入理解 A/D 转换中的相关问题,读者可以用式(4.1)验证输入电压、参考电压与 AD 的结果关系,也可运行该程序,分别输入不同的电压和选择不同的开关位置,根据显示结果并自行验证,以此可以充分理解 A/D 转换中输入电压与参考电压之间的关系。

表 4-13　例 4.6 的运行情况

SW1 通道	RB4 对齐	RB5 V_{REF+}	RB6 V_{REF-}	相应引脚的 电压表值/V	AD 结果/错误标志 (二进制表示)		错误标志 D17
					RD 口值	RC 口值	
0	ON 右对齐	ON V_{DD}	ON GND	AN0=2	00000001	10011001	—
0	OFF 左对齐	ON V_{DD}	ON GND	AN0=2	01100110	01000000	—
2	ON 右对齐	ON V_{DD}	ON GND	AN2=3	00000010	01100110	—
2	ON 右对齐	OFF AN3	ON GND	AN2=1.5,AN3=3	00000010	00000000	—
6	ON 右对齐	ON 或 OFF	OFF AN2	AN2=1,AN3=3,AN6=2	00000001	11111111	—
4	ON 右对齐	ON 或 OFF	OFF AN2	AN2=1,AN3=4,AN6=3	00000010	10101010	—
6	ON 右对齐	ON 或 OFF	OFF AN2	AN2=1.2,AN3=3,AN6=3.1	—	01101000	亮

137

4.7　CCP 模块

CCP 指的是捕捉(Capture)、比较(Compare)和脉宽调制(PWM)。PIC16F877A 有 2 个 CCP 模块 CCP1 和 CCP2,除了触发特殊事件不同外,这 2 个 CCP 没有区别。因此,在以下的叙述中以 CCP1 为例说明。

　　CCP 模块的捕捉和比较工作模式的时基是 TMR1,PWM 工作模式的时基是 TMR2。CCP 模块的控制寄存器是 CCP1CON(地址在 0x17)和 CCP2CON(0x1D),其内容完全相同,如表 4-14 所列。

　　CCP1 和 CCP2 唯一不同的是在触发特殊事件中,CCP1 只复位 TMR1(TMR1 清零),而 CCP2 除了复位 TMR1 外,还能自动启动 A/D 转换器。

　　在以下的叙述中,用"x"代表 1 或 2,分别表示 CCP1 或 CCP2,如 CCPRxH 表示可能是 CCPR1H 或 CCPR2H。

　　与 CCP 模块有关的寄存器有模式控制寄存器 CCPxCON,周期或占空比寄存器对 CCPRxH、CCPRxL,还有 TMR1、TMR2、PR2,与 CCP 中断相关的 INTCON、PIE1、PIR1、PIE2、PIR2 等。

表 4-14　CCP1CON/CCP2CON

寄存器名称:CC1CON/ CC2CON				地址:0x17/0x1D		
位	位名称	功能	复位值	值		说明
7	—					
6	—					
5	CCPxX	PWM 占空比的最低 2 位。捕捉与比较功能未用	0			
4	CCPxY		0			
3	CCPxM3	工作模式选择	0			0000:CCP 模块关闭(或复位) 0100:捕捉,每个下降沿 0101:捕捉,每个上升沿 0110:捕捉,每 4 个上升沿 0111:捕捉,每 16 个上升沿 1000:比较,CCPx 引脚置高电平 1001:比较,CCPx 引脚置低电平 1010:比较,CCPx 引脚不变 1011:比较,触发特殊事件 11xx:PWM 模式
2	CCPxM2		0			
1	CCPxM1		0			
0	CCPxM0		0			

注:x=1 或 2,相对于 CCP1 和 CCP2。

4.7.1　捕捉模式

　　所谓捕捉,指的是 TMR1 在工作状态下(可为外部计数或内部延时),如果在相应的 CCPx 引脚发生了相关事件,则单片机将发生事件时刻的 TMR1 值复制到 CCPRxH、CCPRxL 中。

　　这些事件是:CCPx 引脚的每个下降沿、每个上升沿、每 4 个上升沿或每 16 个上升沿。这些事件是由 CCPxCON 的 CCPxM3:CCPxM0 确定的。每发生一次捕捉,相应的中断标志位

CCPxIF 就会置 1,须由软件清零。

显然,相应的 CCPx 引脚必须设置为输入。

如果前一个捕捉的值 CCPRxH、CCPRxL 未被读取,又产生了一个新的捕捉,则前一个捕捉值被覆盖。

图 4-17 为捕捉模块 CCP1 的内部结构示意图,认真查看图中的箭头方向,从箭头方向可知捕捉模式下的 TMR1H、TMR1L 与 CCPR1H、CCPR1L 的关系。

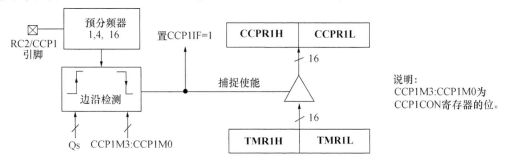

图 4-17　CCP1 捕捉模块内部结构示意图

【例 4.7】　CCP 模块捕捉编程。

如图 4-18 所示,一个模拟工频 50 Hz 的脉冲激励经 RC1/CCP2 引脚输入,此脉冲的频率设置为 50 Hz,注意此激励的高电平要设置为 5 V(默认为 1 V)。图中还放置了一个示波器,用以观察输入波形与程序的运行情况。

139

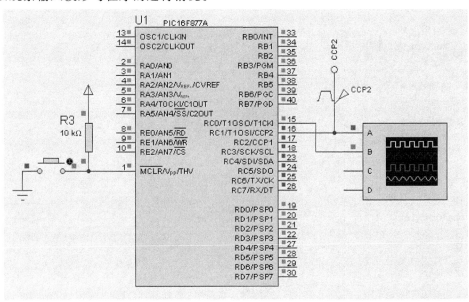

图 4-18　例 4.7 的线路图

程序思路:使用 CCP2 的捕捉功能,先设置为每个上升沿捕捉一次,此次捕捉只是得到一个上升沿,接着把 CCP2 设置为每 16 个上升沿捕捉一次,相当于 16 次的平均值滤波。以后再次将 CCP2 设置成每个上升沿捕捉,循环反复执行。由于只是说明捕捉的应用,因此程序中无显示等其他功能。

CCP 的捕捉功能要用到 TMR1。50 Hz 信号每周期为 20 ms,16 个周期为 320 ms,要求 TMR1 的延时时间不能小于 320 ms。仍假设使用 4 MHz 晶振,因此计算如下:

假设 TMR1 的预分频系数为 K,$65\,536 \times K \times T_{cy} = 320\,000\ \mu s$,得 $K = 4.88$,取 $K = 8$,即 TMR1 用 8 分频。

频率计算如下。频率用整数表示,显示 2 位小数,即频率放大 100 倍。假设 16 个上升沿的 TMR1 捕捉值为 TZ,TMR1 用 1:8 分频,则计算的公式推导如下:

$$f = \frac{1}{T} = \frac{1\,000\,000 \times 100}{8 \times TZ \times T_{cy}/16} = \frac{200\,000\,000}{TZ \times T_{cy}}$$

【例 4.7】　程序

```
//例 4.7   CCP 捕捉功能的使用
# include   <PIC.H>
  __CONFIG (0x3F71);

char FUN;
unsigned int F;

void CSH(void);
void interrupt INT_ISR(void);

void   main(void)
{   CSH();
    while(1);
}

void interrupt INT_ISR(void)
{   long X;
    unsigned int TZ;
    if (CCP2IF = = 1)
    {   CCP2IF = 0;
        FUN + +;
        if (FUN = = 1)                      //第 1 次 CCP2 中断,开始 TMR1 计数
        {   TMR1L = 0;TMR1H = 0;
```

```
        CCP2CON = 0;                    //复位 CCP2
        CCP2IF = 0;                     //清除中断标志位,避免产生错误的捕捉
        CCP2CON = 0b00000111;           //下一次捕捉,每 16 个上升沿中断
        RC0 = 1;                        //给出程序执行位置标志,便于示波器观测运行情况
    }
    else if (FUN = = 2)                 //第 2 次 CCP2 中断,捕捉 16 次上升沿的时间
    {   TZ = (CCPR2H<<8)|CCPR2L;        //将双字节数组成为整型数
        X = 200000000;                  //频率的 100 倍,显示为 2 位小数
        X = X/TZ;
        F = X;
        CCP2CON = 0;                    //复位 CCP2
        CCP2IF = 0;                     //清除中断标志位,避免产生错误的捕捉
        CCP2CON = 0b00000101;           //第一次捕捉, 每个上升沿中断
        FUN = 0;
        RC0 = 0;                        //给出程序执行位置标志,便于示波器观测运行情况
    }
  }
}


//初始化程序
void CSH(void)
{   TRISC = 0b00000010;                 //RC 口除 RC1/CCP2 外全为输出
    CCP2CON = 0b00000101;               //第一次捕捉,每个上升沿中断
    TMR1H = TMR1L = 0;
    T1CON = 0b00110001;                 //TMR1 分频比为 1∶8
    FUN = 0;
    PIR2 = 0;
    CCP2IE = 1;                         //允许捕捉中断
    INTCON = 0b11000000;                //允许外围中断
    RC0 = 0;                            //给出位置标志,便于示波器观测运行情况
}
```

　　程序中要改变 CCP 的捕捉设置,在每次改变前,先关闭 CCP 模块,再清 CCP 的中断标志,然后再进行新的捕捉设置,以避免产生错误的捕捉。

　　图 4 - 19 是运行中的示波器的波形图。为了便于观察程序的运行情况,在程序的每个捕捉中,改变 RC0 的电平。从中可看到不同捕捉的情况。第一次捕捉时设置为每个上升沿捕捉 1 次,第二次捕捉时设置为每 16 个上升沿捕捉 1 次。

第二次捕捉得到的 CCPR2H、CCPR2L 是 16 个脉冲的周期和,第二次捕捉后接着就进行频率的计算。程序仿真表明,计算的结果均为 5 000,如果在百位上显示小数点,就是50.00 Hz。

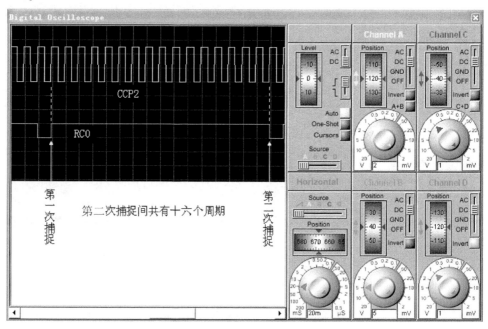

图 4 - 19　例 4.7 的相关波形图

4.7.2　比较模式

在比较模式下,TMR1 在不停地定时或计数,事先设定的 16 位寄存器 CCPRxH、CCPRxL 不停地与 TMR1H、TMR1L 比较,当二者相等时,根据程序的事先设置,将出现以下几种情况。

- CCPx 引脚输出高电平,CCPxIF 置 1;
- CCPx 引脚输出低电平,CCPxIF 置 1;
- 不影响 CCPx 引脚状态,CCPxIF 置 1;
- 触发特殊事件,不影响 CCPx 引脚状态,也不产生 TMR1 溢出中断标志位。特殊事件指的是:CCP1 复位 TMR1,即将 TMR1H、TMR1L 清零;CCP2 复位 TMR1,还自动启动 A/D 转换,即会自动让 ADGO＝1,前提是 A/D 模块事先必须使能。

如果要求比较模式改变 CCPx 引脚的电平,就要将 CCPx 引脚设置成输出状态。

在比较模式下,CCPRxH、CCPRxL 相当于 TMR1 的周期寄存器。

142

注意,在触发特殊事件模式下,不会使 TMR1IF 置 1,但 CCP1 将使 CCPIF 置 1,而 CCP2 不会使 CCP2IF 置 1。

图 4 - 20 为 CCP1 比较模式的内部结构图。

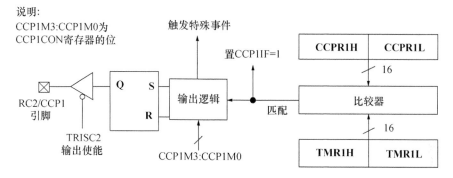

图 4 - 20　CCP1 比较模块内部结构图

【**例 4.8**】　CCP 模块的比较模式应用。

图 4 - 21 为应用 CCP 模块的比较工作方式的线路图。图中用一个小型变压器把工频 50 Hz、220 V 的交流电压降至 11 V 左右,并进一步用电阻分压,降到 200 mV 左右,送至比较器 U2　TLC393 的正输入端 3 脚,TLC393 的负输入端 2 脚接小型变压器的另一端并接地电平。当 3 脚的电平为正时,U2 输出高电平;当 3 脚的电平为负时,U2 输出负电平。为了让输到单片机的电平均为正,在 U2 的输出端接了二极管。比较器的输出为集电极开路,因此要在输出端接个上拉电阻 R3。

读者可能要纳闷了,在图 4 - 21 中根本没看到 CCP 引脚接到哪儿去,怎么说是应用 CCP 模块?

在本例中,设定的 CCP 的比较模式是匹配时不输出,自然与 CCP 引脚无关。本例中的 CCP 模块的比较模式中的 CCPR1H、CCPR1L 值是根据电位器 RV1 来设定的,INT 引脚的上升沿作为 TMR1 计时的起点。

输入到 INT 引脚的波形是频率为 50 Hz 的脉冲,每个上升沿,产生 INT 中断,INT 中断服务程序中对 TMR1 清零,启动 CCP 的比较功能。当 CCP 比较匹配时,进入 CCP 中断服务程序,置 RB1 为高电平,延时 2 ms 后输出低电平。预设的比较值 CCPR1H、CCPR1L 由电位器值控制。比较匹配时输出高电平,2 ms 后置低电平。每隔 100 ms 检测电位器重置 CCPR1H、CCPR1L 的值。

电源频率为 50 Hz,则 1 周期时间为 20 ms,即 20 ms 相当于电角度 360°。在 4 MHz 晶振下的 TMR1(1∶1 分频)计数值为 20 000。要移相的角度为 d,则有 20 000/360＝CCPR/d。

设 AD 值 0 对应移相 0°,1 023 对应移相 180°,则有如下关系:

1 023/180＝AD/d，因此有 CCPR＝(20 000×180×AD)/(360×1 023)≈9.775≈10×AD，即把 AD 值乘以 10 作为 CCPR1 的比较值。

本例可以作为控制可控硅的触发移相控制。

图 4-21 所用到的元器件如下。

- 1N4148：二极管；
- CAP：电容；
- PIC16F877A；
- POT－HG：高精度电位器；
- RES：电阻；
- TLC393：比较器；
- TRAN－2P2S：变压器，变比(Caupling Factor)设为 0.05；
- VSINE：正弦激励源，交流幅值设为 311 V(有效值 220 V)，频率 50 Hz，其余为默认值。

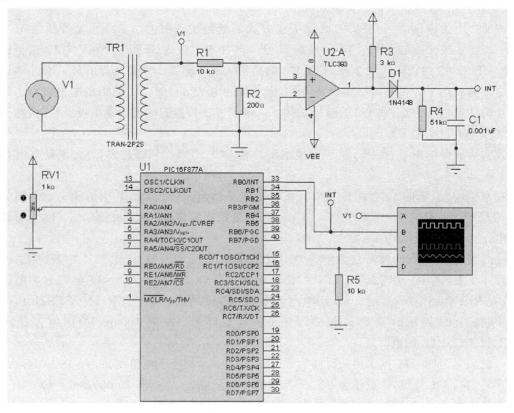

图 4-21　例 4.8 的 CCP 模块比较工作方式应用线路图

【例 4.8】　程序

```
//例 4.8  CCP 模块中的比较工作方式应用 1
# include     <PIC.H>
__CONFIG (0x3F71);
char CCPH,CCPL;

void CSH(void);
void interrupt INT_ISR(void);
void DELAY(unsigned int);
void DELAY_I(unsigned int);
unsigned int AD_SUB(char);
void CCP_CAL(void);

void  main(void)
{   CSH();
    while(1)
    {   DELAY(100);              //延时 100 ms
        CCP_CAL();               //根据 AD 结果改变输出相角移
    }
}
```

```
//CCP 比较模式 CCPR 值计算
void CCP_CAL(void)
{   unsigned int X;
    X = AD_SUB(0);               //对 AN0 通道进行 A/D 转换
    X = 10 * X;
    if (X == 0) X = 1;           //为了避免 0 值比较不可靠,强制将 0 变为 1
    if (X>10000) X = 9999;       //避免移相角超过 180°(对应时间为 10 000 μs)
    CCPH = X>>8;
    CCPL = X & 0x00FF;
}

//中断服务程序
void interrupt INT_ISR(void)
{   long X;
    unsigned int Y;
    char A;
    if (INTF == 1)
```

```
    {       INTF = 0;
            CCP1CON = 0;
            CCP1CON = 0b00001010;                   //比较模式,匹配时不输出,由软件设置
            TMR1H = TMR1L = 0;
            CCPR1H = CCPH;
            CCPR1L = CCPL;
            T1CON = 0b00000001;                     //TMR1 分频比为 1∶1
            PEIE = 1;
            CCP1IE = 1;                             //允许 CCP 比较匹配中断
    }
    if (CCP1IF == 1)
    {       RB1 = 1;                                //输出高电平
            CCP1IF = 0;
            DELAY_I(2);                             //延时 2 ms
            RB1 = 0;                                //输出低电平
    }
}


//初始化程序
void CSH(void)
{       OPTION = 0b11100000;                        //RB0/INT 上升沿中断
        TRISB = 0b00000001;                         //RB0 为输入,RB1 为输出
        TRISA = 0b00000001;                         //RA0 为模拟输入
        ADCON1 = 0b10001110;                        //AD 结果右对齐,参考电源为 Vcc 和地,只有 RA0
        为模拟输入
        ADCON0 = 0b10000000;                        //AD 时钟为 fosc/32(4 μs),未使能 AD 模块
        CCP_CAL();                                  //根据 AD 值计算 CCPR 的值
        INTCON = 0b10010000;                        //允许 RB0/INT 中断
}
//子程序 AD_SUB,DELAY,DELAY_I 见附件
```

对图 4-22 运行仿真,调整电位器 RV1 的位置,可以看到输出 RB1 引脚上的脉冲相对于 RB0 引脚的脉冲有相角移动,图 4-22 是电位器在 0%、25%、50%、75%、100%位置时相应输出 RB1 移相电角度 0°、45°、90°、135°、180°的波形图。

【例 4.9】　利用 CCP2 模块的比较模式,触发特殊事件功能,每隔 1 ms 自动进行 A/D 转换。

这种方式比利用定时器每隔 1 ms 中断进行 A/D 转换的优点在于延时更精确。利用定时器延时溢出中断后要先进行中断的现场保护处理,之后才重新给定时器赋初值,中断的现场保护处理要花费一定的时间,这一部分在 C 中看不到,但确实存在。也就是说,此时实际上延时的时间已经超过了 1 ms,仿真证实,因现场保护多延时了 9 μs,即实际上延时是 1.009 ms。一个周期 20 次中断,累计误差达 180 μs,这就是采样不同步误差。而用 CCP2 的触发特殊事件功能是当 TMR1 与 CCP2 的值相等时自动清 TMR1 而不必对 TMR1 赋初值,因此延时是精确的。

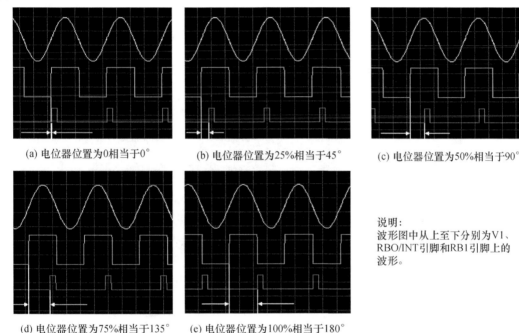

(a) 电位器位置为0相当于0°　　(b) 电位器位置为25%相当于45°　　(c) 电位器位置为50%相当于90°

(d) 电位器位置为75%相当于135°　　(e) 电位器位置为100%相当于180°

说明:
波形图中从上至下分别为V1、RBO/INT引脚和RB1引脚上的波形。

图 4 - 22　例 4.8 的输出波形图

由于此时 TMR1 不是增加到 0xFFFF 后加 1 才溢出的,而是与 CCPR2H、CCPR2L 相等就溢出,故其延时计算与 4.4 节中介绍的计算不同。

如延时 1 ms,65 536$\times K \times T_{cy}$=1 000,取 K=1。$X \times 1 \times T_{cy}$=1 000,得 X=1 000。

设计的仿真线路如图 4 - 23 所示,其中用一个交流激励源作为交流电压模拟输入,其峰值为 2 V,频率为 50 Hz。由于单片机只接受正电压进行 A/D 采样,故将此电压的直流分量设为 2.5 V,将电压值"抬高"。

在程序的初始化中,先开启 A/D 通道 AN0,并一定要启动 A/D 模块,即让 ADCON0 的 ADON＝1,这是至关重要的,不这样就无法自动进行 A/D 转换。需要说明的是,为了简化程序,本例没有考虑电源频率的变化,实际应用中应先检测电源周期,再将周期时间 20 等分作为 CCPR2 的值。电源周期检测见例 4.7。

　　程序中定义了一个联合体 AD_RESULT,在 A/D 中断服务程序中可以看到,在读取 A/D 结果的低、高字节时只要依次放入 AD_RESULT. AD[0]、AD_RESULT. AD[1] 即可,而不必把高字节左移 8 次后与低字节相加。需要整型的 AD 结果,直接读取 AD_RESULT. AD_TEMP 即可。

　　【例 4.9】　程序简洁,主要内容在初始化子程序 CSH()里,把相关寄存器设置好后,就等着 CCP2 比较器模式自动触发 A/D 转换后产生的 A/D 转换结束中断。本程序只是为了说明 CCP2 的比较模式触发特殊事件的应用,因此在中断服务程序中只把 A/D 结果读出,没有计算与显示等内容。

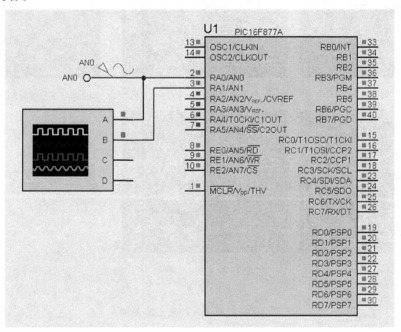

图 4-23　例 4.9 的线路图

　　图 4-24 为例 4.9 的运行结果示波图。为了观察到 A/D 采样进行的时刻,用 RA1 引脚输出至示波器。在程序中读取 A/D 值时,RA1 输出一个窄脉冲。从图中可以看到,每隔 1 ms,单片机就自动进行一次 A/D 转换,程序只要在 A/D 中断中读取 A/D 结果就可以了。

　　图 4-25 为用一个周期内的 A/D 结果绘制的曲线图,横坐标为时间,单位为 ms,与图 4-24 相吻合。

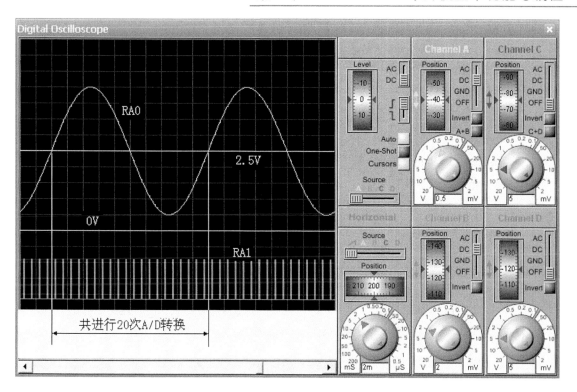

图 4 – 24　例 4.9 的运行波形图

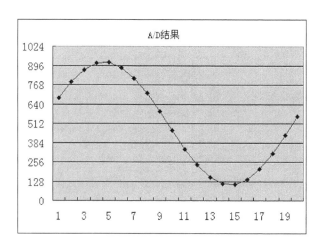

图 4 – 25　例 4.9 的一个周期的 A/D 结果曲线

【例 4.9】　程序

```c
//例 4.9   CCP2 模块中的比较工作方式应用,触发特殊事件:启动 AD
//每隔 1 ms 进行一次 A/D 转换
# include        <PIC.H>
__CONFIG (0x3F71);
# define   T1_1MS   1000
void CSH(void);
void interrupt INT_ISR(void);

char      AD_N;
union
{   unsigned int AD_TEMP;
    char AD[2];
}AD_RESULT;                           //定义联合体,便于 A/D 结果的存入与读出
unsigned int AD_ARRAY[20];            //每个周期进行 A/D 的存放数组

void    main(void)
{   CSH();
    while(1);
}

//中断服务程序
void interrupt INT_ISR(void)
{   long X;
    unsigned int Y;
    char A;
    if (ADIF = = 1)
    {   ADIF = 0;
        RA1 = 1;                              //设置标志,在示波图上能看到采样时间
        AD_RESULT.AD[0] = ADRESL;             //读取 A/D 结果
        AD_RESULT.AD[1] = ADRESH;
        AD_ARRAY[AD_N] = AD_RESULT.AD_TEMP;   //将 A/D 结果存入数组
        AD_N + +;                             //A/D 次数累加
        if (AD_N>20)
            AD_N = 0;                         //数组满时从头开始存入
        RA1 = 0;
    }
}
```

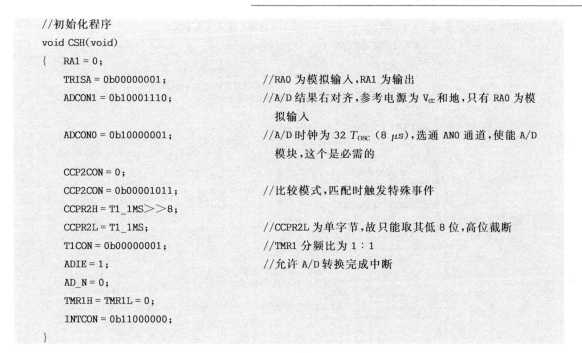

```
//初始化程序
void CSH(void)
{   RA1 = 0;
    TRISA = 0b00000001;              //RA0 为模拟输入,RA1 为输出
    ADCON1 = 0b10001110;             //A/D 结果右对齐,参考电源为 Vcc 和地,只有 RA0 为模
                                       拟输入
    ADCON0 = 0b10000001;             //A/D 时钟为 32 Tosc(8 μs),选通 AN0 通道,使能 A/D
                                       模块,这个是必需的
    CCP2CON = 0;
    CCP2CON = 0b00001011;            //比较模式,匹配时触发特殊事件
    CCPR2H = T1_1MS>>8;
    CCPR2L = T1_1MS;                 //CCPR2L 为单字节,故只能取其低 8 位,高位截断
    T1CON = 0b00000001;              //TMR1 分频比为 1:1
    ADIE = 1;                        //允许 A/D 转换完成中断
    AD_N = 0;
    TMR1H = TMR1L = 0;
    INTCON = 0b11000000;
}
```

4.7.3　PWM 模式

在 PWM 模式下,相应的 CCPx 引脚要设置为输出状态。PIC16F877A 的脉宽调制 (PWM)模式的分辨率是 10 位的。在 PWM 模式下,TMR2 是其工作时时基,而 TMR2 是 8 位的,10 位分辨率中的最低 2 位来自系统时钟的 Q 节拍。PWM 的周期是由 TMR2 的周期寄存器确定的。图 4 - 26 为 PWM 的内部结构示意图。

PWM 周期公式计算:

$$PWM\ 周期=[(PR2)+1]\times4\times T_{OSC}\times(TMR2\ 预分频比) \tag{4.2}$$

时间单位为 μs。

当 TMR2 等于 PR2+1 时,将产生下面 3 个事件。

● TMR2 被清零;

● CCPx 引脚被置 1(例外情况:如果 PWM 占空比=0%,CCPx 不被置 1);

● PWM 占空比从 CCPRxL 复制到 CCPRxH,并被锁定。

在 PWM 模式下,不产生 CCP 中断和 TMR2 溢出中断。

PWM 的高电平时间(相当于占空比)是由 CCPRxL 及 CCPxCON 的 5、4 二位共 10 位确定的。假设这一 10 位值为 X,计算 PWM 占空比的公式如下:

$$PWM\ 高电平时间= X \times T_{OSC} \times(TMR2\ 预分频比) \tag{4.3}$$

时间单位为 μs。

X 值的低 2 位放入 CCPxCON 的 5、4 二位,高 8 位放入 CCPRxL。

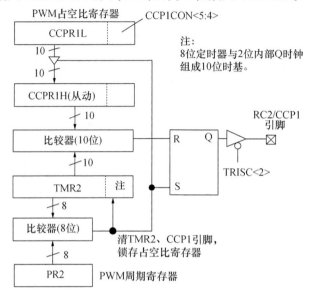

图 4 - 26　CCP1 PWM 模块内部结构图

现说明代表高电平时间值的 X 如何放入 CCPxCON 的 5、4 位和 CCPRxL 中,假设计算得到: $X = 0x26E = 0b1001101110$,则 X 的位 1、位 0 = 0b10,CCPxCON 的 5 位为 1、4 位为 0,X 的位 9～位 2 为 0b10011011,此值赋给 CCPRxL。

占空比时间值可以在任何时候写入,但要等到 PR2 与 TMR2 中的值相符(当前周期结束)时,占空比的值才被锁存到 CCPRxH。也就是说,要到一个周期结束,新写入的占空比值才生效。在 PWM 模式下,CCPRxH 是只读寄存器。

在 ICD 2 调试和 SIM 仿真、PROTEUS VSM 仿真时,PWM 中的 CCPxCON 的 5、4 位是无法仿真调试的。

PWM 占空比中每位的最小分辨率(时间)取决于 TMR2 的预分频器。TMR2 的预分频比为 1:1 时,最小分辨率为 T_{osc};1:4 时为 T_{cy};1:16 时为 $4T_{cy}$。

假设现在要通过 CCP1 引脚输出频率为 1 kHz、占空比为 40% 的脉冲,晶振频率为 8 MHz,$T_{osc} = 0.125\ \mu s$。计算如下:

1 kHz 频率,相应的周期为 1 s/1 000 = 1 000 μs,先求 TMR2 的预分频系数 K,设 PR2 = 255,由式(4.2)得

$$1\ 000 = (255 + 1) \times 4 \times 0.125 \times K$$

得 $K = 7.8$,取 $K = 16$。

再求 PR2:将已求出的 TMR2 预分频系数 K 代入式(4.2),得到

$$1\ 000 = (PR2 + 1) \times 4 \times 0.125 \times 16$$

得到 PR2＝124。

再求占空比,由式(4.3)得

$1\,000 \times 0.4 = 400 = X \times 0.125 \times 16$,得到 $X = 200 = 0\text{xC8} = 0\text{b}0011001000$,将 X 的最低 2 位(0b00)赋给 CCP1CON 的 5、4 两位,X 的高 8 位(0b00110010＝0x32)赋给 CCPR1L。

按此计算的结果编程,输出波形如图 4－27 所示。图中的横坐标为每格 200 μs。从中看到运行的结果是正确的。相应的程序见例 4.10 程序。此程序极简单,只有几句,设置好后,单片机自动在 CCP1 引脚上不断地输出符合要求的 PWM 脉冲。

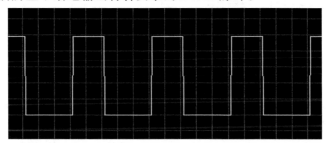

图 4－27　频率为 1 kHz、占空比为 40％的 PWM 输出波形

相应的 PROTEUS 线路图直接将 RC2/CCP1 输出连接到示波器。需要注意的是,要在 PROTEUS 界面中将单片机 PIC16F877A 属性中的振荡频率(Processor Clock Frequency)设为 8 MHz。

【例 4.10】　用 PWM 产生频率为 1 kHz、占空比为 40％的波形。

与前面不同的是,此例中单片机用了 8 MHz 晶振。

【例 4.10】　程序

```
//例 4.10　PWM 的频率为 1 kHz、占空比为 40％
//晶振设为 8 MHz,Tosc = 0.125 μs

#include <pic.h>
    __CONFIG (0x3F3A);              //8 MHz,振荡器要设置为高速 HS
void     CSH(void);

//= = = = = = = = =主程序
main(void)
{   CSH();
    while(1);                       //原地等待,自动从 RC2/CCP1 输出脉冲
}


//= = = = = = = = =初始化 PWM
void CSH(void)
```

```
{   TRISC2 = 0;                   //RC2/CCP1 为输出
    PR2 = 124;                    //周期为 1 ms
    CCPR1L = 0x32;
    CCP1CON = 0b00001100;         //PWM 模式
    T2CON = 0b00000110;           //TMR2 预分频 1：16，开始工作
}
```

4.8　比较器参考电压模块

　　PIC16F877A 与 PIC16F877 的主要不同点是，PIC16F877A 带有参考电压和比较器（比较器在 4.9 节介绍）。PIC16F877A 的比较器参考电压模块内部结构如图 4 - 28 所示。它有一个 16 阶梯形电阻网络，可以通过软件的设置改变参考电压模块的输出电压。该模块可提供两个不同量程范围的参考电压。不使用参考电压时应将其关闭以降低功耗。由于它是专门为比较器而设计的参考电压模块，故称为比较器参考电压模块。此参考电压可以设置为输出到比较器的正输入端或输出到指定的引脚 RA2。

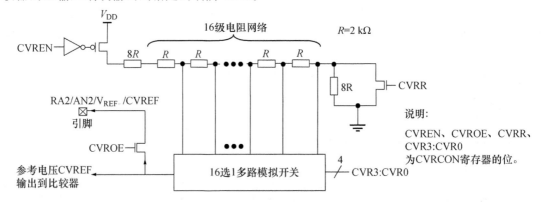

图 4 - 28　参考电压模块内部结构示意图

　　控制比较器参考电压 CVREF 的寄存器为 CVRCON，其各位的功能如表 4 - 15 所列。

　　由于通常的参考电压不需要太大的驱动能力，因此，该模块的输出驱动能力较弱，如需要应在输出脚加上电压跟随器。同时，输出电压的稳定时间最大值为 $10~\mu s$，使用时要引起注意。如果要将输出参考电压 CVREF 输出到 RA2 引脚，RA2 一定要设置成输入而不是输出！这是因为，比较器参考电压输出是作为比较器的输入端，详见 4.9 节。

表 4 - 15　寄存器 CVRCON

寄存器名称:CVRCON				地址:0x9D		
位	位名称	功能	复位值	值		说明
7	CVREN	参考电压模块使能控制	0	1		使能
				0		关闭
6	CVROE	参考电压输出使能	0	1		输出到 RA2/AN2
				0		不输出
5	CVRR	参考电压范围选择	0	1		CVREF 范围为$(0\sim0.625)V_{DD}$,步长 $V_{DD}/24$
				0		CVREF 范围为$(0.25\sim0.718\ 75)V_{DD}$,步长 $V_{DD}/32$
4	—		0			
3	CVR3	参考电压选择位	0			CVRR=1 时,
2	CVR2		0			CVREF=(CVR3:CVR0)×$V_{DD}/24$
1	CVR1		0			CVRR=0 时,
0	CVR0		0			CVREF=0.25V_{DD+} (CVR3:CVR0)×$V_{DD}/32$

在典型的 $V_{DD}=5$ V 时,参考电压模块的输出电压理论值如表 4 - 16 所列。

表 4 - 16　$V_{DD}=5$ V 时不同情况下的参考电压 CVREF 理论值

CVR3:CVR0(二进制)	输出电压/V	
	CVRR=1	CVRR=0
0000	0.00	1.25
0001	0.21	1.41
0010	0.42	1.56
0011	0.63	1.72
0100	0.83	1.88
0101	1.04	2.03
0110	1.25	2.19
0111	1.46	2.34
1000	1.67	2.50
1001	1.88	2.66
1010	2.08	2.81
1011	2.29	2.97
1100	2.50	3.13
1101	2.71	3.28
1110	2.92	3.44
1111	3.13	3.59

【例 4.11】　比较器参考电压 CVREF 的使用。

如图 4-29 所示,通过一个输入范围为 0~F 的拨码盘 SW1 作为参考电压 CVR3:CVR0 的值设定,拨码盘 SW1 的值从 0 至 15,与 CVR3:CVR0 的值一致。同时用一个 S2 开关选择 V_{REF} 的输出范围,合上 S2 时,相当于 CVRCON 的 CVRR=0;打开 S2 时,相当于 CVRR=1。如前所述,RA2 脚上加了个电压跟随器,以保证输出电压在 R4 上的值与期望值相符,否则将可能产生误差,电压跟随器由运算放大器 U_2 组成。CVREF 输出经电压跟随器后接到直流电压表,此电压表上显示的电压就是 CVREF 的输出电压值。

图 4-29 所用的元件如下。

● BUTTON:按键;

● LM358:运算放大器;

● PIC16F877A:单片机;

● RES:电阻;

● SW-SPST:开关;

● THUMBSWITCH-HEX-C:十六进制拨码盘,输入范围为 0~F。

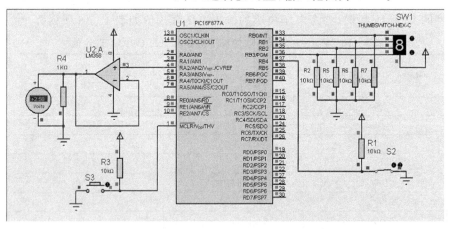

图 4-29　比较器电压参考模块使用线路图

图 4-30 所示的是选择了 CVRR=0,CVR3:CVR0=8 的结果。

理论计算

$$CVREF=0.25V_{DD}+(CVR3:CVR0)\times V_{DD}/32=0.25\times5+8\times5/32=2.5 \text{ V}$$

仿真的输出电压表上的显示值也是 2.5 V。如果此时将 S2 开关打开,CVRR=1,电压表上显示值是 1.67 V,而由理论计算得到

$$CVREF=(CVR3:CVR0)\times V_{DD}/24=8\times5/24\approx1.67 \text{ V}$$

可见仿真与计算的结果是一致的。可以通过各种不同的设置比较,所有的仿真结果都与理论计算是一致的(可能个别有小数后第 2 位的一位误差)。

程序中每隔 100 ms 就读取一次拨码盘 SW1 与开关 S2 的状态,然后根据这些状态修改 CVRCON,即修改输出电压值。在主程序中用一个暂时变量 j 作为 CVRCON 的中间变量,最后才将 j 赋给 CVRCON。这样做的目的在于防止出现输出电压中不应有的谐波,为什么? 请读者自行分析。

【例 4.11】 程序

```
//例 4.11 参考电压模块应用
//CVRR=1,CVREF=(CVR3:CVR0)×VDD/24,,0-0.75VDD,VDD/24 步进
//CVRR=0,CVREF=VDD/4+(CVR3:CVR0)×VDD/32,0.25VDD-0.75VDD,VDD/32 步进
#include      <PIC.H>

//__CONFIG (0x3F39);              //调试用
__CONFIG (0x3771);               //运行用

void CSH(void);
void DELAY(unsigned int);

void  main(void)
{   char i,j;
    CSH();
    while(1)
    {  DELAY(100);
       j = PORTB;                 //读 B 口状态
       i = j & 0x10;              //得到开关 S2 的状态
       j& = 0b00001111;           //得到拨盘码 SW1 的代码
       if (i= =0x10)              //根据 S2 确定 CVRR
           j+ = 0b11100000;       //CVRR=1,步进数在 CVRCON 的低 4 位,可直接相加
       else
           j+ = 0b11000000;       //CVRR=0
       CVRCON = j;                //最后才修改 CVRCON,防止输出电压短时不稳
    };
}

void CSH(void)
{   TRISB = 0b00011111;
    TRISA = 0b00000100;           //RA2 为输入
}
//DELAY 子程序见附录
```

4.9　比较器模块

　　比较器是通过比较两个输入端的模拟电压大小输出逻辑电平的一种器件。当比较器的输入端的正端电压比负端电压高时,比较器输出高电平,反之输出低电平。比较器模块也是 PIC16F877A 相对于 PIC16F877 增加的一个模块。在 PIC16F877A 中有 2 个比较器,它们相应的输入引脚分别为 RA0~RA3,比较器输出可以设置为输出到 RA4 和 RA5,或者不输出,但不管输出与否,其状态均会在其控制寄存器中相应的位体现,也就是说,通过读取相关寄存器位,便可以知道比较器的输出状态。

　　PIC16F877A 的比较器的输入偏置电压的典型值为 5 mV。

　　4.8 节介绍的参考电压输出端 CVREF(RA2)可作为比较器的一个输入端。

　　比较器的控制与状态寄存器为 CMCON,如表 4-17 所列。当任一比较器的输出状态发生变化时,其中断标志位 CMIF 置 1,如果允许中断则会进入中断,关于比较器中断,可参阅 4.2节和例 4.13。

表 4-17 CMCON 寄存器

寄存器名称:CMCON				地址:0x9C		
位	位名称	功能	复位值	值		说明
7	C2OUT	比较器 2 输出指示位	0	1		当 C2INV=0 时:C2 的输入正端电压>输入负端电压
						当 C2 INV =1 时:C2 的输入正端电压<输入负端电压
				0		当 C2 INV =0 时:C2 的输入正端电压<输入负端电压
						当 C2 INV =1 时:C2 的输入正端电压>输入负端电压
6	C1OUT	比较器 1 输出指示位	0	1		当 C1 INV =0 时:C1 的输入正端电压>输入负端电压
						当 C1 INV =1 时:C1 的输入正端电压<输入负端电压
				0		当 C1 INV =0 时:C1 的输入正端电压<输入负端电压
						当 C1 INV =1 时:C1 的输入正端电压>输入负端电压
5	C2INV	C2 输出反相控制	0	1		C2 输出反相
				0		C2 输出不反相
4	C1INV	C1 输出反相控制	0	1		C1 输出反相
				0		C1 输出不反相
3	CIS	比较器输入开关选择	0	1		C1 的 $V_{IN}-$ 接 RA3
						C2 的 $V_{IN}-$ 接 RA2
				0		C1 的 $V_{IN}-$ 接 RA0
						C2 的 $V_{IN}-$ 接 RA1

寄存器名称：CMCON					地址：0x9C
位	位名称	功能	复位值	值	说明
2	CM2		0		
1	CM1	比较器模式选择	0		表 4-18
0	CM0		0		

比较器的工作模式由 CMCON 的位＜CM2：CM0＞决定，如表 4-18 所列。

表 4-18 中引脚上注明的"A"、"D"指的是模拟口或数字口。比较器 I/O 引脚的输入、输出方向由 TRIS 寄存器控制。

改变比较器工作模式时，应禁止比较器中断，以免产生错误的中断。

表 4-18　比较器工作模式

CM2：CM0 值及说明	比较器工作方式	CM2：CM0 值及说明	比较器工作方式
000 比较器关闭	RA0 A V_IN- / RA3 A V_IN+ → C1 关闭；RA1 A V_IN- / RA2 A V_IN+ → C2 关闭	001 C1 为独立的有输出引脚的比较器，C2 关闭	RA0 A V_IN- / RA3 A V_IN+ / RA4 → C1 C1OUT；RA1 D V_IN- / RA2 D V_IN+ → C2 关闭
010 两个独立的比较器	RA0 A V_IN- / RA3 A V_IN+ → C1 C1OUT；RA1 A V_IN- / RA2 A V_IN+ → C2 C2OUT	011 两个独立的比较器，均有输出引脚	RA0 A V_IN- / RA3 A V_IN+ / RA4 → C1 C1OUT；RA1 A V_IN- / RA2 A V_IN+ / RA5 → C2 C2OUT

CM2：CM0 值及说明	比较器工作方式	CM2：CM0 值及说明	比较器工作方式
100 两个具有相同正输入端的比较器	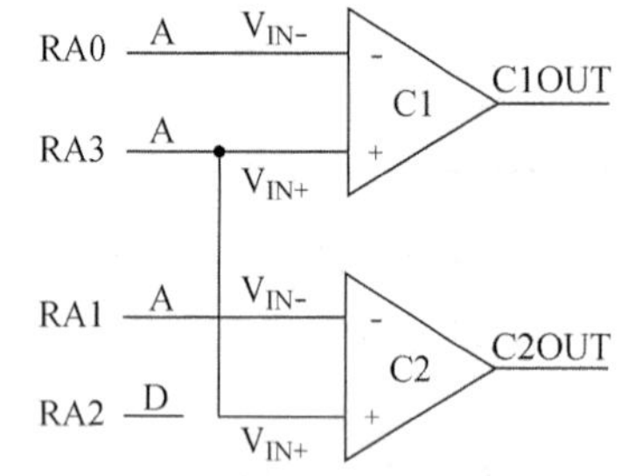 RA0 A V_{IN-} C1 C1OUT; RA3 A V_{IN+}; RA1 A V_{IN-} C2 C2OUT; RA2 D V_{IN+}	101 两个具有相同正输入端，并有输出引脚的比较器	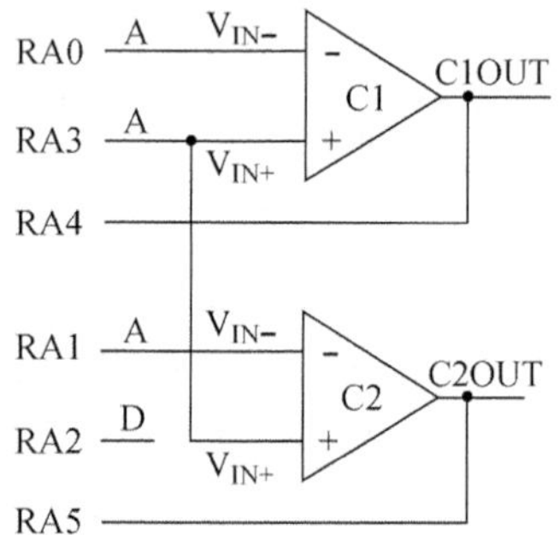 RA0 A V_{IN-} C1 C1OUT; RA3 A V_{IN+}; RA4; RA1 A V_{IN-} C2 C2OUT; RA2 D V_{IN+}; RA5
110 四输入可选择，由参考电压输出作为 2 个比较器正输入的双比较器	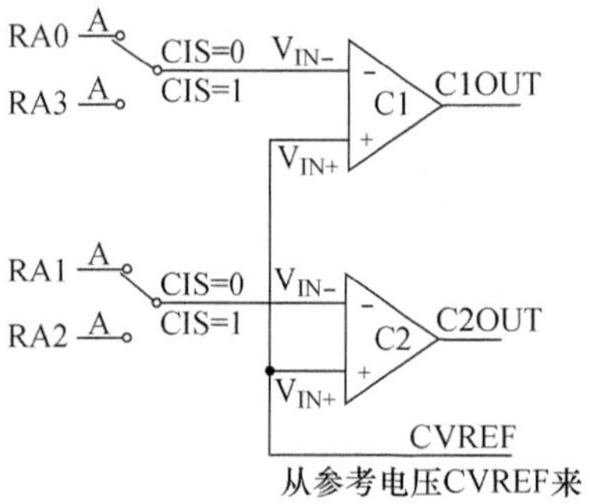 RA0 A CIS=0 V_{IN-}; RA3 A CIS=1 C1 C1OUT; V_{IN+}; RA1 A CIS=0 V_{IN-}; RA2 A CIS=1 C2 C2OUT; V_{IN+} CVREF 从参考电压CVREF来	111 上电值，比较器关闭	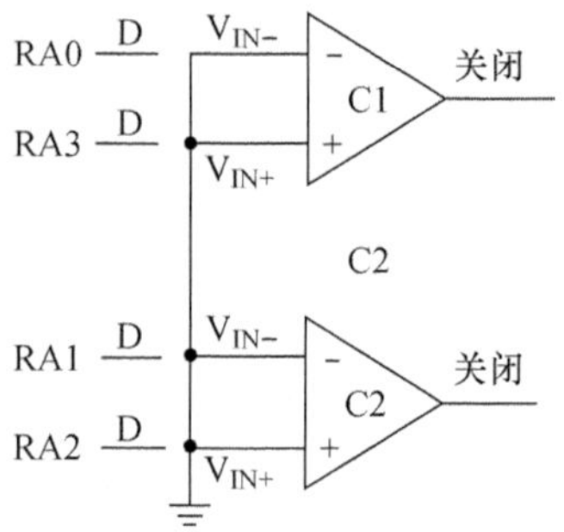 RA0 D V_{IN-} C1 关闭; RA3 D V_{IN+}; C2; RA1 D V_{IN-} C2 关闭; RA2 D V_{IN+}

【例 4.12】　比较器的使用。

图 4 - 30 为比较器使用的一个线路图,图中通过 4 个电位器调整电压分别输入到 RA0~RA3 引脚,按照表 4 - 18 中的 CM2：CM0＝0b011 的设置,RA0 接到比较器 C1 的负端,RA3 接到比较器 C1 的正端。RA1 接到比较器 C2 的负端,RA2 接到比较器 C2 的正端。同时把比较器设置为输出到引脚,即 C1 输出到 RA4,C2 输出到 RA5。由于 RA4 为集电极开路,故在线路上要用一个上拉电阻 R3,才能输出高电平。比较器的输出直接驱动 LED,如果比较器输出为正,相应的 LED 亮,否则暗。

为了便于查看,图 4 - 30 中用 2 个直流电压表接于比较器的输入两端,电压表的正端接比较器的正输入端,电压表的负端接比较器的负输入端,这样显示的电压为比较器的输入端的电压差。

图 4 - 30 中的虚线框中的比较器是画出的,为了使读者便于理解,实际的比较器是看不到的,它们处于单片机的内部。

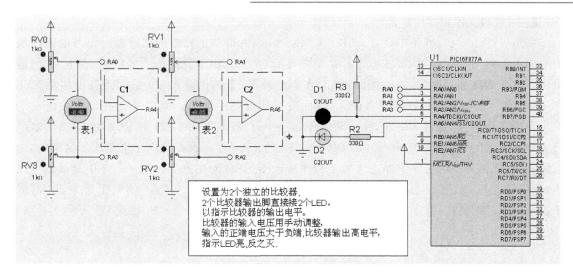

图 4 - 30　例 4.12 的比较器线路图

【例 4.12】　程序

```
//例 4.12 比较器使用实例
# include      <PIC.H>
__CONFIG (0x3771);                  //运行用
void CSH(void);
void   main(void)
{   CSH();
while(1);
}


//初始化程序
void CSH(void)
{   TRISA = 0b00001111;              //RA0～RA3 为输入
TRISC = 0b00000000;                 //RC0 接 LED1,代表 C1OUT.RC1 接 LED2,代表 C2OUT
CMCON = 0b00000011;                 //2 个独立的比较器,C1 输出到 RA4,C2 输出到 RA5
}
```

　　上面的程序只有短短的几行,非常简单。可见,在这种比较器模块下,只要设置其工作方式,由硬件便可进行比较、输出。图 4 - 30 中的运行情况是:直流电压表的读数为−0.40 V,即比较器 C1 的负端电压比正端大,因此其输出为 0,发光管 D1 灭;而直流电压表 2 的读数为+0.65 V,因此其输出为正,发光管 D2 亮。可以调整电位器,改变 C1、C2 的输出。

PIC16系列单片机C程序设计与PROTEUS仿真

【例 4.13】 比较器中断例子。

如图 4-31 所示,程序中设置 CM2:CM0=0b010,即 2 个独立的比较器。参考电压模块的输出电压输出到比较器 C1、C2 的正输入端 RA3、RA2。由于驱动能力的原因,在 RA2 的输出加了电压跟随器,并将其输出接回 RA3,作为比较器 C2 的正输入端。通过改变电位器 RV0 和 RV1,就可改变 2 个比较器的负输入,以此改变比较器的输出。当 2 个比较器中任何一个输出发生变化时,均会进入中断,在中断服务程序中,让控制 2 个 LED 的 RC0 和 RC1 的电平与表示比较器的状态 C1OUT、C2OUT(CMCON 的 7、6 位)一致。此程序也是比较简单的,主程序处于"死循环"状态,靠中断进入服务程序来改变 LED 的亮或灭。图 4-31 中显示的情况为:程序设置 CVREF=1.88 V,接于 C1 和 C2 的正端。因此,接于 RA0 的电压为 1.80 V,低于正端电压,D1 亮;而接于 C2 负输入端的电压为 2.00 V,大于 1.88 V,因此 D2 灭。

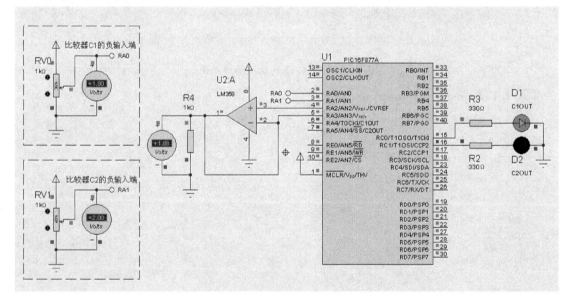

图 4-31 比较器及参考电压使用示例

【例 4.13】 程序

```
//例 4.13
# include    <PIC.H>
__CONFIG (0x3771);              //运行用
void    CSH(void);
void    interrupt ISR(void);
# define LED1    RC0
# define LED2    RC1
void    main(void)
```

```
{   CSH();
    while(1);
}


void interrupt ISR(void)
{   if   (CMIF = = 1)
{   CMIF = 0;
    LED1 = C1OUT;                    //LED 与比较器输出一致
    LED2 = C2OUT;
  }
}


//初始化程序
void CSH(void)
{   ADCON1 = 0b00000000;
    TRISA = 0b00001111;             //RA0～RA3 为输入
    TRISC = 0b11111100;             //RC0 接 LED1,代表 C1OUT.RC1 接 LED2,代表 C2OUT
    CVRCON = 0b11000100;            //参考电压输出到 RA2,CVRR = 0,CVR3：CVR0 = 4,CVREF = 1.88V
    CMCON = 0b00000010;             //2 个独立的比较器,由 CVREF 作为输入的双比较器
    CMIE = 1;                       //允许比较器输出变化中断
    INTCON = 0b11000000;

}
```

4.10　USART 串行通信模块

　　串行通信模块 USART,即 Universal Synchronous/Asynchronous Receiver/Transmitter,直译就是通用同步/异步收发器,它有 3 种工作方式:全双工异步方式、半双工同步主控方式和半双工同步从动方式。一般的台式计算机有串口,因此在单片机与计算机的通信中,常用异步串行通信。

　　同步通信与异步通信的区别是:同步通信必定要有一根时钟线来协调数据线信号,而异步通信没有时钟信号;异步通信 2 字节间的时间是任意的(当然在不同的通信协议中字节间的时间间隔是有规定的)。

　　在以下的串行通信中,通信双方除了相应的发送、接收引脚或时钟、数据线连接外,还要把双方的地连起来。本书的线路图中由于电源是隐含的引脚,没有画出,在实际应用中一定把通信双方地接在一起,否则是无法通信的,除非是用光耦隔离。

4.10.1　与 USART 有关的寄存器

除了相关中断及端口 C 方向控制寄存器外,与之有关的寄存器如下。

- TXSTA:发送状态和控制寄存器,如表 4 - 19 所列。
- RCSTA:接收状态和控制寄存器,如表 4 - 20 所列。
- SPBRG:波特率因子寄存器,地址在 0x99。
- TXREG:发送寄存器,当相关的通信寄存器设置正确时,把要发送的数送入此寄存器就自动发送,发送完毕,发送中断标志位 TXIF 置 1,如果 GIE＝1,PEIE＝1,TXIE＝1,即发送中断允许,则会进入中断。一个新的数据放入此寄存器会自动将 TXIF 清 0。
- RCREG:接收寄存器,当相关的通信寄存器设置正确时,如果接收到一个数据,CPU 自动将接收的数据放入此寄存器,接收中断标志位 RCIF 置 1,如果 GIE＝1,PEIE＝1,RCIE＝1,即允许接收中断,则会进入中断。将此寄存器数据读出,接收中断标志位 RCIF 自动清 0。

表 4 - 19　TXSTA 寄存器

寄存器名称:TXSTA				地址:0x98		
位	位名称	功能	复位值	值	说明	
7	CSRC	只用于同步模式,时钟源选择	0	1	主控模式,时钟来源于主控器件	
				0	从动模式,时钟来源于从主控器件	
6	TX9	发送数据长度选择,即是否要检验位	0	1	9 位数据,即附加 1 位校验位或标识位	
				0	8 位数据	
5	TXEN	发送使能控制	0	1	发送使能	
				0	禁止发送	
4	SYNC	同步/异步选择	0	1	同步通信模式	
				0	异步通信模式	
3	BRGH	高/低波特率选择位	0	1	采用高速波特率	
				0	采用低速波特率	
2	—	—	0	—	—	
1	TRMT	发送移位寄存器 TSR 空状态标志	0	1	空,表示已发送完毕	
				0	未空,表示未发送完	
0	TX9D	要发送的第 9 位数,在启动发送前装入	0	1	校验位或标识位为 1	
				0	校验位或标识位为 0	

表 4 - 20　RCSTA 寄存器

寄存器名称:RCSTA				地址:0x1A		
位	位名称	功能	复位值	值	说明	
7	SPEN	USART 串行通信模块使能控制	0	1	USART 串行通信模块使能	
				0	USART 串行通信模块关闭	
6	RX9	接收数据长度选择,即是否要检验位	0	1	按 9 位数据接收	
				0	按 8 位数据接收	
5	SREN	只用于同步方式,单字节数据接收使能	0	1	使能单字节数据接收	
				0	禁止单字节数据接收	
4	CREN	连续接收数据使能控制	0	1	使能连续接收	
				0	禁止连续接收	
3	ADDEN	地址检测匹配使能,只用于接收 9 位数据	0	1	使能地址匹配检测	
				0	禁止地址匹配检测	
2	FERR	接收数据帧错误标志位	0	1	发生了接收数据帧错误	
				0	未发生接收数据帧错误	
1	OERR	接收数据溢出标志位	0	1	发生了接收溢出(通过 CREN 清 0 来清除此位)	
				0	未发生接收溢出	
0	RX9D	9 位数据中的最后一位,校验位或标识位	0	1	校验位或标识位为 1	
				0	校验位或标识位为 0	

4.10.2　USART 波特率计算

在进行同步或异步串行通信中,发收双方要采用相同的速率进行通信,这个速率常以波特率来表示。所谓波特率,指的是发送或接收 1 位所需的时间,单位为 bit/s。例如,波特率为 9 600,指的是发送 1 位需要时间为 1 s / 9 600,约为 104 μs。通信中采用标准的波特率。常用的波特率有 1 200、2 400、4 800、9 600、19 200、38 400 等。显然,波特率越高,速度越快。但是太高的通信波特率可能导致通信距离变短,且容易受干扰。

除了 SPBRG 外,在 TXSTA 中的第 3 位 BRGH 与波特率有关(只在异步通信中)。波特率计算公式如表 4 - 21 所列。其中的 X 为计算的 8 位数,就是要存于 SPBRG 中的波特率因子。表中所说的高速指的是在相同的波特率因子下,具有更快的通信波特率。

表 4 - 21 波特率计算公式

SYNC	BRGH＝0,低速	BRGH＝1,高速
0,异步	波特率＝$f_{\mathrm{osc}}/[64 \times (X+1)]$	波特率＝$f_{\mathrm{osc}}/[16 \times (X+1)]$
1,同步	波特率＝$f_{\mathrm{osc}}/[4 \times (X+1)]$	—

由于 SPBRG 寄存器只有 8 位,因此得到的波特率与期望的波特率会有一定的误差。但只要误差在一定的范围内,不会给通信带来影响。

假设使用 4 MHz 晶振,要求在同步方式下,波特率为 9 600,则由表 4 - 21 可知:

$9\,600 = 4\,000\,000/[4 \times (X+1)]$,得 $X \approx 103.17$,四舍五入后取整,$X = 103$,代入验证,$4\,000\,000/[4 \times (103+1)] \approx 9\,615.38$,相对误差为 $(9\,615.38 - 9\,600)/9\,600 = 0.16\%$。

同样的通信参数要求,在异步方式下,计算与验证如下:

选低速时,$9\,600 = 4\,000\,000/[64 \times (X+1)]$,得 $X \approx 5.51$,四舍五入后取整,$X = 6$,代入验证,$4\,000\,000/[64 \times (6+1)] \approx 8\,928.57$,相对误差为 $(8\,928.57 - 9\,600)/9\,600 = 6.99\%$。

选高速时,$9\,600 = 4\,000\,000/[16 \times (X+1)]$,得 $X \approx 25.04$,四舍五入后取整,$X = 25$,代入验证,$4\,000\,000/[16 \times (25+1)] \approx 9\,615.38$,相对误差为 $(9\,615.38 - 9\,600)/9\,600 = 0.16\%$。

比较低速与高速的验证结果,显然此时选用高速其波特率的误差较小。因此,在计算波特率时要比较验证,选用绝对误差较小的。

4.10.3 奇偶校验

在同步/异步串行通信方式中,USART 采用的是标准的 1 位起始位、8 位或 9 位数据和 1 位停止位的编码格式。不管是同步还是异步,发送与接收的都是低位在先。在 TTL 电平时,异步通信中的空闲状态是高电平,起始位为低电平,停止位为高电平。数据位为 0 则数据线为低电平,数据位为 1 则数据线为高电平。当采用 9 位数据时,最高位代表奇偶校验位,则这一数据位要根据所发送的数通过软件编程计算,以确定此位的数值。

所谓的奇校验,指的是发送的一个字节中(包括校验位,不包括起始位和停止位)为 1 的位数必须为奇数。同样,偶校验指的是发送的一个字节中(包括校验位,不包括起始位和停止位)为 1 的位数必须为偶数。通过校验位值的调整来达到此要求。

如采用奇校验,发送 0x25＝0b00100101,由于此数中 1 的个数为 3,是奇数,故校验位为 0。如果采用偶校验,则校验位必须为 1,使得连同校验位在内的 9 位数中 1 的个数“凑”为偶数。采用奇偶校验能防止通信过程的干扰,如发生了奇偶校验错误,说明通信受到干扰。当然,奇偶校验只能进行简单的校验,有些错误还是不能校出来的。

在 PIC16 系列单片机中,奇偶校验位只能通过软件计算判断来完成。

【例 4.14】　假设现在用奇校验,有一个字符型变量 A,判断其二进制数中 1 的个数 N,如 N 为奇数,令 TX9D=0,反之为 1。

【例 4.14】　奇偶校验程序

```
N = PARITY_CHECK(A);
if ((N = = 1)
     TX9D = 0;
else
     TX9D = 1;
//奇偶校验,实际是计算字符型变量中为 1 的个数
char PARITY_CHECK(char X)
{   char i,j = 0;
    for (i = 0;i<8;i + +)
    {   if ((A & 0x01) = = 0x01)        //判断 A 的位 0 是否为 1
            j + +;
        A>>1;                          //计算 1 位后整个数右移 1 位,下次仍判断 0 位
    }
    if  (j & 0x01) = = 0)
        return(0);
    else
        return(1);
}
```

注意:如果用到 9 位数据,在发送时,TX9D 要早于 TXREG 的赋值,在接收时,先读 RX9D,再读 RCREG。

4.10.4　地址侦测功能

在表 4 - 20 中,RCSTA 的 ADDEN=1 时,启动地址侦测功能,只有当接收到 RSR(接收移位寄存器,不可寻址)的 D8 为 1 时,才会进入接收中断。在主从式结构的总线网络中,所有的从机都是并在相同的数据线上的,如果不使用地址侦测功能,则主机发送命令时,所有的从机都能接收到,这样就给编程带来麻烦。如果我们使用 9 位数据通信,并假定最高位 D8 为 1 时表示地址,所有的从机在开始时 ADDEN 都设置为 1,则主机在发送时,先发送地址,此时 D8=1,这样,主机发送地址时所有的从机都能收到,然后再使 D8=0,发送数据。从机接收到地址时并与自己的地址作比较,如果是呼叫本机,则马上将本机的 ADDEN 清 0,接下来就可以顺利接收到主机所发的数据,数据接收完毕,再置 ADDEN 为 1,为接收下一个命令做准备。

如果不是呼叫本机,则保持 ADDEN＝1,再接收下一个地址,而主机与其他从机通信过程中的数据均收不到。

4.10.5 异步串行通信方式

1. 异步串行通信的发送模式

在异步串行通信中,单片机的 RC7/RX 为串行接收脚,RC6/TX 为串行发送脚,因此异步串行通信是全双工的,即在同一时刻可以进行发送和接收。

图 4－32 是异步串行通信的发送器内部结构图。串行发送器的核心部件是串行发送移位寄存器 TSR,此寄存器是不可寻址的。

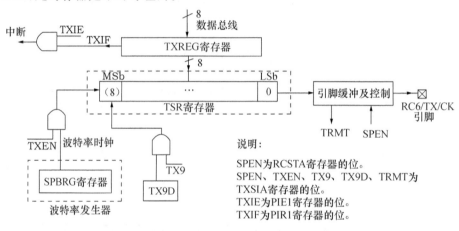

图 4－32 异步串行通信发送器内部结构示意图

图 4－33(a)为异步串行通信时序图,图 4－33(b)是一个异步串行通信发送 0x25 的波形图,采用 9 600 波特率,8 位数据,发送 0x25＝0b00100101 在 TX 引脚上的实拍的示波图。

当串行通信设置为发送模式时,只要把要发的数送到 TXREG 寄存器,单片机就会自动将此数发送出去。串行通信发送数据是要一定的时间的,如在 9 600 波特率时,发送一个 8 位数据(无校验位)所需的时间为(1＋8＋1)×104＝1 040 μs。

在通信过程中,把要发送的数据放入 TXREG 时,如果前一次的数据还没发完,单片机并不立即发送,要等到前一个数的停止位发送完毕,才把 TXREG 读出并放入 TSR 寄存器,这时发送中断标志位 TXIF 即置 1,如果允许中断则会进入中断。虽然 TXIF＝1,但实际上发送才刚刚开始,TXIF＝1 只是说明此时 TXREG 为空的,而不要误以为发送完成! 真正发送完成时,是由 TXSTA 位 1 的 TRMT 来表示的,当 TSR 为空时,TRMT 为 1。因此,可以通过判断 TRMT 位的状态来判断发送是否完成,如下列语句就启动发送并等待发送完毕(假设其他设置均正确的情况下）：

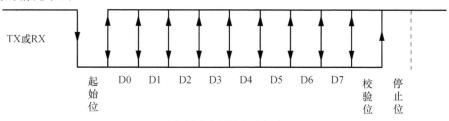

（a）异步串行通信时序图

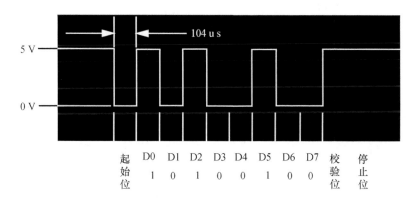

（b）实拍的异步串行通信发送0x25的波形图

图 4 - 33　异步串行通信发送 0x25 时 TX 引脚上的示波图

```
TXREG = X;
while (TRMT = = 0);                  //一直等到 TSR 为空
```

　　显然,在通信中,2 个单片机(或单片机与计算机)的发送脚与接收脚要交叉相接,即一方的发送脚接另一方的接收脚,一方的接收脚接另一方的发送脚。

　　异步串行通信模式中发送数据的步骤如下：

① 选择合适的波特率,对 SPBRG 寄存器赋值。根据计算确定波特率为高速还是低速,对 BRGH 位设置。

② 将 SYNC 位清零、SPEN 位置 1,使能异步串行端口。

③ 若需要中断,将 TXIE、GIE 和 PEIE 位置 1。

④ 若需要发送 9 位数据,将 TX9 位置 1。

⑤ 将 TXEN 位置 1,使能发送。

⑥ 若选择发送 9 位数据,第 9 位数据应该先写入 TX9D 位(需要计算确定此位的值)。

⑦ 把数据送入 TXREG 寄存器(启动发送),TXIF 被置 1。

2. 异步串行通信的接收模式

在异步串行通信的接收模式中,单片机的 RC7/RX 为串行接收脚,即外部的异步串行信号是从此引脚输入的。图 4-34 是异步串行通信的接收器内部结构图。

串行接收器的核心部件是接收移位寄存器 RSR,此寄存器是不可寻址的。

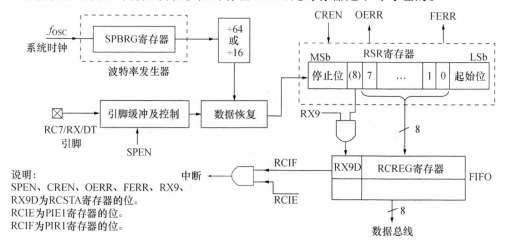

图 4-34　异步串行通信接收器内部结构示意图

在 RX/TX 引脚上采样到停止位后,如果 RCREG 寄存器为空,RSR 中接收到的数据即被送到 RCREG 寄存器,数据传送完毕,RCIF 位被置 1,RCIF 标志位是只读位,它在 RCREG 寄存器被读取之后或 RCREG 寄存器为空时被硬件清零。

RCREG 寄存器是一个双缓冲寄存器(即两级深度的 FIFO),因此可以实现接收 2 个字节的数据并传送到 RCREG FIFO,然后第 3 个字节开始移位到 RSR 寄存器。在检测到第 3 个字节的停止位后,如果 RCREG FIFO 仍然是满的,则溢出错误标志位 OERR 会被置 1,RSR 寄存器中的数据丢失。可以对 RCREG 寄存器读两次重新获得 FIFO 中的两个字节。必须通过将 CREN 位清零后再置 1 来复位接收器实现对 OERR 清 0。如果 OERR 位被置 1,则硬件禁止将 RSR 中的数据传送到 RCREG 寄存器,因此如果 OERR 位被置 1,必须将它清 0。

正常时的停止位是高电平的。如果在通信中检测到的停止位为低电平,则帧出错标志位 FERR 被置 1。读 RCREG 寄存器将会给 RX9D 和 FERR 位装入新值,因此为了不丢失 FERR 和 RX9D 位原来的信息,用户必须在读 RCREG 寄存器之前读 RCSTA 寄存器。

> **提示:** FIFO 是英文 First In First Out 的缩写,是一种先进先出的数据缓存器,它与普通存储器的区别是,它没有外部读写地址线,使用起来简单方便;其缺点是只能顺序写入、顺序读出数据,其数据地址由内部读写指针自动加 1 完成,不能像普通存储器那样可以由地址线决定读取或写入某个指定的地址。

异步串行通信模式中接收数据的步骤如下：

① 选择合适的波特率,对 SPBRG 寄存器赋值。根据计算确定波特率为高速还是低速,对 BRGH 位设置。

② 将 SYNC 位清零,SPEN 位置 1,使能异步串口。

③ 若需要中断,将 RCIE、GIE 和 PEIE 位置 1。

④ 如果需要接收 9 位数据,将 RX9 位置 1。

⑤ 将 CREN 位置 1,使 USART 工作在接收方式。

⑥ 当接收完成后,中断标志位 RCIF 被置 1,如果允许串行接收中断,便产生中断。

⑦ 如果进行 9 位数据通信则读 RCSTA 寄存器获取第 9 位数据,在下面读取 RCREG 后通过软件判断奇偶校验是否正确。

⑧ 通过 RCREG 寄存器来读取接收到的 8 位数据,此时 RCIF 自动清 0。

⑨ 如果发生错误,通过将 CREN 位清 0 来清除错误。

3. 异步串行通信示例

【例 4.15】　双机异步串行通信。

图 4-35 为一个双机通信的线路图,2 个单片机通过异步串行通信接口相连的方式为: RX 和 TX 交叉连接。左边的单片机 U1 为发送,每按一下按键 S1 就发送一个字节数,从 0x20 开始发送,每送一个数,此数加 1。发送的数同时在 D 口上输出,因此可以很直观地看到发送的数。右边的单片机 U2 为接收状态,采用中断方式,如有接收中断,则进入中断,将接收到的数直接在 D 口上输出。图 4-35 中显示的是发送与接收数都是 0x27。

两单片机的晶振均为 4 MHz,异步通信的波特率均设置为 9 600,8 位数据。在 U1 的程序中,采用了 RB0/INT 中断,每按一下按键就产生 RB0/INT 中断,软件中用延时的方法防止按键抖动,同时为了让表示发送的 LED 亮得时间长些,因此延时了 100 ms。

在此程序中用了宏定义 SEND_ONE(a),该宏定义发送单字节数并等待发送完成。引用的形式与函数调用一样,但实质是不同的,如前所述,宏定义实际上是内容的"复制",引用此宏相当于在程序中复制这一段内容。而 U2 的接收程序中,采用了接收中断的方式,这是比较合适的,因为通常不知道另一方何时会发送数据。需要注意的是,U1 作为发送端,其程序为发送程序,而 U2 作为接收端,其相应的程序为接收程序,在设置单片机的属性时不能将程序混淆。

这是一个双机系统的 PROTEUS 模拟,如果在模拟运行中显示如下信息,则有可能在通信中会不正常:

Simulation is not running in real time due to excessive CPU load.

此信息表明,仿真不是按照实际运行时间运行的,即比实际运行时间长,这可能是程序仿真界面的复杂性(如有太多的示波器、显示仪表及其他)、计算机运行速度等原因产生的。如果不是进行双机通信,仿真速度偏低并不影响程序的正确执行,但如果是双机或多机通信,有可能产生通信问题。不过这里说的是有可能,不是一定产生问题。

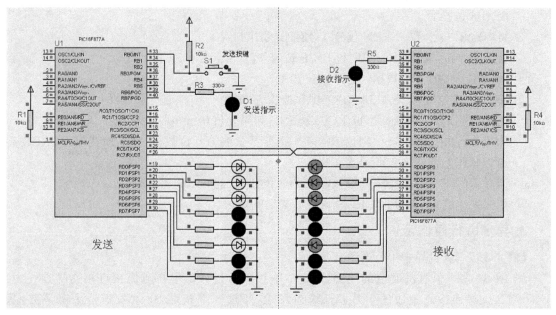

图 4 - 35   双机异步串行通信线路图

【例 4.15】 发送端程序

```
//例 4.15  异步串行通信发送,按一下按键 RB0,发送一个字节,从 20H 开始发送
# include <pic.h>
__CONFIG (0x3F39);                     //调试用


# define LED   RB1
void DELAY(unsigned int);              //延时(i)ms
void CSH(void);                        //初始化程序


//宏定义,发送一个数,并等待其发送结束
# define SEND_ONE(a)  \
    TXREG = a;  \
    while(TRMT = = 0)


char aaa = 0x20;                       //定义全局变量并初始化
```

```
main(void)
{   CSH();
    LED = 0;
    while(1);
}


// = = = = = = 初始化程序
void CSH(void)
{   TRISB = 0B00000001;              //RB0 为按键输入
    TRISC = 0B11100000;
    TRISD = 0;                       //D 口全为输出,接 LED
    PORTD = 0;
    INTCON = 0B10010000;             //RB0 中断使能
    SPBRG = 25;                      //波特率为 9 600,高速,8 位数据
    RCSTA = 0b10010000;
    TXSTA = 0b00100100;
}


// = = = = = = //中断服务程序
void interrupt INT_ISR(void)
{   char x;
    if (INTF)                        //按键 RB0 中断,LED3 闪一下,蜂鸣器响
    {   LED = 1;
        SEND_ONE(aaa);
        PORTD = aaa;
        aaa + + ;                    //发送的数加 1,为下次发送做准备
        DELAY(100);                  //延时为了让 LED 亮能看到,并防止按键抖动
        LED = 0;
        INTF = 0;                    //应在此清 0
    }
}
//DELAY_I 见附录
```

【例 4.15】　接收端程序

```
//例 4.15   异步串行通信的接收
# include <pic.h>
__CONFIG (0x3F39);                   //调试用
```

```
#define LED      RB1
void CSH(void);                    //初始化程序
void interrupt INT_ISR(void);      //中断服务程序
void DELAY_I(unsigned int);        //延时(i)ms,中断用


main(void)
{   CSH();
    LED = 0;
    while(1);
}


// = = = = = = =初始化程序
void CSH(void)
{   TRISB = 0B11110000;
    TRISC = 0B11100011;                //RC2 为蜂鸣器输出
    TRISD = 0;
    PORTD = 0;
    INTCON = 0B11000000;
    RCIE = 1;                          //接收中断
    SPBRG = 25;                        //波特率为 9 600,高速,8 位数据
    RCSTA = 0b10010000;
    TXSTA = 0b00100100;
    PORTB = 0b00000000;
}


// = = = = = = =//中断服务程序
void interrupt INT_ISR(void)
{   char x;
    if (RCIE & RCIF)                   //接收中断,LED 闪一下
    {   LED = 1;
        x = RCREG;                     //读接收数据,实际上会自动将 RCIF 清 0
        PORTD = x;
        DELAY_I(100);                  //延时为了能看清 LED 闪亮
        LED = 0;
    }
}
//DELAY_I 见附录
```

4.10.6　同步串行通信

在同步串行通信方式下,RC6/CK 作为通信同步的时钟线,而 RC7/DT 作为数据线。同步通信的波特率与异步的计算不同,如表 4-21 所列。由于有了时钟线在起着协调发送、接收双方的时间的作用,因此在同步通信中不需要起始位和停止位,所以通信的效率相对较高。

图 4-36 为同步串行通信的时序图,从中可以看到,数据线 DT 是在时钟 CK 的低电平时变化的,DT 在时钟 CK 的高电平需保持不变。

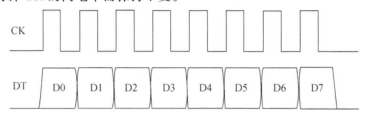

图 4-36　同步串行通信时序图

根据时钟线的发送方不同,同步串行通信分为主控和从动方式,控制时钟线的一方称为主控方,另一方则为从动方。主控方式又分为主控发送方式和主控接收方式,从动方式又分为从动发送方式和从动接收方式。以下先介绍这些通信的步骤,再以示例的方式介绍这些通信方式的应用,相信读者从程序中能得到通用同步串行通信的应用与编程启示。

1. USART 同步主控发送

在此通信模式下,作为主控方的单片机在 RC6/TX/CK 上产生的时钟脉冲,数据在引脚 RC7/RX/DT 送出。用查询方法(即不用中断)的通信过程如下:

① 将 TXSTA 设置为 0b1x110000,即主动方式、允许发送、同步通信,将 RCSTA 设置为 0b1x000000,即串口使能、禁止接收,如为 9 位数据通信,则将其中的 x 改为 1,否则为 0;

② 如为发送 9 位数据,根据要求(奇偶校验等)把此位数放入 TXSTA 的位 TX9D;

③ 将要发送的数放进 TXREG,便启动发送;

④ 查询 TXSTA 的位 TRMT 是否为 1,如为 1 则表示 TSR 寄存器为空,发送结束。

如果不是判断 TRMT 而是判断 TXIF,则结果是不同的,TXIF 为 1,只能表示 TXREG 的数被送入 TSR 寄存器,实际上发送才开始。

2. USART 同步主控接收

在此通信模式下,作为主控方的单片机产生 RC6/TX/CK 上的时钟脉冲,数据信号从引脚 RC7/RX/DT 送入,由从动方发出数据。用中断的方法,只允许接收单字节的通信过程如下。

① 将 TXSTA 设置为 0b1x010000，即主动方式、同步通信，将 RCSTA 设置为 0b1x100000，即串口使能、单字节接收，如为 9 位数据通信，则将其中的 x 改为 1，否则为 0。设置相关的中断允许：RCIE＝1，PEIE＝1，GIE＝1，即允许接收数据。

② 如接收到数据，自动进入接收中断，如为 9 位数据，先接收此位，即 RCSTA 的位 RX9D。

③ 读 RCREG，中断标志位 RCIF 将自动清 0。

④ 由于采用单字节接收，接收数据后（即前一步的读 RCREG）SREN 被自动清 0，因此如还要继续接收，要重新将 SREN 置 1，为下一次接收做准备。

3. USART 同步从动发送

在此模式下，由于时钟脉冲是由主控方控制的，因此作为从动方，在发送数据时，只是把数据放入 TXREG 寄存器中，至于什么时候真正发出，由主控方确定，只有当主控方接收使能时，数据才能发出。其步骤如下：

① 将 TXSTA 设置为 0b0x110000，即从动方式、允许发送，将 RCSTA 设置为 0b1x000000，即串口使能，如为 9 位数据通信，则将其中的 x 改为 1，否则为 0；

② 如为发送 9 位数据，根据要求（奇偶校验等）把此位数放入 TXSTA 的位 TX9D；

③ 将要发送的数放进 TXREG，便启动发送；

④ 查询 TXSTA 的位 TRMT 是否为 1，如为 1 则表示 TSR 寄存器为空，发送结束。

4. USART 同步从动接收

在此通信模式下，作为从动的单片机设置好相关寄存器后，如采用中断的方式进行通信时，如有接收的数据则进入中断读取即可。采用中断的方法，只允许接收单字节的通信过程如下。

① 将 TXSTA 设置为 0b0x010000，即从动方式、同步通信，将 RCSTA 设置为 0b1x100000，即串口使能、单字节接收，如为 9 位数据通信，则将其中的 x 改为 1，否则为 0。设置相关的中断允许：RCIE＝1，PEIE＝1，GIE＝1，即允许接收中断。

② 如接收到数据，自动进入接收中断，如为 9 位数据，先接收此位，即 RCSTA 的位 RX9D。

③ 读 RCREG，中断标志位 RCIF 将自动清 0。

④ 由于采用单字节接收，接收数据后（即前一步的读 RCREG）SREN 被自动清 0，因此如还要继续接收，要重新将 SREN 置 1，为下一次接收做准备。

5. USART 同步通信示例

以下以例子说明同步通信的编程与应用。例 4.16 和例 4.17 都是双向同步通信，但在例

4.16 中,单片机要发送时均设置为主控,接收方均为从动方,因此单片机的"角色"要改变,U1 有时为主控方,有时为从动方,U2 也如此。而在例 4.17 中,不管 U1 是发送还是接收,始终为主控方,U2 始终为从动方。因此,在例 4.16 和例 4.17 的通信程序中,包括了上面所述的同步通信的 4 种模式,读者会从中掌握到同步通信的编程技巧。

与异步串行通信一样,同步串行通信的数据信号也是低位先发。图 4-37 为使用同步串行通信发送 0x4D＝0b01001101 和 0x67＝0b01100111 的波形图,分别为实际示波器实拍与 PROTEUS 仿真的波形图比较,每张图中上面的波形曲线为时钟 CK,下面的波形曲线为数据 DT。图 4-37 中的波特率为 4 800。从图 4-37 看,仿真与实拍的波形图是一致的。

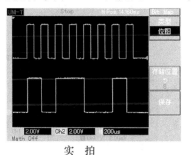
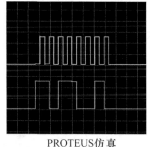

实　拍　　　　　　　　　　PROTEUS仿真

（a）同步串行发送0x4D

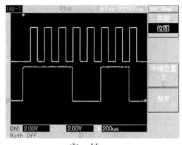
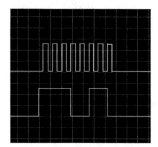

实　拍　（b）同步串行发送0x67　PROTEUS仿真

图 4-37　同步串行通信时钟与数据信号实拍和 PROTEUS 仿真波形图

【例 4.16】　U1 为主控发送、从动接收与 U2 为从动接收、主控发送的双机通信。

如图 4-38 所示的线路图,单片机 U1、U2 的接线及外围线路完全一样,但程序不同。在此示例中,主控方是改变的,开始时,由 U1 担任主控方,向从动方 U2 发送字符"Hello !",发送完毕并转为同步从动接收状态,如接收的字符为"How are you?",则 LED 闪亮,通信结束。U2 开始时被设置为同步从动接收状态,收到 7 个字符并确认接收的字符为"Hello !"后,再转为主控发送方式,回送字符"How are you?",进入 LED 闪亮状态,通信结束。

图 4-38 中,U1、U2 均用 3 个接于 B 口的 LED 指示通信的进程,如果通信一切正常,U1、U2 的 3 个 LED 全亮。接于 D 口的 8 个 LED 用来指示发送或接收的字符,整个通信正确时,

LED 进入闪亮状态,具体参见程序中的注解。

从图 4-38 可以看到,与图 4-35 不同的是,同步通信中双方的时钟线相接在一起,数据线也是相接在一起的,而异步串行通信的发送脚与接收脚是要交叉相接的。

例 4.16 为字符通信,字符通信实际上是用字符的 ASCII 码进行通信的,如发送"A",就是发送该字符的 ASCII 码 0x41。

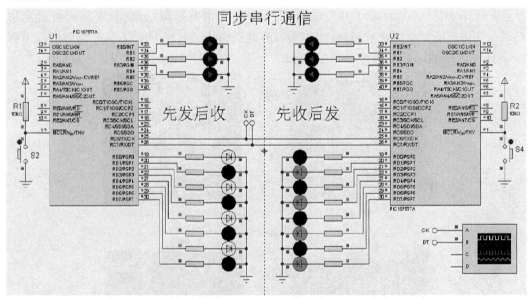

图 4-38　USART 同步串行通信线路图

【例 4.16】 单片机 U1 程序

```
//U1_A.C,与 U2_A.C 配合
//同步通信,先发再收,发送时为主控,接收时为从动
#include <pic.h>
__CONFIG(0x3F39);                //调试用
void   SEND_M(char);
void   RECE_S_SET(void);
void   DELAY(unsigned int);
const  char A1[8]={"Hello !"};
const  char A2[13]={"How are you?"};
char   BB[12],N;
main(void)
```

```
{   char  i,ERROR;
    TRISD = 0;                          //D 口连接 LED,输出口
    PORTD = 0;
    TRISB = 0;
    PORTB = 0;
    TRISC = 0b11000000;
    SPBRG = 207;                        //波特率为 4 800
    for (i = 0;i<7;i+ +)                 //发送 7 个数据
    {   SEND_M(A1[i]);                  //发送字符/数据
        PORTD = A1[i];                  //发送的字符在 LED 上显示
        N+ +;
    }
    RB1 = 1;                            //表示 U1 发送完毕
    RECE_S_SET();                       //设置为同步从动接收
    N = 0;
    while(N<12);                        //等待接收 12 个字符
    GIE = 0;                            //接收完毕,禁止中断
    RB2 = 1;                            //表示接收完毕
    ERROR = 0;
    for  (i = 0;i<12;i+ +)              //判断是否接收正确
        {if (A2[i]! = BB[i])
            ERROR = 1;                  //只要有一个不相等,错误标记就置 1
        }
    if   (ERROR = = 1)
        {   GIE = 1;                    //错误,禁止中断
            PORTD = 0x80;              //接收错误标记
            while(1);
        }
    RB3 = 1;                            //接收正确标记
    PORTD = 0x55;
    while    (1)                        //接收完毕,LED 闪亮
    {   DELAY(200);
        PORTD^ = 0xFF;
    };
}
```

```
//同步主控发送方式,发送1个字符
void SEND_M(char A)
{    TXSTA = 0b10110000;                    //同步、允许发送、主控方式
     RCSTA = 0b10000000;                    //串口使能
     TXREG = A;                             //发送数据
     while (TRMT = = 0);                    //等待发送完成
}


//设置为同步从动接收模式,采用中断方式
void RECE_S_SET()
{    TXSTA = 0b00010000;                    //同步、从动方式
     RCSTA = 0b10100000;                    //串口使能,单字节接收
     PEIE = 1;RCIE = 1;GIE = 1;             //采用中断的方式接收数据
}


//中断接收
void interrupt INT_ISR(void)
{    char A;
     if  (RCIF = = 1)
     {    A = RCREG;                         //读 RCREG 将 RCIF 自动清 0
          BB[N + +] = A;
          PORTD = A;                         //把接收的字符在 D 口显示出来
          if (FERR = = 1 || OERR = = 1)
          {    CREN = 0;                      //如果有接收错误,CREN 清 0 将清除错误标志
               NOP();
               CREN = 1;
          }
          SREN = 1;CREN = 0;                 //单字节接收要重新设置
     }
}
//DELAY 子程序见附录
```

【例 4.16】 单片机 U2 程序

```
//U2_A.C,与 U1_A.C 配合
//同步通信,先收再发,接收时为从动,发送时为主控
# include <pic.h>
__CONFIG (0x3F39);                          //调试用
```

```
void      SEND_M(char);
void RECE_S_SET(void);
void interrupt   INT_ISR(void);
void DELAY(unsigned int);


char      BB[7],N,aaa = 0x0;
const      char XX[13] = {"How are you?"};
const      char AA[8] = {"Hello !"};
main(void)

{  char   i,ERROR;
   TRISD = 0;                    //D 口连接 LED,输出口
   PORTD = 0;
   TRISC = 0b11000000;
   N = 0;
   TRISB = 0;
   PORTB = 0;
   SPBRG = 207;                  //波特率为 4 800
   RECE_S_SET();                 //设置为同步从动接收

   while(N<7);                   //等待接收到 7 个字符
   GIE = 0;                      //接收完毕,禁止中断
   RB1 = 1;                      //接收到 7 个数标记
   ERROR = 0;
   for   (i = 0;i<7;i++)
       if (AA[i]! = BB[i])
           ERROR = 1;           //只要有一个不相等,错误标记就置 1
   if   (ERROR = = 1)
       {   PORTD = 0x80;         //接收错误标记
           while(1);
       }
       RB2 = 1;                  //接收正确标记
       for (i = 0;i<12;i++)
       {   SEND_M(XX[i]);
           PORTD = XX[i];
           DELAY(1);
       }
```

```
        RB3 = 1;                    //发送完毕标记
        PORTD = 0XAA;
        while  (1)                  //通信完毕,让 LED 闪亮
        {   DELAY(200);
            PORTD ^= 0xFF;
        }
}


//同步主控发送方式,发送 1 个字符
void SEND_M(char A)
{   TXSTA = 0b10110000;             //同步、允许发送、主控方式
    RCSTA = 0b10000000;             //串口使能
    TXREG = A;                      //发送数据
    while (TRMT == 0);              //等待发送完成
}


//设置为同步从动接收模式,采用中断方式
void RECE_S_SET()
{   TXSTA = 0b00010000;             //同步、从动方式
    RCSTA = 0b10100000;             //串口使能,单字节接收
    PEIE = 1;RCIE = 1;GIE = 1;      //采用中断的方式接收数据
}


//DELAY 子程序见附录
// SEND_M、RECE_S_SET 和 INT_ISR 3 个子程序与本例的 U1 程序相同。
```

【例 4.17】 主控发送、接收与从动接收、发送的双机通信。

本例中,仍采用如图 4-38 所示的线路图。不管是接收还是发送,U1 始终为主控方,U2 始终为从动方,其他与例 4.16 相同。接收仍采用中断的方式。

【例 4.17】 从动方发送程序

```
//U1_C.C,与 U2_C.C 配合
//同步通信,先发再收,发送与接收均为主控
# include <pic.h>
__CONFIG (0x3F39);                  //调试用
void   SEND_M(char);
void   RECE_M_SET(void);
void   interrupt INT_ISR(void);
```

```
void  DELAY(unsigned int);
void  DELAY_I(unsigned int);

const  char A1[8] = {"Hello !"};
const  char A2[13] = {"How are you?"};
char  BB[12],N;

main(void)
{   char i,ERROR;
    TRISD = 0;                  //D 口连接 LED,输出口
    PORTD = 0;
    TRISB = 0;
    PORTB = 0;
    TRISC = 0b11000000;
    DELAY(100);
    SPBRG = 207;                //波特率为 4 800
    for (i = 0;i<7;i + +)       //发送 7 个字符
    {  SEND_M(A1[i]);
       PORTD = A1[i];
    }
    RB1 = 1;                    //表示 U1 发送完毕
    DELAY(1);
    RECE_M_SET();
    while (N<12);               //等待接收到 12 个字符
    RB2 = 1;                    //表示收到 12 个字符
    GIE = 0;
    ERROR = 0;
    for  (i = 0;i<12;i + +)     //判断是否接收正确
        {if (A2[i]! = BB[i])
             ERROR = 1;
        }
    if  (ERROR = = 1)
        {  PORTD = 0x80;        //接收错误标记
           GIE = 0;
           while(1);            //接收错误,不再往下执行
        }
    RB3 = 1;                    //接收正确标记
    PORTD = 0x55;
```

```
    while  (1)                        //接收完毕,LED 闪亮
    {  DELAY(200);
       PORTD^ = 0xFF;
    };
}


//同步主控发送方式 1 个字符
void SEND_M(char A)
{    TXSTA = 0b10110000;              //同步、允许发送、主控方式
     RCSTA = 0b10000000;              //串口使能
     TXREG = A;                       //发送数据
     while (TRMT = = 0);              //等待发送完成
}


//设置为同步主控接收方式
void   RECE_M_SET(void)
{    TXSTA = 0b10010000;              //同步、主控方式
     RCSTA = 0b10100000;              //串口使能,单字节接收
     RCIE = 1;PEIE = 1;GIE = 1;       //采用中断的方式接收数据
}


void   interrupt INT_ISR(void)
{    char   X;
     if   (RCIF = = 0);
     {   X = RCREG;                   //读 RCREG 将 RCIF 自动清 0
         BB[N] = X;
         N + + ;
         if (FERR = = 1 || OERR = = 1)
         {   CREN = 0;                //如果有接收错误,CREN 清 0 将清除错误标志
             NOP();
             CREN = 1;
         }
         SREN = 1;CREN = 0;           //单字节接收要重新设置
     }
}
// DELAY 子程序见附录
```

【例 4.17】　主控方接收程序

```
//U2_C.C.与 U1_C.C 配合
//同步通信,先收再发,接收与发送均为从动
# include <pic.h>
__CONFIG (0x3F39);                    //调试用
void   SEND_S(char);
void RECE_S_SET(void);
void interrupt   INT_ISR(void);
void DELAY(unsigned int);

char BB[7],N,aaa = 0x0;
const char XX[13] = {"How are you?"};
const char AA[8] = {"Hello !"};
main(void)
{   char i,ERROR;
    TRISD = 0;                        //D 口连接 LED,输出口
    PORTD = 0;
    TRISC = 0b11000000;
    N = 0;
    TRISB = 0;
    PORTB = 0;
    DELAY(100);
    SPBRG = 207;                      //波特率为 4 800
    RECE_S_SET();                     //设置为同步从动接收
    while(N<7);                       //等待接收到 7 个字符
    GIE = 0;                          //接收完毕,禁止中断
    RB1 = 1;                          //接收到 7 个数标记
    ERROR = 0;
    for  (i = 0;i<7;i + +)
    {   if (AA[i]! = BB[i])           //比较接收的数 BB 与 AA 是否一致
        ERROR = 1;
    }
    RB2 = 1;                          //接收正确标记
    if  (ERROR = = 1)
    {   PORTD = 0x80;                 //接收错误标记
        GIE = 0;
        while(1);                     //如有错误,就停止往下执行
    }
    for (i = 0;i<12;i + +)
    {   SEND_S(XX[i]);
        PORTD = XX[i];
```

```
        }
        RB3 = 1;                        //发送完毕标记
        PORTD = 0xAA;
        while  (1)                      //通信完毕,让 LED 闪亮
        {   DELAY(200);
            PORTD = 0xFF;
        }
    }


//从动方式发送 1 个字符
void SEND_S(char A)
{   TXSTA = 0b00110000;                 //同步、允许发送、从动方式
    RCSTA = 0b10000000;                 //串口使能
    TXREG = A;                          //发送数据
    while (TRMT = = 0);                 //等待发送完成
}


//设置为同步从动接收模式,采用中断方式
void RECE_S_SET()
{   TXSTA = 0b00010000;                 //同步、从动方式
    RCSTA = 0b10100000;                 //串口使能,单字节接收
    PEIE = 1;RCIE = 1;GIE = 1;          //采用中断的方式接收数据
}


//中断接收
void interrupt   INT_ISR(void)
{   char A;
    if  (RCIF = = 1)
    {   A = RCREG;                       //读 RCREG 将 RCIF 自动清 0
        BB[N + + ] = A;
        PORTD = A;                       //把接收的字符在 D 口显示出来
        if (FERR = = 1 || OERR = = 1)
        {   CREN = 0;                    //如果有接收错误,CREN 清 0 将清除错误标志
            NOP();
            CREN = 1;
        }
        SREN = 1;CREN = 0;               //单字节接收要重新设置
    }
}
//DELAY_I 见附录
```

4.11　SPI 串行通信

SPI 接口与 I²C 是主同步串行接口（MSSP）中的通信方式，它们主要用于单片机与其他芯片间或单片机间的通信，如常用的各种串行通信芯片、数字传感器等。

SPI 是 Serial Peripheral Interface 的缩写，是摩托罗拉公司定义的一个通信标准。在 PIC16F877A 单片机中，SPI 通信模块中用了如下 4 个引脚：

- RC5/SDO，引脚 24，串行数据输出（Serial Data Output，SDO）；
- RC4/SDI，引脚 23，串行数据输入（Serial Data Input，SDI）；
- RC3/SCK，引脚 18，串行时钟（Serial Clock，SCK）；
- RA5/SS，从动选择（Slave Select，SS），当工作在从动模式时，可能还需要此引脚。

图 4-39 为 SPI 内部结构示意图。

从中可以看到，SPI 通信模块中的发送与接收缓冲寄存器为同一个：SSPBUF 寄存器，SPI 模块带有双向传送和接收的功能，也就是说，在 SPI 接口中数据发送的过程也是一个数据接收的过程，它们同时进行，不相互影响。因此，有时为了接收一个数据，

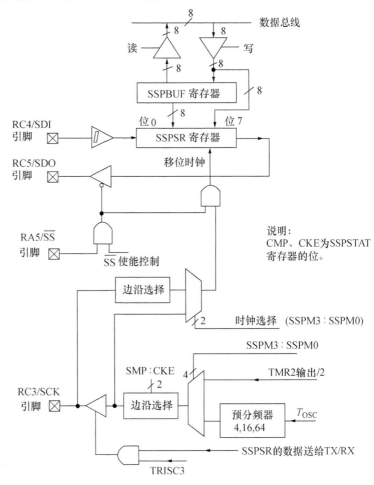

图 4-39　SPI 内部结构示意图

用发送一个"哑"数据（无效数据，可为任何数）来完成，在后面的例子中可以看到。而在发送一

个数时,也会接收到一个数,通常这个数是无效数据,不必理会。

SPI 通信与异步/同步串行通信的另一个不同点是,SPI 发送时是高位(位 7)先发。

4.11.1　与 SPI 有关的寄存器介绍

除了端口方向、中断控制外,直接与 SPI 有关的寄存器为 SSPCON1、SSPSTAT、SSP-BUF。在 SPI 通信中,发与收的缓冲寄存器都是 SSPBUF,相当于 USART 中的 RCREG 和 TXREG。SSPCON1 和 SSPSTAT 的详细介绍如表 4-22 和表 4-23 所列。因为这两个寄存器还与 I^2C 接口有关,为了便于读者阅读,这里只给出与 SPI 有关的内容,与 I^2C 有关的内容在 4.12 节介绍。

表 4-22　SSPCON 寄存器(只给出与 SPI 有关的部分)

寄存器名称:SSPCON				地址:0X14		
位	位名称	功能	复位值	值	说明	
7	WCOL	发送缓冲区冲突检测	0	1	发生了冲突操作	
				0	无冲突操作发生	
6	SSPOV	接收缓冲区溢出标志	0	1	接收溢出	
				0	未发生接收溢出	
5	SSPEN	使能 MSSP 模块,启用 SPI 或 I^2C	0	1	SPI 模式:SCK、SDO、SDI、SS 为串行口引脚; I^2C 模式:SDA、SCL 为串行口引脚	
				0	相应的引脚为一般的 I/O 脚	
4	CKP	时钟的极性选择	0	1	空闲时钟为高电平	
				0	空闲时钟为低电平	
3	SSM3	MSSP 工作模式选择	0	0000:SPI 主控模式,时钟为 $f_{OSC}/4$; 0001:SPI 主控模式,时钟为 $f_{OSC}/16$; 0010:SPI 主控模式,时钟为 $f_{OSC}/64$; 0011:SPI 主控模式,时钟为 TMR2 输出/2; 0100:SPI 从动模式,时钟为 SCK 引脚,使能 SS 引脚控制; 0101:SPI 从动模式,时钟为 SCK 引脚,禁止 SS 引脚控制,SS 可用作 I/O 引脚	
2	SSM2		0			
1	SSM1		0			
0	SSM0		0			

表 4-23　SSPSTAT 寄存器(只给出与 SPI 有关的部分)

位	位名称	功能	复位值	值	说明
7	STAT_SMP	SPI 的采样控制,在 SPI 从动方式下,此位须为 0,只有 SPI 主动方式有效	0	1	在数据信号的末端采样
				0	在数据信号的中间采样
6	STAT_CKE	时钟沿选择	0	1	在 CKP=1 时:下降沿发送数据; 在 CKP=0 时:上升沿发送数据
				0	在 CKP=1 时:上升沿发送数据; 在 CKP=0 时:下降沿发送数据
5					
4		与 I²C 有关,与 SPI 无关			
3					
2					
1					
0	STAT_BF	接收缓冲区满标志	0	1	接收缓冲区满
				0	接收缓冲区空

寄存器名称:SSPSTAT,同步串行状态寄存器　　地址:0X94

189

4.11.2　SPI 工作原理与操作

1. 一般说明

初始化 SPI 时,通过编程来设置控制寄存器 SSPCON1 中的相应控制位和 SSPSTAT <7:6> 来确定以下工作模式:

- 主控模式:SCK 作为时钟输出,置 SSM3:SSM0=0000 或 0001 或 0010 或 0011;
- 从动模式:SCK 作为时钟输入,置 SSM3:SSM0=0100 或 0101;
- 时钟极性选择,设置 SCK 的空闲状态,置 CKP=0 或 1;
- 数据输入采样相位,设置数据输出时间的中间或末端,置 STAT_SMP=0 或 1;
- 时钟边沿,设置在 SCK 的上升沿或下降沿输出数据,置 STST_CKE=0 或 1;
- 时钟速率,只在主控模式下才能选择,SSM3:SSM0=0000 或 0001 或 0010 或 0011 分别选择时钟为 $f_{osc}/4$、$f_{osc}/16$、$f_{osc}/64$ 和 TMR2 输出/2;
- 从动选择模式,即确定是否启用 SS 引脚功能,置 SSM3:SSM0=0100 或 0101。

在 SPI 通信中,数据的高位先发。图 4-40 为几种情况下的 SPI 时钟与信号线的仿真波形,其中所用的晶振为 4 MHz,选用 SPI 时钟为 $f_{osc}/16$,即每位时间为 $4 T_{cy}=4\ \mu s$,图中的横向每格为 2 μs,4 种情况均为发送 0x87,即 0b10001011 的波形图。

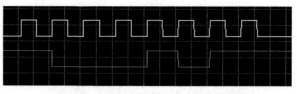

(a) 中间采样，空闲为低电平，下降沿发送数据

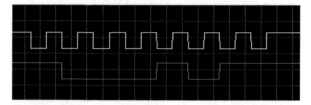

(b) 中间采样，空闲为高电平，下降沿发送数据

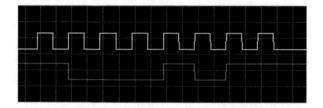

(c) 末端采样，空闲为低电平，下降沿发送数据

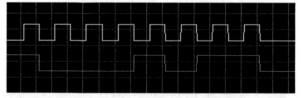

(d) 中间采样，空闲为低电平，下降沿发送数据

图 4 - 40　各种情况发送 0x8B＝0b10001011 的波形图

　　MSSP 模块由一个发送/接收移位寄存器(SSPSR)和一个缓冲寄存器(SSPBUF)组成。SSPSR 寄存器不能直接读写，只能通过 SSPBUF 寄存器进行间接读写。在新的数据接收完毕前，SSPBUF 保存上次写入 SSPSR 的数据。一旦 8 位新数据接收完毕，该数据从 SSPSR 送入 SSPBUF 寄存器。同时缓冲区满标志位 STST_BF 和中断标志位 SSPIF 置 1。这种双重缓冲接收方式，允许在接收数据被取走之前开始接收下一个数据。如果在数据发送或接收期间试图写 SSPBUF 寄存器，则为写冲突，硬件将写冲突检测位 WCOL 位置 1，且写操作无效。此时用户必须用软件将 WCOL 位清零。

　　为确保应用软件有效地接收数据，应该在新数据写入 SSPBUF 之前，将 SSPBUF 中的数据读走。缓冲区满标志位 STST_BF 表示 SSPBUF 是否已经装入了接收的数据（或发送完成）。当 SSPBUF 中的数据被读取后，STST_BF 位即被清零。如果 SPI 仅仅作为一个发送器，可不必管这一位。可用 SSP 中断来判断发送或接收是否完成。如果需要接收数据，可从 SSPBUF 中读取。SSP 中断一般用来确定发送/接收何时完成。

MSSP 模块的状态寄存器 SSPSTAT 用来表示各种状态条件，查询此寄存器的相关位可知道 SPI 发送或接收的相关状态。

要使能 MSSP 串行口，必须将 MSSP 使能位 SSPEN 位置位。重新配置 SPI 模式，要先将 SSPEN 位清 0，对 SSPCON 重新初始化，然后把 SSPEN 位置 1，这将设定 SDI、SDO、SCK 和 SS 引脚为 SSP 串行口引脚。要将这些引脚用于串行口功能，还必须通过 TRISC 寄存器设置正确的方向，即按如下设置：

● SDI 定义成输入；

● SDO 定义成输出；

● 主控模式时，SCK 定义成输出；

● 从动模式时，SCK 定义成输入；

● SS 定义成输入。

在主控模式下，如果只发送数据（如发送到显示驱动电路），可将 SDI 和 SS 引脚的相应 TRISC 寄存器相应位清 0，就可以将这两个引脚作为通用的输出口使用。

两个具有相同 SPI 接口的芯片相连，是将一方的 SDO 与另一方的 SDI 相连，将一方的 SDI 与另一方的 SDO 相连，将双方的 SS 连在一起，同时对寄存器的时钟极性、边沿选择等设置要相同。

2. 主控模式操作

因为 SCK 信号是由主控制器控制的，所以它可以在任何时候启动数据传输，同时主控制器通过软件协议来决定从动方何时传送数据。

在主控模式下，数据一旦写入 SSPBUF 就开始发送或接收。如果 SPI 仅作为接收器，则可以禁止 SDO 输出（将其设置为输入端口）。SSPSR 寄存器按设置的时钟速率，对 SDI 引脚上的信号进行连续的移位输入。每接收完一个字节，都把其送入 SSPBUF 寄存器，就像普通的接收字节一样（此时相应的中断和状态位置 1）。

时钟极性可通过对 SSPCON 寄存器的 CKP 位来设定。在主控模式下，SPI 时钟速率（即每位的时间）由用户编程设定为下面几种方式之一：

● $f_{osc}/4$，即 T_{cy}，在 4 MHz 时为 1 μs；

● $f_{osc}/16$，即 $4\times T_{cy}$，在 4 MHz 时为 4 μs；

● $f_{osc}/64$，即 $16\times T_{cy}$，在 4 MHz 时为 16 μs；

● 定时器 2 的输出速率/2。

SPI 在单片机的晶振为 20 MHz 时的最大数据通信速率是 5 Mbit/s。

3. 从动模式操作

在从动模式下,只有当 SCK 引脚上出现外部时钟脉冲时,才能发送/接收数据。当最后一位数据送出后,中断标志位 SSPIF 置 1。

在从动选择模式下,通过 SS 引脚将多个从动模式器件和一个主控模式器件连接在一起工作。要将 SPI 设置成从动选择模式,SPI 必须工作在从动模式下并将 SS 引脚的 TRISA5 位置 1。当 SS 引脚为低电平时,允许数据的发送和接收,同时 SDO 引脚被置为高电平或低电平。当 SS 引脚为高电平时,即使是在数据的发送过程中,SDO 引脚也不再被控制,而是变成高阻状态。根据应用的需要,可在 SDO 引脚上外接上拉或下拉电阻。

SPI 工作在从动模式且使能 SS 引脚控制(SSM3∶SSM0＝0100)时,如果 SS 引脚置成 V_{DD} 电平将复位 SPI 模块。在 SPI 从动模式时,如果 CKE 位置 1,那么 SS 引脚控制必须使能。

当 SPI 模块复位时,位计数器被强制置零。通过将 SS 引脚置 1 或者 SSPEN 位清 0,也可将位计数器强制清 0。位计数器清 0 意味着前面接收到的位数均无效。

4.11.3　SPI 接口编程应用

SPI 接口通常应用于单片机与芯片间的通信,如单片机与外扩的 EEPROM、具有 SPI 接口的 A/D 转换器、D/A 转换器及具有 SPI 接口的各种数字传感器。使用时要认真查阅相关芯片的资料与通信协议。

为了让读者掌握 SPI 通信的最基本过程及编程,这里以两个单片机之间的 SPI 通信为例,包括了 SPI 的所有 4 种情况:主动发送与接收,从动发送与接收。

图 4-41 为两片 PIC16F877A 单片机 U1 和 U2 之间的 SPI 通信线路图。

图 4-41 中接于两单片机 D 口的具有 BCD 译码的 8 段数码管,用以指示发送与接收的结果。该数码管内部有 BCD 译码功能,并隐含了其电源引脚。只要把要显示的 4 位十六进制数直接送至此数码管的相应引脚,就可以直接显示结果,如把 0x0A＝0b1010 送至数码管的引脚,就可显示"A",因此使用简单方便。

图 4-41 中分别用 3 个接于 RA0～RA2 的 LED,用以指示程序执行的情况。如果完全正确,这些 LED 应全亮;如不全亮;参阅相应程序即可知道在程序的何处发生了何错误。

【例 4.18】　SPI 双机通信。

U1 与 U2 单片机之间用 SPI 进行通信,接线如图 4-41 所示。U1 始终为主控方,U2 始终为从动方。开始时,U1 向 U2 发送字符串"How are you?",U2 接收到,回送字符串"I'm fine,thank you!"。双方在接收时均要判断所接收的字符是否正确,如正确,相应的 LED 亮。在运行时可以按复位键重新运行,此时,应先让 U2 复位,让 U2 等待接收,再按 U1 复位,程序就可正确运行。

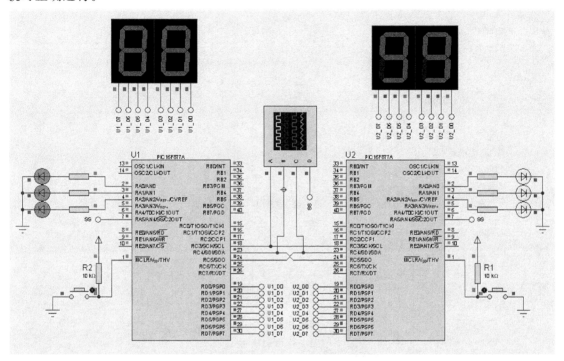

图 4 - 41　SPI 双机通信线路图

为了说明 SS 引脚的使用，从动方设置为启用 SS 脚，如果把 U1 程序中的置 RA5/SS 低电平语句删除，则 U2 无法接收数据。

【例 4.18】　单片机 U1 程序

```
//SPI_U1a.C,SPI 主动接收与发送,与 SPI_U2a.C 配合
# include <pic.h>
//__CONFIG (0x3F39);

void CSH(void);
char SPI_WRITE(char);
void DELAY(unsigned int);
const char   AA[13] = {"How are you?"};
const char   BB[20] = {"I'm fine,thank you!"};
char CC[20];                    //接收数据存放数组
bit ERROR;                      //接收数据错误标志
main(void)
```

```
{    char A,i;
     CSH();
     PORTD = 0;
     for (i = 0;i<13;i+ +)
        {   A = SPI_WRITE(AA[i]);
            PORTD = AA[i];
            DELAY(1);
        }
     RA0 = 1;                          //发送完毕标志
     DELAY(1);
     ERROR = 0;
     for  (i = 0;i<20;i+ +)
     {    CC[i] = SPI_WRITE(0);        //写"哑"数据 0 为了读数据
          if (CC[i]!  = BB[i])
             ERROR = 1;
          DELAY(1);
     }
     RA1 = 1;                          //收到 20 个数据标志
     if   (ERROR = = 0)
        RA2 = 1;                       //接收数据完全正确标志
     PORTD = 0x88;                     //程序执行完毕标志
     while(1);
     }
```

```
//初始化程序
void CSH(void)
{    TRISD = 0;
     TRISA = 0b00011000;              //RA5 为 SS 控制,RA2 - RA0 接 LED
     ADCON1 = 0b00000110;
     PORTA = 0;                        //SS = 0,LED 灭
     PORTD = 0x0;
     DELAY(100);                       //100 ms
     TRISC = 0b00010000;              //RC5/SDO 为输出,RC4/SDI 为输入,RC3/SCK 为输出
     TRISD = 0;                        //RD 口接 8 个 LED
     SSPEN = 1;                        //SPI 串口使能
     CKP = 0;                          //空闲时钟为低电平
     STAT_SMP = 0;                     //在数据输出时间的中间采样输入数据
     STAT_CKE = 0;                     //在 SCK 下降沿传输数据
     SSPCON + = 0b0001;                //SPI 主控模式,时钟为 fosc /16
}
//DELAY、SPI_WRITE 子程序见附录
```

【例 4.18】　单片机 U2 程序

```
//SPI_U2a.C,SPI 从动接收与发送,与 SPI_U1a.C 配合
# include <pic.h>
__CONFIG(0x3F39);

void CSH(void);
char SPI_WRITE(char);
void DELAY(unsigned int);
const char AA[13] = {"How are you?"};
const char BB[20] = {"I'm fine,thank you!"};
char CC[13];                    //接收数据存放数组
bit        ERROR;               //接收数据错误标志
main(void)
{    char A,i;
     CSH();
     PORTD = 0;
     PORTA = 0;
     ERROR = 0;
     for (i = 0;i<13;i++)
     {   CC[i] = SPI_WRITE(0); //写"哑"数据 0 为了读数据
         PORTD = CC[i];
         if (CC[i]! = AA[i])
             ERROR = 1;
     }
     RA0 = 1;                   //收到 13 个数标志
     if (ERROR == 0)
         RA1 = 1;               //接收数据完全正确标志
     DELAY(1);
     for (i = 0;i<20;i++)
     {   A = SPI_WRITE(BB[i]);//从动发送
         PORTD = BB[i];
     }
     RA2 = 1;                   //发送完 20 个数标志
     PORTD = 0x99;              //程序执行完毕标志
     while(1);
}


//初始化程序
void CSH(void)
```

```
{    TRISD = 0;
     TRISA = 0b00111000;                //RA0 - RA2 接 LED,RA5 为 SS 控制,输入
     ADCON1 = 0b00000110;
     PORTD = 0xAB;
     DELAY(100);                        //100 ms
     TRISC = 0b00011000;                //RC5/SDO 为输出,RC4/SDI 为输入,RC3/SCK 为输入
     TRISD = 0;                         //RD 口接 8 个 LED
     SSPEN = 1;                         //SPI 串口使能
     CKP = 0;                           //空闲时钟为低电平
     STAT_SMP = 0;                      //在 SPI 从动模式时,此位必须为 0
     STAT_CKE = 0;                      //在 SCK 下降沿传输数据
     SSPCON + = 0b0100;                 //SPI 从动模式,启用 SS 引脚
}
//DELAY、SPI_WRITE 子程序见附录
```

4.12　I²C 串行通信

4.12.1　一般说明

I²C 接口与 SPI 都是主同步串行接口(MSSP)中的通信模式。I²C 是 Inter - Integrated Circuit的缩写,也简写为 IIC 或 I2C,是飞利浦公司定义的一个通信标准,主要用于芯片间的串行通信,目前被大量用于系统内部的数据传输总线。它只需要 2 根信号线就可以进行通信,并且支持多机通信。在 I²C 通信中,所有具有 I²C 接口的器件并在一起(所有的 SCL 引脚接在一起,SDA 引脚接在一起),但不同的器件具有不同的地址,I²C 在通信中是通过地址来对不同的器件进行寻址的。每个具有 I²C 接口的器件的地址可在相应的器件的手册中找到。

图 4 - 42 为 I²C 的内部结构示意图。

在 PIC16 系列单片机中的 I²C 接口,支持以下的工作模式:

● 主控模式;

● 多主主控模式;

● 从动模式。

在 PIC16F877A 单片机中,在 I²C 通信模块中用了 2 个引脚:

● RC3/SCL,引脚 18,I²C 的时钟线,主控器件产生,空闲时为高电平。

● RC4/SDA,引脚 23,I²C 的数据线,双向,由发送方发送,数据信号只能在时钟信号低电平时变化,如果数据信号在时钟高电平时变化,则为起始位或停止位。

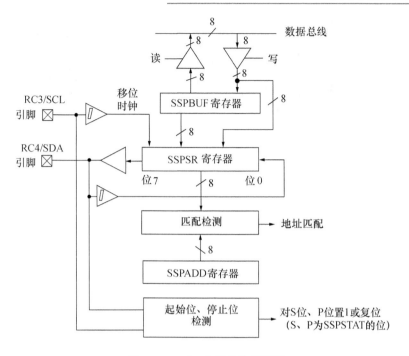

图 4-42　I^2C 内部结构示意图

　　为了满足"线与"功能，I^2C 的时钟线和数据线设计为漏极开路，因此要在 SDA 和 SCL 的引脚上各连接一个上拉电阻到 V_{DD}，此电阻值取 4.7～20 kΩ。

　　在 I^2C 通信中，产生启动条件、停止条件和时钟的一方为主机，或称为主动方，而被寻址的一方为从机。发送数据的器件称为发送器，接收数据的器件称为接收器。因此通信中有下面两种关系：

　　主机作为发送器与作为接收器的另一方的通信；

　　主机作为接收器与作为发送器的另一方的通信。

4.12.2　I^2C 时序

　　与 SPI 接口相同，I^2C 在通信中也是高位先发。其时序如图 4-43 所示，当 SCL 为高电平时，SDA 从高变低，表示启动信号；而当 SCL 为高电平时，SDA 从低变高，表示停止信号。数据 SDA 在时钟的低电平准备好，而在时钟的上升沿有效。

　　所有的应答位都是接收方发出的，主控方接收到从动方的最后一个数据可以不应答，而直接发送停止位。

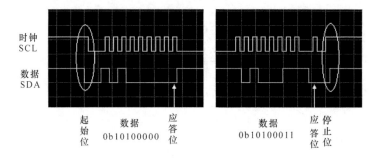

图 4-43　I²C 时序图示例

4.12.3　与 I²C 相关的寄存器

与 I²C 直接相关的寄存器如下。

- MSSP 控制寄存器 1:SSPCON;
- MSSP 控制寄存器 2:SSPCON2;
- MSSP 状态寄存器:SSPSTAT;
- 串行接收/发送寄存器:SSPBUF;
- MSSP 移位寄存器:SSPSR,不能直接读写;
- MSSP 地址寄存器:SSPADD。

表 4-24～表 4-26 逐一介绍了 SSPCON、SSPCON2、SSPSTAT 寄存器的详细情况,这些寄存器中有些与 SPI 接口有关,4.11 节已介绍,这里只介绍与 I²C 有关的内容。

表 4-24　SSPCON 寄存器(只给出与 I²C 有关的部分)

寄存器名称:SSPCON				地址:0X14	
位	位名称	功能	复位值	值	说明
7	WCOL	发送模式的发送缓冲区冲突检测,须由软件清0	0	1	发生了冲突操作
				0	无冲突操作发生
6	SSPOV	接收模式的接收缓冲区溢出标志,须由软件清0	0	1	接收溢出
				0	未发生接收溢出
5	SSPEN	使能 MSSP 模块,启用 SPI 或 I²C	0	1	SPI 模式:SCK、SDO、SDI、SS 为串行口引脚;I²C 模式:SDA、SCL 为串行口引脚
				0	相应的引脚为一般的 I/O 脚
4	CKP	从动方式的时钟的使能控制,与主动模式无关	0	1	时钟使能
				0	置时钟为低电平

续表 4 - 24

寄存器名称:SSPCON				地址:0X14	
位	位名称	功能	复位值	值	说明
3	SSM3	MSSP 工作模式选择	0		1111:I²C 从动模式,10 位地址,允许启动和停止条件中断;
2	SSM2		0		1110:I²C 从动模式,7 位地址,允许启动和停止条件中断;
1	SSM1		0		1011:I²C 硬件控制的主动模式(从动空闲);
0	SSM0		0		1000:I²C 主动模式,每位通信频率= f_{OSC} /,$[4\times(SSPADD+1)]$;
					0111:I²C 从动模式,10 位地址;
					0110:I²C 从动模式,7 位地址;
					其他保留

表 4 - 25   SSPCON2 寄存器(只给出与 I²C 有关的部分)

寄存器名称:SSPCON2				地址:0x91	
位	位名称	功能	复位值	值	说明
7	GCEN	全局呼叫使能位,仅在 I²C 从动模式下	0	1	接收到全局呼叫地址(0000h)时允许中断
				0	禁止全局呼叫地址
6	ACKSTAT	应答状态位,仅在 I²C 主控模式下	0	1	未收到来自从动器件的应答
				0	收到来自从动器件的应答
5	ACKDT	应答数据位,仅在 I²C 主控接收模式下	0	1	不应答
				0	应答
4	ACKEN	应答序列使能位,仅在 I²C 主控接收模式下	0	1	发出应答序列,发送 ACKDT 数据位;硬件自动清零
				0	不应答
3	RCEN	接收使能位,仅在 I²C 主控模式下	0	1	使能 I²C 接收模式
				0	禁止接收
2	PEN	停止条件使能位,仅在 I²C 主控模式下	0	1	发出停止条件,由硬件自动清零
				0	不发停止条件
1	RSEN	重复启动条件使能位,仅在 I²C 主控模式下	0	1	发出重复启动条件,由硬件自动清零
				0	不发重复启动条件
0	SEN	在 I²C 主控模式下启动条件使能位	0	1	主动模式:发出启动条件,由硬件自动清零;从动模式:使能时钟扩展,即在数据接收后强制将 SDA 和 SCL 拉低
				0	主动模式:不发启动条件;从动模式:禁止时钟扩展,即在数据接收后维持 SDA 状态

表 4 - 26　SSPSTAT 寄存器(只给出与 I²C 有关的部分)

寄存器名称:SSPSTAT				地址:0x94		
位	位名称	功能	复位值	值	说明	
7	STAT_SMP	主动和从动模式下的变化率选择	0	1	禁止变化率控制(100 kHz 和 1 MHz)	
				0	使能变化率控制(400 kHz)	
6	STAT_CKE	主动和从动模式下的SM-Bus 选择	0	1	使能 SMBus 总线标准	
				0	禁止 SMBus,即使用 I²C 总线标准	
5	STAT_DA	发送或接收的字节是地址还是数据,仅在从模式下	0	1	当前发送的字节是数据	
				0	当前发送的字节是地址	
4	STAT_P	停止位标志,只读	0	1	已收到停止位	
				0	未收到停止位	
3	STAT_S	起始位标志,只读	0	1	已收到起始位	
				0	未收到起始位	
2	STAT_RW	读/写位信息,只读	0	1	主动模式:正在发送中;从动模式:读	
				0	主动模式:发送完毕;从动模式:写	
1	STAT_UA	更新地址,仅在从动 10 位地址模式,只读	0	1	需要更新地址 SSPADD	
				0	不必更新地址	
0	STAT_BF	接收缓冲区满标志,只读	0	1	主动模式:接收完成,接收缓冲区满;从动模式:发送正在进行中(不包括应答位和停止位)	
				0	主动模式:接收缓冲区空;从动模式:发送完成(不包括应答位和停止位)	

地址在 0x93 的寄存器 SSPADD 是个具有多功能的寄存器,在从动模式下为从动器件的地址寄存器,在选择 SSM3:SSM0=0b1000 的主动模式下则为波特率发生器的时间常数,如表 4 - 24 所列。

下列事件将使 MSSP 的中断标志位 SSPIF 置 1:

● 启始条件完成;

● 停止条件完成;

● 数据发送或接收完成;

● 应答位完成;

● 重新启动完成。

4.12.4　寻　址

I²C 有两种地址格式,即 7 位地址和 10 位地址,如图 4 - 44 所示。

7 位地址格式:是把 7 位地址码后加上 1 位读/写控制位。

10 位地址格式:此时要分为 2 个字节传送。如图 4 - 44 所示,第一个字节的高 5 位用来指定 10 位地址格式,此 5 位固定为 0b11110,接着是地址的最高 2 位 A9、A8,最后 1 位是读/写控制位。第二个字节是其余的低 8 位地址,注意,第二字节没有读/写控制位。

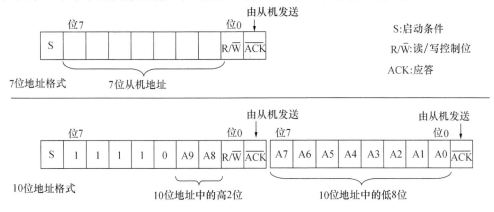

图 4 - 44　I²C 中的 7 位地址和 10 位地址格式

在以后的例子或说明中,如无特别说明,均为 7 位地址。

4.12.5　I²C 主控工作方式

主控模式是通过检测启动条件和停止条件开始工作的。停止位 STAT_P 和启动位 STAT_S 在复位或禁止 MSSP 模块时被清零。在主控模式下,SCL 和 SDA 线由 MSSP 硬件控制。

下列事件会引起中断标志位 SSPIF 置 1,如果允许中断,便产生 MSSP 中断:

● 启动条件;

● 停止条件;

● 数据字节的发送/接收;

● 应答发送;

● 重复启动。

所有串行时钟脉冲和启动/停止信号均由主机产生。当停止信号或重复启动信号到来时中止传送。

在主动发送器模式下,通过 SDA 输出串行数据,SCL 线输出串行时钟。发送的第一个字节包括接收器件的从机地址(7 位)和读/写位 $R/\overline{W}$,$R/\overline{W}=1$ 为读,$R/\overline{W}=0$ 为写。每次发送的最小单位为 1 字节的 8 位串行数据。在发送每个字节后,会接收到一个应答位,应答位是由接收方发送的。应答位 0 有效。

在主动发送模式下,发送的第一个字节为从机地址和读/写位。通过 SDA 接收串行数据,SCL 输出串行时钟。每次接收的最小单位为 1 字节的 8 位串行数据。接收到每个字节后,都发送一个应答位。

在 I²C 主动模式的 SSM3:SSM0＝0b1000 下,波特率发生器的值保存在 SSPADD 寄存器的低 7 位中。由表 4-24 中的公式计算其每位通信频率 f

$$f = f_{osc}/[4 \times (SSPADD+1)] = f_{cy}/(SSPADD+1) \tag{4.4}$$

或每位时间 t

$$t = (SSPADD+1) \times T_{cy} \tag{4.5}$$

当对 SSPBUF 进行写操作时,波特率发生器自动开始计数。一旦指定的操作完成(即最后一个数据位发送后紧跟一个 ACK),内部时钟将自动停止计数,SCL 引脚保持在最后的状态。

1. I²C 主动模式的初始化

初始化过程实际上就是对几个相关寄存器设置的过程,步骤如下:

① 将 SCL 和 SDA 方向控制寄存器设置为输入,注意,在通信过程中可能方向会改变,如数据线 SDA,在发送时为输出状态,在接收时为输入状态,但用户不必关心这些,单片机内部会自动处理;

② 对 SSPCON 进行赋值,其中的 SSPEN＝1,SSPM3:SSPM0 可根据情况设置为主动方式;

③ 对 SSPSTAT 进行设置,实际上这个寄存器只有一位 SMP 是可读/写的,其他位都是只读的。SMP 根据情况可设置为 0 或 1。

2. 主动发送与主动接收的步骤

进行了 I²C 主动工作方式设置后,就可以进行 I²C 通信了。

下面是单片机作为主控方,向从动方发送命令并接收从动方发出的数据的执行过程:

① SEN＝1,单片机发出起始位;

② 向 SSPBUF 赋值,此值是从动方的 7 位地址位,此 7 位值放在 SSPBUF 的高 7 位,最低位置 0 表示随后是要写;

③ 等待写完成并收到从动方的应答信号;

④ 发送命令,将命令字送至 SSPBUF;

⑤ 等待写完成并收到从动方的应答信号;

⑥ RSEN＝1,重新启动;

⑦ 向从动方发出读命令,将命令赋值给 SSPBUF,命令字放在 SSPBUF 的高 7 位,最低位为 1 表示随后是要读;

⑧ 发送"哑"数据(任意数,常用 0)给 SSPBUF,读从动方发送的数据;

⑨ PEN＝1,单片机发出停止位,通信过程结束。

而作为主控方的单片机,在接收过程中,实际是一个发送"哑"数据的过程,即把任何数放入 SSPBUF,就可以接收从动方的数据,前提是从动方须把要发的数据放入发送缓冲寄存器 SSPBUF 中。

对于不同的 I²C 器件,其命令格式有所不同,读者应仔细阅读器件的数据手册才能正确应用。

4.12.6　I²C 从动工作方式

在从动模式下,时钟信号是由主机提供的,起始位和停止位都是由主机控制的。只有从机接收的地址匹配时,I²C 接收中断标志位 SSPIF 才会置 1。在模式 SSMP3：SSMP0＝0b1111 或 0b1110 下,从机收到起始位、停止位,重新起始时,I²C 接收中断标志位 SSPIF 均会置 1。

现以 7 位地址为例说明。在启动信号出现后,接收到的第 1 个数据与地址寄存器 SS-PADD 的值作比较,如果相等,则 BF 和 SSPOV 位就被清 0,SSPIF 置 1。从动方根据主控方发送的命令的最低位确定是进行读还是写。

1. I²C 从动模式的初始化

从动模式的初始化步骤如下:

① 将 SCL 和 SDA 方向控制寄存器设置为输入;

② 对 SSPCON 进行赋值,其中的 SSPEN＝1,SSPM3：SSPM0 设置为从动方式;

③ 对 SSPSTAT 进行设置,SMP 根据情况可设置为 0 或 1;

④ 先置 CKP＝0,禁止时钟工作,只有当从机要发送数据时才允许时钟工作,即让CKP＝1;

⑤ 设置从机的地址,将此值放入 SSPADD 中,只有当从机收到的地址与此相同时,才能将 SSPIF 置 1。

2. 从动发送与接收的步骤

设置好 I²C 从动方式后,可以通过中断的方式或查询的方式接收主机发送的数据。如前所述,只有当主机发送的地址(起始位后的第 1 个数据或前 2 个数据,依 7 位地址或 10 位地址而定)匹配时,才能接收到相关的数据。

7 位地址的从动接收模式下,在启动信号出现后,8 位数据被移入 SSPSR 寄存器。在 SCL 时钟的第 8 个脉冲下降沿,SSPSR<7:1> 的值与地址寄存器 SSPADD 的值作比较,如果地址匹配,STAT_BF 和 SSPOV 位被清零,并完成下列操作:

① 在第 8 个 SCL 脉冲的下降沿,把 SSPSR 寄存器的值装入 SSPBUF 寄存器;

② 缓冲器满标志位 STAT_BF 在第 8 个 SCL 脉冲的下降沿被置 1;

③ 产生应答 ACK 脉冲。

④ 在第 9 个 SCL 脉冲的下降沿,MSSP 中断标志位 SSPIF 置 1。

在接收时的 10 位地址模式,从动器件需要接收两个地址字节。第一个地址字节的高 5 位固定为 0b11110,表明是 10 位地址,位 2、位 1 为地址的 A9、A8,最低位即读/写位必须指定为写操作,即 0,这样从动器件就会接收第二个地址字节。10 位地址的工作步骤如下,其中⑦～⑨ 是针对从动发送器的:

① 接收地址的高字节;

② 把地址的低字节(10 位地址的低 8 位)写入 SSPADD 寄存器;

③ 读 SSPBUF 寄存器(BF 位被清零)并清零中断标志位 SSPIF;

④ 接收地址第二个字节;

⑤ 用地址的高字节更新 SSPADD 寄存器;

⑥ 读 SSPBUF 寄存器(BF 位清零)并清零中断标志位 SSPIF;

⑦ 接收再次出现的启动(START)信号;

⑧ 接收地址的高字节(SSPIF 和 BF 位被置 1);

⑨ 读 SSPBUF 寄存器(BF 位清零)并清零中断标志位 SSPIF。

从动方式发送数据的步骤如下:

① 将发送的数放入 SSPBUF;

② 置 CKP=1,允许时钟工作,一定要在前一步骤之后;

③ 等待发送完成,SSPIF 清 0;

④ CKP=0,保持时钟为低电平,发送完成。

4.12.7　I²C 多主机工作方式

PIC16F 系列单片机的 MSSP 模块还支持多主机模式。在多主机模式下,MSSP 模式检测启动条件、停止条件(可产生中断),可以判断 I²C 总线何时空闲。在复位或禁止 MSSP 模块时,停止位和启动位都被清零。当停止位 STAT_P 置 1,或停止位 STAT_P 和起始位 STAT_S 都为 0 而总线空闲时,获得对 I²C 总线的控制权。当总线处于忙状态且 MSSP 中断使能时,一旦检测到停止条件便产生中断。

工作在多主机模式时,SDA 线必须一直被监测,以判断信号电平是否是所期望的输出电平。该检测由硬件完成,如果发生冲突,则 PIR2 的 BCLIF 位被置 1。

4.12.8　I²C 编程举例

现在以具有 I²C 接口的串行 EEPROM 芯片为例说明 I²C 的编程应用。

24LC02B 的相关内容介绍如下。

图 4-45 为 DIP 封装的 24LC02B 引脚图,其中的 A0～A2 无用,可接地或 V_{CC}。24LC02B 是 256 字节×8 位的 EEPROM,其内部地址为 0～0xFF。它与单片机的接口只要 2 根线(当

然还要把双方的地连接在一起,其他芯片也如此)。WP 为该 EEPROM 的写保护脚,接高电平时,芯片进入保护状态,无法改写 EEPROM 数据。

　　图 4 - 46 为 24LC02B 的控制字格式,图中,读/写位 R/$\overline{\text{W}}$ 指的是此命令是要读 24LC02B 还是写 24LC02B, 1 为读,0 为写。从图中看,控制码一定是从一个起始位开始的,然后是 0b1010xxx,接着是读/写控制位。应答位是接收方发出的,即由 24LC02B 发出的。

　　图 4 - 47、图 4 - 48 为 24LC02B 的随机写与读的格式。从中可以看到,在控制字的 8 位数据中,高 7 位实际上是 24LC02B 的 7 位从地址 0b1010xxx,位 0 则用来表示读或写的控制位。

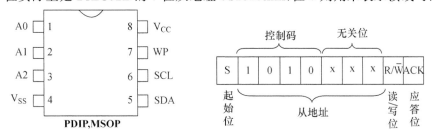

图 4 - 45　24LC02B 的引脚图　　　　图 4 - 46　24LC02B 的控制字格式

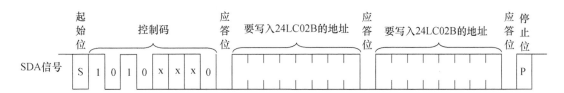

图 4 - 47　24LC02B 的随机地址写命令格式

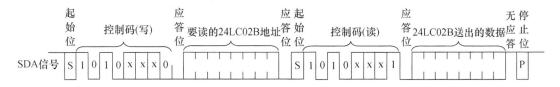

图 4 - 48　24LC02B 的随机地址读命令格式

　　【例 4. 19】　I²C 通信。

　　为了说明 I²C 总线的主动发送、主动接收、从动发送、从动接收,特地设计了如图 4 - 49 所示的线路图。图中左半部分 U1 为 I²C 的主控方,它控制了时钟及总线的通信过程,而右半部分 U2 作为从动方,它模拟一个具有 I²C 接口的 EEPROM 存储器 24LC02B,这里只设计了读 EEPROM 的功能。此例包括了 I²C 的 4 种工作方式的编程应用。图 4 - 49 中分别用了 4 个 BCD 编码的数码管来显示通信过程,左边数码管用来显示 U1 接收到 U2 发送的数据,右边的数码管用来显示 U2 接收到 U1 发送的地址。用了 4 个 BCD 拨码盘作为单片机的输入,左边的 SW1、SW2 作为要对 U2 读出的地址,右边的 SW3、SW4 作为要回送给 U2 的数据。图中还增加了示波器和 I^2C 调试器,用以观察通信过程。

图 4-50 是 PROTEUS 仿真波形图,图中给出的是单片机 U1 读 24LC02 单元 0x85 存储的数据的波形图,得到的数据为 0x63。建议读者认真看一下该图,这对于 I^2C 编程是有好处的。

图 4-51 是 I^2C 调试器的一个数据窗口。图中的第一行表示在时间 1.112 s 时,I^2C 调试器侦测到一个起始位 S,在数据线上传输数据 0xA0,应答 A,数据 0x85,应答 A,重新开始 Sr,然后是数据 0xA1,应答 A,0x63,应答 A,最后一个停止位 P。图中展开了传输数据 0xA0 的详细过程。

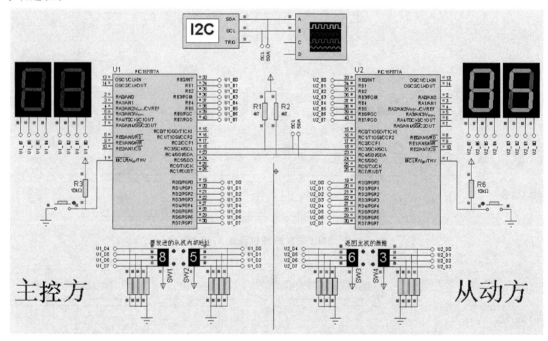

图 4-49　单片机双机 I^2C 通信线路

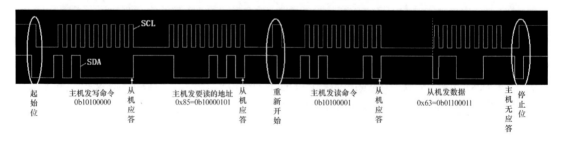

图 4-50　单片机双机 I^2C 通信信号仿真波形图

再重复说明,图 4 – 49 中的 U2 是模仿 24LC02B,其数据由 SW3、SW4 输入。这样做的目的是能在同一个仿真中,有一个 I²C 主动发送与接收的单片机编程(U1),还有一个 I²C 从动发送与接收的单片机编程(U2),这样就包括了 I²C 的所有通信方式。读者也可以将单片机 U2 改用 EEPROM 24LC02B 代替,这样只有 I²C 的主动发送与主动接收方式了。

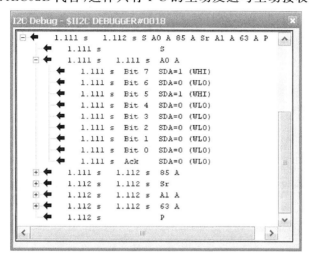

图 4 – 51　在 24LC02B 单元 0x85 读数据 0x63 的 I2C 调试器窗口

【例 4.19】　单片机 U1 程序

```
//用 IIC 功能编写的程序,读/写 24LC02B
#include <pic.h>
__CONFIG(0x3771);
void DELAY(unsigned int);
void IIC_SEND(char);
void IIC_CSH(void);
char READ_EEPROM(char);void main(void)
{  char i,j,R1;
   TRISD = 0xFF;
   TRISB = 0;
   PORTB = 0;
   IIC_CSH();
   DELAY(10);
   while(1)
   {  i = PORTD;                 //以 D 口的输入作为通信的地址
      R1 = READ_EEPROM(i);
      PORTB = R1;
      DELAY(100);
   };
}
```

```
//IIC 主动发送,发送数 R 并等待发送完成,收到从机的应答信号
void IIC_SEND(char R)
{    SSPBUF = R;                      //发送
    while (STAT_RW = = 1);           //在主动模式下,判断发送是否完成
    while (SSPIF = = 0);             //等待发送完成
    while (ACKSTAT = = 1);           //等待从机发送应答信号
}


// IIC 主动接收,读 24LC02,地址为 addr,返回读出的数
char READ_EEPROM(char addr)
{    char R;
    SEN = 1;                         //产生起始位
    while (SEN = = 1);               //检测起始位完成
    IIC_SEND(0b10100000);            //与从机的 SSPADD 要完全相同,才能正确通信
    IIC_SEND(addr);                  //此值为模拟 24LC02B 的内部地址,从 0 - 0xFF 可选
    RSEN = 1;                        //发送重新起始位
    while(RSEN = = 1);               //检测重新起始位完成
    IIC_SEND(0b10100001);            //模拟读
    SSPIF = 0;
    RCEN = 1;
    while    (SSPIF = = 0);          //等待读完成
    R = SSPBUF;                      //读,不应答
        PEN = 1;                     //发送停止位
        while (PEN = = 1);           //检查停止位结束
        return (R);
    }


//IIC 初始化
void IIC_CSH(void)
{    TRISC = 0b00011000;             //SDA、SCL 设置为输入
    SSPCON = 0b00101000;            //同步串口使能(SSPEN),主控方式
    STAT_SMP = 0;                   //使能高速模式(400 kHz)的压摆率控制
    SSPADD = 4;                     //主控模式为波特率值,每位时间 T = (SSPADD + 1)/ T_{cy} = 5 μs
}
//DELAY 子程序见附录
```

【例 4.19】 单片机 U2 程序

```
//模仿 24LC02B,作为 IIC 的从动方
#include <pic.h>
__CONFIG(0x3771);
void IIC_SEND(char);
void IIC_CSH(void);
void READ_DATA(void);
void DELAY(unsigned int);

void main(void)
{   char i,j,R1;
    TRISD = 0xFF;
    TRISB = 0;
    PORTB = 0;
    IIC_CSH();
    DELAY(10);
    while(1)
    {   SSPBUF = 0;
        READ_DATA();
        IIC_SEND(PORTD);
        DELAY(90);
    };
}
```

```
//IIC 从动发送,发送数 R,并等待发送完成
void IIC_SEND(char R)
{   SSPBUF = R;                 //准备发送,必须在下句之前
    CKP = 1;                    //允许时钟工作,必须在装入要发送的数之后
    while(SSPIF == 0);          //等待发送完成
    SSPIF = 0;
    CKP = 0;                    //禁止时钟工作,不用等待主机的应答
}
```

```
//IIC 从动接收,接收主机发送的数据
void READ_DATA(void)
{   char N,R;
    N = 0;
    while(1)
```

```
    {   while (SSPIF = = 0);
        R = SSPBUF;
        SSPIF = 0;
        N + + ;
        if (N = = 3)                    //第 2 个数为内部地址
            PORTB = R;
        if (N = = 5 && R = = 0b10100001)   //此程序只模拟读 EEPROM 功能,其他命令不识别
            break;
    };
}


//IIC 初始化
void IIC_CSH(void)
{   TRISC = 0b00011000;        //SDA、SCL 设置为输入
    STAT_SMP = 0;              //使能高速模式(400 kHz)的压摆率控制
    CKP = 0;                   //禁止时钟工作
    SSPEN = 1;                 //MSSP 使能
    SSPCON + = 0b1110;         //7 位地址及起始位、停止位和中断标志位
    SSPADD = 0b10100000;       //从机的地址,只有地址匹配时才会自动应答
    SEN = 0;
}
//DELAY 子程序见附录
```

4.13　EPROM、程序存储器 FLASH_ROM 的读写

4.13.1　EEPROM 的读写

　　EEPROM 是单片机中一个重要的资源,它的主要特点是在掉电时仍能保持不变,通常作为保存仪器、设备的各种设定值。Microchip 公司所给的 PIC16F877A 的 EEPROM 的参数是保证 1 000 000 次的擦除,数据保存时间大于 40 年。

　　与汇编程序相比,使用 C 语言编程对 EEPROM 的读写就显得特别容易。由于 EEPROM 的读/写控制寄存器在体 2 和体 3,用汇编程序操作确实不便。而在 PICC 中,系统已经为我们定义了读/写 EEPROM 的宏,使用起来如同调用函数那样简单。

　　EEPROM 的读、写的宏定义调用格式如下:

```
EEPROM_WRITE(addr, value);
EEPROM_READ(addr);
```

其中的"addr"为要写或读的 EEPROM 的地址、"value"为要写入 EEPROM 的数据。

需要注意的是,用此宏 EEPROM_WRITE 写入 EEPROM,实际并未完成整个写过程,只是启动写 EEPROM 而已,写一个字节 EPROM 需要几 ms 的时间。当要读或写 EEPROM 时,程序会自动检测是否还在写过程(还未写完成),如在写过程,则会等待其写完成后再读或写。

可以使用下列语句对 EEPROM 的数据进行初始化,即将相关的数据在芯片烧写时写入 EEPROM:

```
__EEPROM_DATA(D0,D1,D2,D3,D4,D5,D6,D7);
```

其中的 D0~D7 为要写入的常数,这些数据分别被写入 EEPROM 的单元 0~单元 7。此方法只能按顺序从 EEPROM 的单元 0 开始逐一定义。如果要在 EEPROM 后面的单元定义初值,则也要从 0 单元开始定义。

由于采用 C 语言编写,不涉及 EEPROM 的控制寄存器 EECON1、EECON2,因此这里不介绍这些寄存器。

【例 4.20】　EEPROM 的读/写。

```
#include <pic.h>
__CONFIG(0x3F39);
__EEPROM_DATA(89,34,48,210,53,192,7,57);        //初始化 EEPROM

main (void)
{  char aa;
   aa = EEPROM_READ(3);                         //读 EEPROM 单元 3 的内容
   EEPROM_WRITE(9,0x9A);                        //将 0x9A 写入 EEPROM 的单元 9
   aa = EEPROM_READ(9);                         //读 EEPROM 单元 9 的内容
   while(1);
}
```

4.13.2　FLASH_ROM 的读/写

877A 的程序存储器 FLASH_ROM 的读/写与 EEPROM 类似,只是在程序存储器的写操作,877A 要求一次性写入 4 个字,其地址要连续,且要求地址的最低位必须依次为 0b00、0b01、0b10、0b11,并且要求芯片的配置位的写使能在相应的程序段中允许写。

FLASH_ROM 的读、写的宏定义调用格式如下:

```
FLASH_WRITE(addr, value);
unsigned int FLASH_READ(addr);
```

其中的"addr"为要读或写的 FLASH_ROM 的地址,"value"为要写入 FLASH_ROM 的

数据,宏定义 FLASH_READ 将读出的 FLASH_ROM 中指定单元的内容以无符号类型的整型值返回。显然这里的 addr 值的范围为 0x0000～0x1FFF,而 value 值的范围为0x0000～0x3FFF。

【例 4.21】　FLASH_ROM 的读/写。

```
//例 4.21FLASH_ROM 的读/写示例,此例须在 ICD2 等硬件模式下运行
# include <pic.h>
__CONFIG(0x3F39);
main (void)
{   char aa;
    unsigned int bb;
    bb = FLASH_READ(0x7D4);          //读程序存储器地址为 0x7D4 的内容
    FLASH_WRITE(0x50,0x30F0);        //将 0x30F0 写地址为 0x50 的程序存储器
    FLASH_WRITE(0x51,0x0084);        //将 0x0084 写地址为 0x51 的程序存储器
    FLASH_WRITE(0x52,0x3005);        //将 0x3005 写地址为 0x52 的程序存储器
    FLASH_WRITE(0x53,0x0086);        //将 0x0086 写地址为 0x53 的程序存储器
    while (EEIF == 0);               //等待写完成
    NOP();
    while(1);
}
```

上面的例子中,要注意的是由于程序存储器是 14 位的,因此读出的结果必须为整型,而不能为字符型。

顺便说明一下,此例中写入的 4 个字实际是汇编程序中的 4 条指令:

指令代码	相应的汇编指令
30F0:	MOVLW 0xf0
0084:	MOVWF FSR
3005:	MOVLW 0x5
0086:	MOVWF PORTB

【例 4.22】　在程序存储器用 DW 方式存取数据。

```
# include <pic.h>


_CONFIG(0x3F39);
extern const LLL;            //在汇编定义的标号必须定义成外部常数


main(void)
{   unsigned int x,y;
    unsigned char  i;
```

```
        x = &LLL;                //得到汇编定义的标号 LLL 值,即该标号的 PC 地址
        for (i = 0;i < 8;i + +)
            y = FLASH_READ(x + i);//根据 i 的值读取 DW 定义的程序存储器的数据
        while(1);
}


#asm
_LLL
        DW  0x1000,0x1100,0x1110,0x1111,0x2000,0x2200,0x2220,0x2222
#endasm
```

此程序中,用嵌入汇编的方式定义了存于程序存储器的 8 个数据,DW 是汇编程序中用来在程序存储器中定义常数的,最大值可达 0x3FFF=16383,这是由 877A 的程序字的长度为 14 位决定的。例 4.22 是向读者展示存于程序存储器的数据的查表方式。该表存于程序中的某一位置,该位置由 PICC 编译确定,无法像汇编程序那样用伪指令"ORG"定位,因此在编译前无法确定其位置。示例中的 for 循环之前,中用"x=&LLL"语句获得标号_LLL 的地址,然后用 for 循环读取表格中的 8 个值,变量 i 为表格的偏移量,i=0～7 分别为表格中的第 1 个数到第 8 个数。由于 877A 中的程序存储器相对于 RAM 要大得多,因此可以用此办法来存储较大的表格,如存储达 1K 字以上的数据表格。

4.14　系统功能

在这一节中介绍防干扰的看门狗定时器、省电的休眠工作方式和芯片的配置位设置。

4.14.1　看门狗定时器(WDT)

单片机的实际运行现场,不可避免地要受到各种电磁干扰,这些干扰可能导致程序的 PC 指针跑飞而陷入一个死循环,即"死机"。

看门狗定时器(Watch Dog Timer,WDT)是专为防止干扰而设计的。如果没有看门狗定时器,则无法从死循环中退出。

在 PICC 中的文件"PIC. H"中,定义了宏:

```
#define  CLRWDT()  asm("clrwdt")
```

因此,在 PICC 的 C 语言程序中可以直接使用"CLRWDT()"语句来对 WDT 清 0。

如果单片机的 WDT 使能,在程序的适当位置加入清看门狗定时器语句"CLRWDT()",

程序进入正常运行时,每隔一定的时间均会执行"CLRWDT()"语句对 WDT 清 0,芯片不会复位。如果程序陷入死循环,不会执行到"CLRWDT()"语句,则超出所设定的时间后,WDT 溢出,将复位芯片即从头(000H)开始执行,单片机便恢复正常运行。

看门狗定时器是一个运行在片内的 RC 振荡器,它不需要任何外接元件。即使器件时钟停振(如执行了 SLEEP 指令),WDT 仍正常工作。

在 PIC16F 系列单片机中,看门狗定时器的启用只能在芯片的烧写时确定。也就是说,无法用软件来开启或关闭 WDT,但在 PIC16F88X 单片机中是可以的。

PIC16 系列单片机的 WDT 基本溢出时间为 18 ms,但由于该时间是由 RC 充/放电时间确定的,因此其值变化很大,当温度在 $-40\sim85$ ℃之间变化时,WDT 的基本溢出时间可在 $7\sim33$ ms 之间变化,所以,在设置时要充分考虑到,也就是说,在设置 WDT 的复位时间时要有一定的裕度。

在 1.3.2 小节和 4.3 节中已说明,WDT 和 TMR0 共用一个预分频器,如果该预分频器给 TMR0,则 WDT 分频比就是 1:1,即溢出 1 次就产生复位。如果预分频器给 WDT,最大的分频系数为 1:128,也就是说,在基本溢出时间为 18 ms 时,最大的复位时间为 $18\times128=$ 2 304ms。

> **注意:**有的读者在程序的多处加"CLRWDT()",这是不可取的。多处加此语句可能导致 WDT 的作用失效! 这是因为,如果陷入的死循环中有一个"CLRWDT()"语句,则芯片还是无法复位! 整个程序的"CLRWDT()"语句越少越好。显然,"CLRWDT()"这个语句要放在主程序必经的位置,而且要将 WDT 的溢出时间设置为大于整个程序执行一个周期所需的时间(即二次到达"CLRWDT()"语句的执行时间),并留有一定的裕度。
>
> 精心设置"CLRWDT()"语句的位置在防止干扰中非常重要。

【例 4.23】 看门狗定时器使用示例。

在 PROTEUS 中可以仿真看门狗定时器的溢出,当看门狗定时器(WDT)溢出时,可以在程序运行的信息中提示。

例 4.23 的程序中看门狗定时器的预分频比为 1:8,即溢出时间为 $18\times8=144$ ms。调用 2 次的延时子程序是模拟 2 个子程序,这 2 个子程序分别模拟运行 100 ms 和 200 ms 的子程序。执行第一个程序,费时 100 ms 后 WDT 清 0,执行第二个子程序,费时 200 ms,显然,此时间超过了所设定的 WDT 溢出时间,因此在执行第二次 DELAY 中就发生了 WDT 溢出。其解决的方法是把 WDT 的分频系数改为 1:16,溢出时间为 288 ms,这样程序正常运行就不会溢出了。只有当程序遇到干扰时,在执行第一个程序或第二个程序时陷入死循环后,不能从子程序返回到主程序中执行"CLRWDT()",才发生 WDT 溢出,强制复位单片机。

【例 4.23】　程序

```
//看门狗定时器溢出示例程序
# include <pic.h>
_CONFIG(0x3F3D);                    //开启 WDT

void DELAY(unsigned int);           //延时(i)ms
#define   LED1    RB1

main(void)
{   TRISB = 0B11111101;
    OPTION = 0b11111011;            //WDT 的分频比为 1∶8,18×8 = 144 ms
    if(TO = = 0)
        LED1 = 1;                   //看门狗定时器溢出,仿真时溢出 TO 不会清 0
    else
        LED1 = 0;
    while(1)
    {   DELAY(100);                 //模拟一个运行 100 ms 的子程序
        CLRWDT();
        DELAY(200);                 //模拟一个运行 200 ms 的子程序,此时会产生溢出

        CLRWDT();
    };
}
//DELAY 子程序见附录
```

4.14.2　SLEEP 的休眠工作方式

1. 进入 SLEEP 休眠工作方式

当执行 SLEEP 指令后,单片机便进入休眠模式。

在 SLEEP 工作方式下,可以节省电源,特别适合于使用电池为单片机供电的场合。在 5 V 工作电压、4 MHz 晶振下,不考虑外围电路的工作电流,正常的工作电流为 1.5～4 mA;而在 SLEEP 工作方式下,工作电流为 1.5～20 μA(WDT 不工作)或 10～40 μA(WDT 工作)。

在 SLEEP 工作模式下,可以提高 A/D 转换的精度,此时 A/D 转换必须选择内部 RC 作为 A/D 转换的时钟源。

在 SLEEP 工作模式下,芯片的振荡器停振,因此没有系统时钟。在刚进入休眠工作方式

时,如看门狗定时器在使能状态,系统会自动把看门狗定时器的当前计数值清零,使其由 0 重新计数。在 SLEEP 模式下,I/O 端口保持执行 SLEEP 指令之前的状态。

在休眠模式下,为了使电流消耗降至最低,所有 I/O 引脚应保持为 V_{DD} 或 V_{SS} 电平,不要有拉电流输出,同时应关闭休眠模式下可能消耗电流的功能模块。

利用器件配置位使能器件的某些功能部件,如使能看门狗定时器和欠压复位(BOR)电路模块时,休眠模式下会消耗一定量的电流,而在器件配置位中关闭该部件时也就关闭了该功能模块的电流消耗。

在 PICC 中的文件"PIC. H"中,定义了宏:

```
#define  SLEEP()  asm("sleep")
```

因此,在 C 中直接可用"SLEEP();"语句进入休眠工作方式。

下列事件之一可唤醒器件:

● 器件复位,即 MCLR 复位,它将从 0000 单元开始执行;

● 看门狗定时器溢出复位(如果 WDT 使能);

● 可以在休眠模式下产生中断标志的外设模块。

可以唤醒睡眠的中断有:

● 并行从动口读或写中断;

● TMR1 溢出中断(必须在异步、外部计数器工作方式下);

● CCP 的捕捉方式中断;

● 特殊事件触发(TMR1 在同步模式、外部计数器工作模式下);

● MSSP 的起始位、停止位检测中断;

● 从动模式下的 MSSP 的发送与接收(SPI 与 I^2C);

● USART 的发送与接收(同步从动模式);

● A/D 转换结束中断(必须使用内部 RC 振荡作为 AD 时钟);

● EEPROM 的写操作完成;

● 比较器输出状态变化中断;

● 外部 INT 引脚中断;

● RB 端口引脚上的电平变化中断。

要使有关中断能唤醒 SLEEP,必须使相应的中断允许,如要使 A/D 转换结束中断能唤醒 SLEEP,除了使用内部 RC 振荡器作为 A/D 转换的时钟外,应该置 INTCON. PEIE = 1 和PIE1. ADIE=1。

INTCON. GIE 是否为 1 不会影响唤醒 SLEEP,它只影响在唤醒 SLEEP 之后,是进入中断服务程序,还是执行"SLEEP"之后的语句。

当 INTCON. GIE=1 时,唤醒 SLEEP 之后,先执行"SLEEP"之后的一条语句,然后才进入中断服务程序。因此,如果不希望唤醒后执行"SLEEP"之后的那条指令,则在"SLEEP"之后加上"NOP"指令。

当 INTCON. GIE＝0 时,唤醒 SLEEP 之后,则执行"SLEEP"之后的语句。

MCLR 复位唤醒 SLEEP,程序从 0000H 开始执行。在 SLEEP 方式下 WDT 溢出,则从"SLEEP"后的语句继续执行,而在非 SLEEP 方式时,WDT 溢出则从 0000H 开始执行(复位),这一点要注意。

【例 4.24】　INT 中断唤醒 SLEEP。

用接于 RB0/INT 的按键唤醒 SLEEP。

如图 4 - 52 所示,用 2 个 LED 指示程序的执行过程,LED1 为唤醒指示,LED2 为进入中断指示。详细过程见例 4.24 程序。

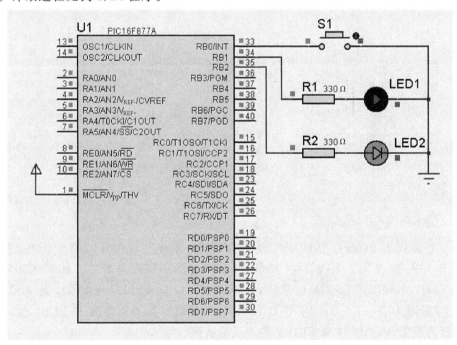

图 4 - 52　INT 唤醒 SLEEP 线路图

【例 4.24】　程序

```
1.  //INT 中断与睡眠。
2.  # include <pic.h>
3.  __CONFIG (0x3F39);           //调试用
4.  void DELAY_I(unsigned int);  //延时(i)ms,中断用
5.  void interrupt INT_ISR(void);//中断服务程序
```

217

```
6.    #define  LED1   RB1
7.    #define  LED2   RB2
8.    main(void)
9.    {   OPTION = 0b1001101;            //RB0/INT 下降沿中断
10.       TRISB = 0B11111001;
11.       LED1 = 0;                       //先让 2 个 LED 灭
12.       LED2 = 0;
13.       INTE = 1;
14.       GIE = 1;
15.       SLEEP();                        //进入休眠工作方式
16.       NOP();                          //SLEEP 之后要加上 NOP 语句
17.       LED1 = 1;                       //唤醒后 LED1 亮
18.       while(1);
19.    }
20.
21.    // = = = = = =                     //中断服务程序
22.    void interrupt INT_ISR(void)
23.    {   char x;
24.       if (INTF)                       //按键 RB0 中断，LED3 闪一下，蜂鸣器响
25.       {   LED2 = 1;                    //唤醒后进入中断时 LED2 亮
26.           DELAY_I(30);
27.           INTF = 0;
28.       }
29.    }
30.    //DELAY 子程序见附录
```

图 4-51 是例 4.24 程序在按下按键 S1 时的运行结果，LED1、LED2 均亮，表明当在 SLEEP 工作方式时，发生了 RB0/INT 中断，唤醒后进入中断服务程序。如果将此程序的第 14 行改为 GIE=0，则按键时唤醒 SLEEP，但不能进入中断，结果只有 LED1 亮，LED2 不亮。如果将第 13 行改为 INTE=0，则不管 GIE 为何值，按键时都不能唤醒 SLEEP。读者可试运行并修改相关设置，以加深对 SLEEP 工作方式的认识。

4.14.3 器件的配置位

器件的配置位是对单片机的各种部件进行配置，它通过配置寄存器来设定，配置寄存器宽 14 位，地址在 0x2007，是个不可访问的寄存器。该寄存器只能通过在线调试工具如 ICD 2 来读入或写入。在芯片擦除后，配置寄存器的值是 0x3FFF。

877A 的配置位中，有振荡方式、看门狗定时器使能、上电定时器使能、掉电复位使能、低压在线编程使能、EEPROM 数据保护（禁止用开发工具读出）、程序代码写使能、调试模式和

程序代码保护等功能模块的设置,分别介绍如下。

● 振荡方式:此设置确定单片机在什么振荡方式下工作。在 877A 中有 4 种工作方式,如表 4 - 27 所列,其中,LP、XT、HS 的晶体振荡器/陶瓷振荡器接线图如图 4 - 53 所示,C1、C2 的参数如表 4 - 28 所列。如果用 RC 振荡器工作方式,接线图如图 4 - 54 所示。此时,R_{EXT} 推荐值为 3 kΩ～100 kΩ,C_{EXT} 推荐值>20 pF。

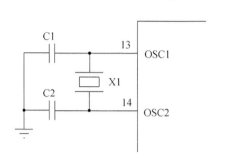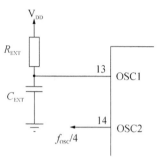

图 4 - 53　LP、XT、HS 的晶体振荡器/陶瓷振荡器接线图　　图 4 - 54　RC 振荡器接线图

表 4 - 27　配置位振荡器说明

$f_{OSC}1$: $f_{OSC}0$	振荡类型	说　明	频率范围/Hz	特　点
00	LP	低功耗晶体振荡器/陶瓷振荡器	5 k～200 k	在 3 种晶体振荡器/陶瓷振荡器模式中,电流消耗最小
01	XT	标准晶体振荡器/陶瓷振荡器	0.1 M～4 M 以下	在 3 种晶体振荡器/陶瓷振荡器模式中,电流消耗较大
10	HS	高速晶体振荡器/陶瓷振荡器	4 M～20 M	在 3 种晶体振荡器/陶瓷振荡器模式中,电流消耗最大
11	RC	阻容振荡器	0～4 M	最经济的振荡方案,但时间误差较大

表 4 - 28　晶体振荡器/陶瓷振荡器的配套电容参数表

振荡方式	振荡频率/Hz	C1、C2/pF
LP	32 k	33
	200 k	15
XT	200 k	47～68
	1 M	15
	4 M	15
HS	4 M	15
	8 M	15～33
	20 M	15～33

- 看门狗定时器使能,如果看门狗定时器启用,就必须在程序的适当位置加上 CLRWDT() 语句。
- 上电定时器使能。此模块使得单片机上电时的 72 ms 之内保持复位状态,避免由于电压还未稳定发生程序执行错误等问题。若掉电复位使能,上电延时定时器总是使能。72 ms 只是一个典型值,它由于温度、电压的变化而有所变化。
- 掉电复位使能。如果掉电复位使能,当 V_{DD} 下降到 4 V 以下时间达 100 μs 以上时,单片机被复位,即单片机在此状态下"停"住了,这样做的目的是避免在电压偏低时程序执行出错,或程序运行不稳定。特别是在有的应用场合中要开启此项使能位。
- 低压在线编程使能。开启此功能,才能在单电压 5 V 下进行编程。
- EEPROM 数据保护。即禁止用开发工具读出 EEPROM 的数据。
- 程序代码写使能。即是否允许在程序运行时用程序的方法改写程序。此功能有 4 种选择,全部程序段均可写,0x000~0x0FF 段不可写,0x000~0x7FF 不可写和全部段 0x000~0x1FFF 不可写。
- 调试模式。进入此模式,单片机的部分资源被调试器占用,采用 ICD 2 时占用的单片机资源如表 4-29 所列。
- 程序代码保护。开启程序代码保护后,程序代码无法用各种工具读出(读出均为 0),起到程序保密的作用。

表 4-29　在调试运行时被 ICD 2 占用的资源

I/O 脚	RB7、RB6
堆栈	1 级
程序存储器	0x1F00~0x1FFF
RAM	0x070、0x0F0、0x170、0x1E5~0x1F0

在 PICC 的头文件 p16f8xA.h 中已经为以上的 8 个项目作了如下的定义:

```
/ * osc configurations * /
#define RC      0x3FFF      // resistor/capacitor
#define HS      0x3FFE      // high speed crystal/resonator
#define XT      0x3FFD      // crystal/resonator
#define LP      0x3FFC      // low power crystal/resonator


/ * watchdog * /
#define WDTEN   0x3FFF      // enable watchdog timer
#define WDTDIS  0x3FFB      // disable watchdog timer


/ * power up timer * /
#define PWRTEN  0x3FF7      //enable power up timer
#define PWRTDIS 0x3FFF      // disable power up timer
```

```
/* brown out reset */
# define BOREN        0x3FFF        // enable brown out reset
# define BORDIS       0x3FBF        // disable brown out reset


/* Low Voltage Programmable */
# define LVPEN        0x3FFF        // low voltage programming enabled
# define LVPDIS       0x3F7F        // low voltage programming disabled


/* data code protected */
# define DP           0x3EFF        // protect data code
// alternately
# define DPROT        0x3EFF        // use DP
# define DUNPROT      0x3FFF        // use UNPROTECT


/* Flash memory write enable/protect */
# define WRTEN        0x3FFF        /* flash memory write enabled */
# define WP1          0x3DFF        /* protect 0000 - 00FF */
# define WP2          0x3BFF        /* protect 0000 - 07FF(76A/77A) / 03FF(73A/74A) */
# define WP3          0x39FF        /* protect 0000 - 1FFF(76A/77A) / 0FFF(73A/74A) */


/* debug option */
# define DEBUGEN      0x37FF        // debugger enabled
# define DEBUGDIS     0x3FFF        // debugger disabled


/* code protection */
# define PROTECT      0x1FFF        /* protect program code */
# define UNPROTECT    0x3FFF        /* do not protect the code */
```

所以可以在程序中这样定义配置位

```
_CONFIG(XT & WDTEN & PWRTEN & BOREN & LVPDIS & DUNPROT & DEBUGDIS & PROTECT);
```

此语句相当于

```
_CONFOG(0x1F75);
```

显然前者直观但稍显复杂,后者简单但不直观。读者可以根据个人的习惯选用。后者的 0x1F75 是在 MPLAB IDE 的 Configure 菜单按要求设定后得到的数值。这两种配置最后在此菜单中看到的是如图 4 - 55 所示的结果。

PIC16系列单片机C程序设计与PROTEUS仿真

222

Configuration Bits			
☑ Configuration Bits set in code.			
Address	Value	Category	Setting
2007	1F75	Oscillator	XT
		Watchdog Timer	On
		Power Up Timer	On
		Brown Out Detect	On
		Low Voltage Program	Disabled
		Data EE Read Protect	Off
		Flash Program Write	Write Protection Off
		Code Protect	On

图 4 - 55　配置位窗口

4.15　PIC16F88x 系列单片机介绍

随着 PIC16F877A 的普及与推广,Microchip 公司又推出了 PIC16F88X 系列,其主要参数与 87XA 类似,但使用更为灵活,有的参数更为细化(如异步通信的波特率为双字节),而价格比 877A 更低。本节以 887 为主介绍 88X 与 87XA 的不同之处。由于引脚上与 877A 兼容,但增加了一些功能,用户只要作少许软件修改就可以用 887 替代 877A。

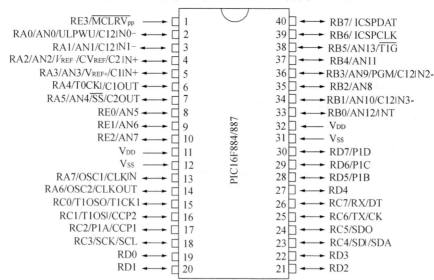

图 4 - 56　DIP 封装的 PIC16F887 引脚图

887 的程序存储器、通用 RAM、EEPROM 与 877A 完全相同,但个别参数不同。

887 有 14 路 10 位 A/D 转换器(877A 只有 8 路),除了原来的 8 路外,还有 6 路在 B 端口的 RB0～RB5,分别标以 AN8～AN13。887 与 877A 的 I/O 引脚相比,多了能用于输入的 RE3/MCLR,当不使用外部晶振时,OSC1、OSC2 也能作为普通 I/O 引脚 RA7 与 RA6。

图 4－56 为 PIC16F887 的 DIP 封装引脚图,在有的引脚上其功能就更多了。

887 用了 2 个配置位来定义单片机的相关参数。建议读者在使用 887 及系列芯片时详细阅读 Microchip 公司提供的数据手册。

4.15.1　端口的差异

887 与 877A 的端口 A、B、E 有不同的地方:

- A 口增加了 RA6/OSC2/CLKOUT 和 RA7/OSC1/CLKIN,如要使用这两个引脚作为普通 I/O 脚,显然单片机只能用内部振荡器。
- B 口的 RB0～RB5 增加了能作为 A/D 转换的功能,同时能分别独立设置 B 口的 8 个引脚的弱上拉是否使能,能分别独立设置 B 口的 8 个引脚的电平变化中断使能与否(877A 只有 B 口的高 4 位有电平变化中断功能,且只能 4 个引脚一并设置)。RB5 增加了 T1G 功能。
- E 口增加了 RE3/MCLR/VPP 引脚,当在配置位(CONFIG)中设置为内部上拉复位时,此引脚才能作为 I/O 脚,且只能作为输入脚。
- C 口的 RC2 增加了 P1A 功能。
- D 口的 RD5～RD7 增加了 P1B～PID 功能。

887 相对于 877A,增加了部分专用寄存器。

表 4－30 给出了能独立设置每一个 AD 引脚是否作为模拟输入的寄存器 ANSEL、ANSELH,某位为 1,相应的引脚就作为模拟输入脚,为 0 则为普通 I/O 脚。当某引脚被设置为模拟输入时,如果该引脚有弱上拉和电平变化中断功能则自动被屏蔽。由于这两个寄存器的每一位上电默认值均为 1,也就是说,上电时如果不修改这两个寄存器的值,则相关的引脚均为模拟输入口。

表 4－30　887 的模拟选择寄存器 ANSEL、ANSELH

寄存器名	地址	上电值	位 7	位 6	位 5	位 4	位 3	位 2	位 1	位 0
ANSEL	0x188	0b11111111	ANS7	ANS6	ANS5	ANS4	ANS3	ANS2	ANS1	ANS0
ANSELH	0x189	0bxx111111	—	—	ANS13	ANS12	ANS11	ANS10	ANS9	ANS8
说明	某位为 1 则相应的引脚作为模拟输入,为 0 作为 I/O 脚,ANS0～ANS13 对应引脚 AN0～AN13

表 4－31 为控制 B 口弱上拉的寄存器 WPUB,这里能独立控制每一个 B 引脚,比 877A 灵活方便。如要让 RB1 弱上拉使能,除了置 OPTION 寄存器的位 RBPU 为 0 外,还应让 WPUB1＝1。

WPUB 的上电值为 1，即上电时默认为弱上拉使能。

表 4 - 31　887 的 B 口弱上拉使能控制寄存器 WPUB

寄存器名	地址	上电值	位 7	位 6	位 5	位 4	位 3	位 2	位 1	位 0
WPUB	0x95	0b11111111	WPUB7	WPUB6	WPUB5	WPUB4	WPUB3	WPUB2	WPUB1	WPUB0
说明	WPUB 某位为 1，允许该位弱上拉，为 0 则禁止弱上拉； 要独立使能每一位弱上拉的前提是 OPTION 寄存器的位 RBPU 需清 0，且相应的 B 口设置为输入									

表 4 - 32 为控制 B 口电平变化中断使能的控制寄存器 IOCB，这里能独立控制每一个 B 引脚。如要让 RB1 电平变化使能，则应让 IOCB1＝1。

IOCB 的上电值为 0，即上电时默认为禁止电平变化中断。

表 4 - 32　887 的 B 口电平变化中断控制寄存器 IOCB

寄存器名	地址	上电值	位 7	位 6	位 5	位 4	位 3	位 2	位 1	位 0
IOCB	0x96	0b0000,0000	IOCB7	IOCB6	IOCB5	IOCB4	IOCB3	IOCB2	IOCB1	IOCB0
说明	在 INTCON 的 RBIE＝1 的前提下，这里的每一位为 1 时允许该引脚电平变化中断，且该引脚必须为 输入 I/O 脚；读 RB 端口将中止不匹配状态，须用软件清中断标志位 RBIF									

4.15.2　看门狗定时器的差异

在 887 中，使用内部低频振荡器(31 kHz)作为 WDT 的工作时钟，并且增加了 WDTCON 寄存器(表 4.33)，使得 WDT 溢出时间的范围更大，溢出时间范围为 1 ms～270 s，而 877A 的 WDT 溢出时间范围为18 ms～2.304 s。

表 4 - 33　887 的 WDT 控制寄存器 WDTCON

寄存器名	地　址	上电值	位 7	位 6	位 5	位 4	位 3	位 2	位 1	位 0
WDTCON	0x105	0bxxx0,1000	—	—	—	WDTPS3	WDTPS2	WDTPS1	WDTPS0	SWDTEN
说明	WDTPS<3：0>：看门狗定时器周期选择位 位值 ＝预分频比 0000 ＝1：32 0001 ＝1：64 0010 ＝1：128 0011 ＝1：256 0100 ＝1：512（复位值） 0101 ＝1：1 024 0110 ＝1：2 048									

续表 4 - 33

寄存器名	地　址	上电值	位 7	位 6	位 5	位 4	位 3	位 2	位 1	位 0
说明	0111 ＝1：4 096 1000 ＝1：8 192 1001 ＝1：16 384 1010 ＝1：32 768 1011 ＝1：65 536 1100 ＝保留 1101 ＝保留 1110 ＝保留 1111 ＝保留 SWDTEN＝1：WDT 软件使能,只有器件的配置位中 WDT 被禁止时,此位才有效 SWDTEN＝0：禁止 WDT 工作									

31 kHz 的振荡器周期为 1 s/31 000≈32.26 μs。当预分频器给 TMR0 时,WDTCON 设置的分频比为 1：512(上电默认值)时,32.26 μs×512≈16 517 μs≈17 ms。因此,887 的 WDT 上电默认的溢出时间为 17 ms。要注意,在计算 WDT 溢出时间时,要将 OPTION 寄存器设置的分频比与 WDTCON 设置的分频比相乘,再乘以低频振荡器的周期 32.26 μs。因此,887 的 WDT 最大溢出时间为 128×65 536×32.26 μs≈270 s,最小溢出时间为 1×32×32.26 μs ≈1 ms。

如果要通过 WDTCON 寄存器的最低位 SWDTEN 来控制 WDT 的工作与否,则要在单片机 887 的配置位中禁止 WDT 工作才可实现。换句话说,如果单片机 887 的配置位允许 WDT 工作,则 SWDTEN 位无效。

4.15.3　具有门控功能的定时器 TMR1

这个功能实际上是 PIC18 及更高档的单片机、DSC 中所具有的功能。

所谓"门控",指的是 TMR1 只有当某指定引脚(在 887 中为 RB5/T1G)电平或比较器 2 的输出值满足要求时,TMR1 才能进行计数工作。在 887 的 T1CON 中增加了两位:位 7 和位 6(877A 中此两位未用),如表 4 - 34 所列。

表 4 - 34　887 的 TMR1 控制寄存器 T1CON(与 877A 不同的位)

寄存器名	地　址	上电值	位 7	位 6	位 5	位 4	位 3	位 2	位 1	位 0
T1CON	0x10	0b0000 0000	T1GINV	TMR1GE	与 877A 的 T1CON 相同					
说　明	T1GINV＝1,当门控端高电平时 TMR1 工作;T1GINV＝0,当门控端低电平时 TMR1 工作 TMR1GE＝1,启动门控功能,即 TMR1 计数由门控控制;TMR1GE＝0,关闭门控功能,即 TMR1 始终工作(与 877A 的 TMR1 相同)									

887 可由 RB5/T1G 引脚或比较器 C2 的输出作为 TMR1 的门控端,这个是由 CM2CON1 确定的,在默认值下,TMR1 的门控端为 RB5/T1G。CM2CON1 也是 887 新设的寄存器,随后介绍。

【例 4.25】　887 的 TMR1 门控示例

图 4-57 为一个 TMR1 门控的试验线路图,图中用一个峰值为 3 V 的交流信号源输入到比较器 U2 的正端,比较器的负端接地,即交流信号与地电平比较,为正时输出高电平,为负时输出低电平,此信号输入到 887 的 RB5/T1G 引脚,作为 TMR1 的门控信号。

【例 4.25】　程序

```
# include <PIC.H>
_CONFIG (0x00FC);
void main(void)
{    TMR1H = 0;
     TMR1L = 0;
     T1CON = 0b01000001;    //门控使能,TMR1 为 1：1 分频,CM2CON1 未设置,默认门控信号为 T1G
                            //T1G 为低电平时 TMR1 计数
     ANS13 = 0;             //门控脚为 I/O 口
     TRISB5 = 1;            //门控脚为输入
     while(1);
}
```

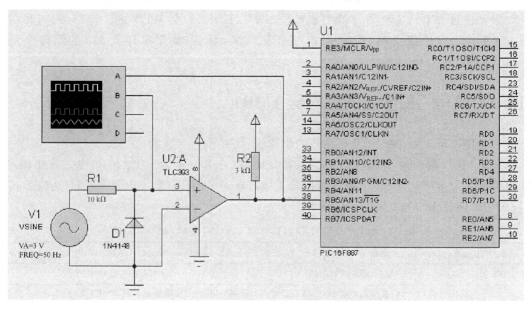

图 4-57　887 的 TMR1 门控试验线路图

由于 887 的 RB5 还具有 A/D 转换的功能,因此在程序中要把该引脚设置为数字 I/O 脚,即程序中的 ANS13＝0。通过显示波形及用单步运行的方式,并把单片机的寄存器调出查看 TMR1 的值变化,就可以确定门控信号电平与 TMR1 计数的关系。程序中未对 CM2CON 寄存器设置,即采用默认的门控信号源 RB5/T1G。程序中设置 T1G 低电平有效(T1CON 的位 7,T1GINV＝0),故图 4-58 中的 TMR1 计数区为 T1G 的低电平区。

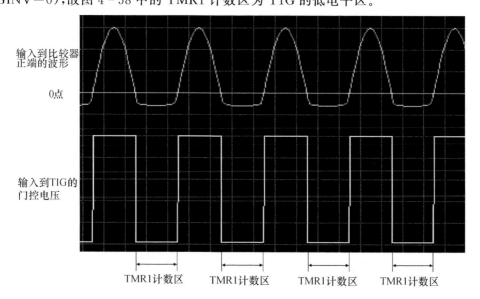

图 4-58　使用 T1G 门控的 TMR1 计数示意图

4.15.4　比较器模块

887 的比较器模块与 877A 有较大的区别,在 887 中,两个比较器是相互独立的,因此控制寄存器也是不同的。控制比较器的寄存器有,专门控制比较器 C1 的 CM1CON0,专门控制比较器 C2 的 CM2CON0,控制比较器 C1、C2 的 CM2CON1(虽然从名称上看好像是专门控制 C2 的)。因此,在 887 中,比较器使用起来更为方便、灵活。

作为比较器输入端的引脚必须设置为模拟输入状态,即要在相应的 ANSEL 或 ANSELH 中将相应的位置 1。

图 4-59、图 4-60 给出了比较器 C1、C2 的内部结构示意图。

从图 4-59 和图 4-60 中可以看到比较器的正输入端 CxVIN＋可由指定的引脚的模拟电压输入,或固定的内部电压 0.6 V,或参考电压模块的输出电压。负输入端 CxVIN－可接到 4 个引脚之一。而比较器的输出可以输出到指定的引脚,或输出作为 TMR1 的门控信号,或控制 PWM 关断,或只给出比较中断标志等。

表 4-35、表 4-36 分别为 CM1CON0 和 CM2CON0 寄存器的各位详细说明。表 4-37、

表 4－38 给出了 CM2CON1 和 SR 寄存器的详细说明。

　　由于 887 的比较器是独立的,因此在其中断相关寄存器中,也由原来的一个控制位和一个标志位变为 2 个控制位和 2 个标志位:在 PIE2 中取消了 CMIE,增加了 C1IE、C2IE;在 PIR2 中取消了 CMIF,增加了 C1IF、C2IF。

表 4－35　887 的 CM1CON0 寄存器

\multicolumn{4}{寄存器名称:CM1CON0}			地址:0x107	
位	位名称	功能	复位值	值	说明
7	C1ON	比较器 C1 的使能控制	0	1	C1 使能
				0	C1 关闭
6	C1OUT	比较器 C1 的输出状态	0	1	当 C1POL＝1(反极性)时,C1VIN＋＜C1VIN－; 当 C1POL＝0(正极性)时,C1VIN＋＞C1VIN－
				0	当 C1POL＝1(反极性)时,C1VIN＋＞C1VIN－; 当 C1POL＝0(正极性)时,C1VIN＋＜C1VIN－
5	C1OE	比较器 C1 的输出控制	0	1	输出到 C1OUT/RA4 引脚,此引脚须置为输出状态
				0	不输出,仅给出标志
4	C1POL	比较器 C1 的输出极性	0	1	反极性输出
				0	正极性输出
3	—	未用	0		—
2	C1R	比较器 C1 的正相输入端 C1VIN＋选择	0	1	C1VIN＋连接到 C1VREF,见图 4－59
				0	C1VIN＋连接到 C1VIN＋引脚
1	C1CH1	比较器 C1 的反相输入端通道选择	00	00	C1VIN－接 C12IN0－/RA0
				01	C1VIN－接 C12IN1－/RA1
0	C1CH0			10	C1VIN－接 C12IN2－/RB3
				11	C1VIN－接 C12IN3－/RB1

表 4－36　887 的 CM2CON0 寄存器

\multicolumn{4}{寄存器名称:CM2CON0}			地址:0x108	
位	位名称	功能	复位值	值	说明
7	C2ON	比较器 C2 的使能控制	0	1	C2 使能
				0	C2 关闭

寄存器名称:CM2CON0				地址:0x108		
位	位名称	功能	复位值	值		说明
6	C2OUT	比较器 C2 的输出状态	0	1		当 C2POL＝1(反极性)时,C2IN＋＜C2IN－; 当 C2POL＝0(正极性)时,C2IN＋＞C2IN－
				0		当 C2POL＝1(反极性)时,C2IN＋＞C2IN－; 当 C2POL＝0(正极性)时,C2IN＋＜C2IN－
5	C2OE	比较器 C2 的输出控制	0	1		输出到 C2OUT/RA5 引脚,此引脚须置为输出状态
				0		不输出,仅给出标志
4	C2POL	比较器 C2 的输出极性	0	1		反极性输出
				0		正极性输出
3	—	未用	0			—
2	C2R	比较器 C2 的正相输入端 C2VIN＋选择	0	1		C2VIN＋连接到 C2VREF,见图 4 - 60
				0		C2VIN＋连接到 C2VIN＋引脚
1	C2CH1	比较器 C2 的反相输入端通道 选择	00	00		C2VIN－接 C12IN0－/RA0
				01		C2VIN－接 C12IN1/RA1
0	C2CH0			10		C2VIN－接 C12IN2/RB3
				11		C2VIN－接 C12IN3/RB1

表 4 - 37　887 的 CM2CON1 寄存器

寄存器名称:CM2CON1				地址:0x109		
位	位名称	功能	复位值	值		说明
7	MC1OUT	C1OUT 的拷贝	0	—		见表 4 - 35 CM1CON0 寄存器说明
6	MC2OUT	C2OUT 的拷贝	0	—		见表 4 - 36 CM2CON0 寄存器说明
5	C1RSEL	比较器 C1 参考电压选择 (接同相输入端)	0	1		接参考电压模块输出
				0		接固定电压(0.6 V)
4	C2RSEL	比较器 C2 参考电压选择 (接同相输入端)	0	1		接参考电压模块输出
				0		接固定电压(0.6 V),SRCON 的位 FVREN 须置为 1
3	未用	—	0			—
2	未用	—	0			—
1	T1GSS	TMR1 门控选择	1	1		TMR1 的门控信号为 T1G/RB5
				0		TMR1 的门控信号为 C2OUT 的同步输出
0	C2SYNC	比较器 C2 的输出同步控制	0	1		输出与 TMR1 的下降沿同步
				0		输出异步

表 4-38　887 的 SR 锁存器控制寄存器 SRCON

寄存器名称:SRCON					地址:0x85	
位	位名称	功能	复位值	值	说明	
7	SR1	SR 锁存器配置位	0	1	C2OUT 引脚为锁存器 Q 输出	
				0	C2OUT 引脚为比较器 C2 输出	
6	SR0	SR 锁存器配置位	0	1	C1OUT 引脚为锁存器 Q 输出	
				0	C1OUT 引脚为比较器 C1 输出	
5	C1SEN	SR 锁存器由 C1 置 1 使能	0	1	由比较器 C1 输出使 SR 锁存器置 1	
				0	比较器 C1 输出不影响 SR 锁存器	
4	C2REN	SR 锁存器由 C2 复位使能	0	1	由比较器 C2 输出使 SR 锁存器复位	
				0	比较器 C2 输出不影响 SR 锁存器	
3	PULSS	是否允许触发脉冲"置 1"命令输入给 SR 锁存器	0	1	触发脉冲发生器使 SR 锁存器置 1,该位由硬件立即复位	
				0	不触发脉冲发生器	
2	PULSR	是否触发脉冲以复位命令输入给 SR 锁存器	0	1	触发脉冲发生器使 SR 锁存器复位,该位由硬件立即复位	
				0	不触发脉冲发生器	
1	—	未用	1	—	—	
0	FVREN	固定参考电压(0.6 V)使能	0	1	使能来自 INTOSC LDO 的 0.6 V 参考电压	
				0	禁止来自 INTOSC LDO 的 0.6 V 参考电压	

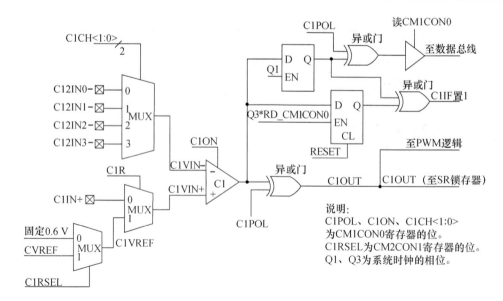

图 4-59　887 的比较器 C1 结构示意图

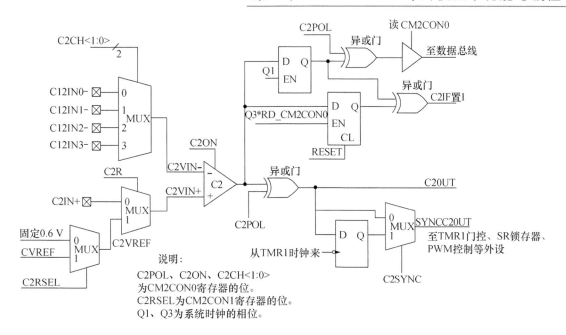

图 4 - 60　887 的比较器 C2 结构示意图

【例 4.26】　PIC16F887 的比较器应用。

　　为了让读者掌握 887 的比较器各种功能与使用方法,特地设计了如图 4 - 61 所示的 PRO-TEUS 线路图,由于 887 的两个比较器是独立的,因此设计了两套开关以设置比较器的不同参数,DSW1 和 SW1 控制 C1,DSW2 和 SW2 控制 C2,其作用完全相同,C1 的控制设置说明如表 4 - 39所列。

　　图 4 - 61 中用 3 个 LED 指示相关的状态,程序中将两个比较器的输出送到相关引脚,D1 和 D2 就是接在 2 个比较器的输出端,因此当比较器输出高电平时相应的 LED 亮。图中 D3 的 LED 用来指示 TMR1 工作状态,当 TMR1 工作时则 D3 闪亮,而 TMR1 的门控是由比较器 C2 的输出担任的。因此,可以从 D3 的闪亮与否确定比较器 C2 输出是否有效。

　　D1、D2 的亮与灭是由比较器硬件控制的(当然需要软件的配合与设置),而 D3 的闪亮是由软件控制的,二者有"质"的不同。

　　根据开关位置的不同,比较器的正端电平值可以由外部电位器确定,或固定的 0.6 V,或程序内设定的 CVREF 输出的 2.5 V;负端电平则由外部电位器调整确定,比较器输出控制相应 LED,指示出比较器的比较结果。

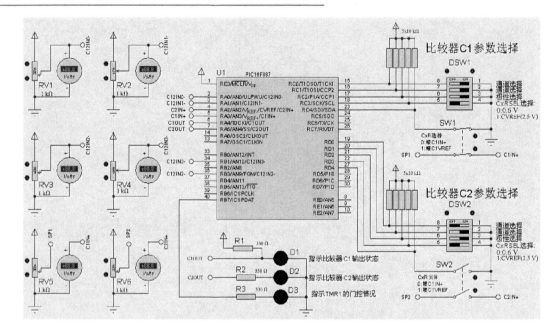

图 4 - 61　887 的比较器功能实验线路图

表 4 - 39　图 4 - 61 的开关设置说明

开关引脚	功　能	代表参数	说　明
DSW1 的 8、1 脚	相当于 CH0	CH0＝0,CH1＝0,C1 接 C12IN0－ CH0＝0,CH1＝1,C1 接 C12IN1－	开关在左位置, 相应的引脚电 平为 1,在右位 置,相应的引脚 电平为 0
DSW1 的 7、2 脚	相当于 CH1	CH0＝1,CH1＝0,C1 接 C12IN2－ CH0＝1,CH1＝1,C1 接 C12IN3－	
DSW1 的 6、3 脚	相当于 C1POL	开关在左位置(1),C1 输出反相; 开关在右位置(0),C1 输出不反相	
DSW1 的 5、4 脚	相当于 C1RSEL	开关在左位置(1),C1 同相端接内部参考电压(程序设为 2.5 V); 开关在右位置(0),C1 同相端接内部 0.6 V 电压	只有当 SW1 打开 时此位开关才有效
SW1	相当于 C1R	开关在左位置(1),C1 同相端接 C1VREF 开关在右位置(0),C1 同相端接 C1IN＋引脚(RA3)	SW1 合上时, 上行功能无效

【例 4.26】　程序

```
#include <pic.h>
_CONFIG(0x30E4);
#define  T1_OUT  RB7
```

```
#define  T1_100MSH  0x3C
#define  T1_100MSL  0xB0
void interrupt INT_ISR(void);
void DELAY(unsigned int);
bit  FLAG;
void  main(void)
{   char A;
    TRISC = 0xFF;          //C 口全为输入口
    TRISD = 0xFF;          //D 口全为输入口
    TRISA = 0b00001111;    //RA0~RA3 为比较器模拟输入,RA4、RA5 为比较器输出
    TRISB = 0b00001010;    //RB1、RB3 为比较器模拟输入
    ANSEL = 0b00001111;    //相应的比较器输入端为模拟输入
    ANSELH = 0b00000110;
    VRCON = 0b10101100;    //参考电压不输出到 RA2,CVRR = 1,输出电压为 2.5 V
    SRCON = 0b00000001;    //固定 0.6 V 电压输出使能
    TMR1H = T1_100MSH;
    TMR1L = T1_100MSL;
    T1CON = 0b11010001;    //TMR1 门控使能,门控信号低电平有效
                           //TMR1 分频比为 1:2,门控信号为比较器 C2 控制,见 CM2CON1
    TMR1IE = 1;
    PEIE = 1;
    GIE = 1;
    T1_OUT = 1;
    FLAG = 1;
    while(1)
    {   A = PORTC;
        A &= 0b00000011;   //先取开关的低 2 位,正好与 CM1CON0 位相同
        A += 0b10100000;   //比较器使能,固定输出到引脚
        CM2CON1 = 0b00000001;
                           //比较器 C2 输出为 TMR1 的门控信号,C2 输出与 TMR1 下降沿同步
        if (RC2 == 1)
            A += 0x10;     //比较器输出极性选择,RC2 = 1 为反相,0 为不反相
        if (RC4 == 1)
        {   A += 0x04;     //选择 C1VREF
            C1RSEL = RC3;  //选择 C2VREF 是 0.6 V 或者为 CVREF(前面输出设定为 2.5 V)
        }
        else
            C1RSEL = 0;
```

233

```
            CM1CON0 = A;　//以上为比较器 C1 设置

            A = PORTD;
            A &= 0b00000011;　//先取开关的低 2 位,正好与 CM1CON0 位相同
            A += 0b10100000;　//比较器使能,固定输出到引脚
            if (RD2 == 1)
                A += 0x10;　//比较器输出极性选择
            if (RD4 == 1)
            {   A += 0x04;　//选择 C2VREF
                C2RSEL = RD3;　//选择 C2VREF 是 0.6 V 或者为 CVREF(前面输出设定为 2.5 V)
            }
            else
                C2RSEL = 0;

            CM2CON0 = A;　//以上为比较器 C2 设置
            DELAY(100);
        }
    }


void interrupt INT_ISR(void)
{   if (TMR1IF == 1)
    {   TMR1IF = 0;
        TMR1L = T1_100MSL;
        TMR1H = T1_100MSH;
        if (FLAG == 1)
        {   FLAG = 0;
            T1_OUT = 0;
        }
        else
        {   FLAG = 1;
            T1_OUT = 1;
        }
    }
}
//DELAY 子程序见附录
```

4.15.5　A/D 转换模块

887 的 A/D 转换模块相对于 877A 有较大的变化,首先,887 有 14 路 A/D 通道,877A 中 ADCON0 中的 3 位 A/D 通道选择位不够用了,因此 887 中修改为 4 位 A/D 通道选择。此外,877A 的 ADCON1 的模拟数字端口选择似乎有点乱,因此,在 887 中取消了 877A 的 AD-CON1 的相关位,用 ADSEL 及 ADSELH 两个寄存器来选择模拟数字口(表 4 - 30)。

与 877A 相比,887 的 ADCON0 和 ADCON1 有较大的变化,故重新给出,如表 4 - 40、表 4 - 41 所列。还有寄存器 ANSEL 与 ANSELH,它们取代了 877A 中的 ADCON1 的部分功能。可以明显看到,887 的 ADC 模块的引脚选择、参考电压选择都比 877A 要灵活方便。

在程序设计中,不管是否用到 ADC 模块,只要用到 AN0～AN13 引脚,除了设置端口方向寄存器外,还要对 ANSEL、ANSELH 进行适当的设置。A/D 转换过程与 877A 相同,这里就不重述了。

有一点要特别说明,877A 中控制启动 A/D 转换的 ADCON0 位 2,PICC 原命名为 AD-GO,在 887 中成为 ADCON0 的位 1,PICC 为其命名为 GODONE,在编程中应引起注意。

表 4 - 40　887 的 ADC 控制寄存器 ADCON0

寄存器名称:ADCON0				地址:0x1F	
位	位名称	功能	复位值	值	说明
7	ADCS1	A/D 转换时钟选择	0	00	A/D 转换时钟为 $f_{osc}/2$
				01	A/D 转换时钟为 $f_{osc}/8$
6	ADCS0		0	10	A/D 转换时钟为 $f_{osc}/32$
				11	A/D 转换时钟为由专用的内部振荡器产生频率最高为500 kHz的时钟
5	CHS3	模拟通道选择位	0	0000:AN0　　1000:AN8	
4	CHS2		0	0001:AN1　　1001:AN9	
3	CHS1		0	0010:AN2　　1010:AN10	
				0011:AN3　　1011:AN11	
2	CHS0		0	0100:AN4　　1100:AN12	
				0101:AN5　　1101:AN13	
				0110:AN6　　1110:CVREF	
				0111:AN7　　1111:固定参考电压 0.6 V	
1	GODONE		0	1	置1启动 ADC 模块,A/D 完成后由硬件自动清0
				0	A/D 转换完成或 A/D 不在进行中
0	ADON	AD 模块使能	0	1	AD 模块使能
				0	禁止 AD 模块工作,不消耗模块的电流

表 4 - 41　887 的 ADC 控制寄存器 ADCON1

寄存器名称：ADCON1				地址：0x9F		
位	位名称	功能	复位值	值		说明
7	ADMF	AD 结果格式选择	0	1		右对齐
				0		左对齐
6	—	未用	0			—
5	VCFG1	AD 负参考电压选择位	0	1		V_{REF-} 引脚上的电压
				0		V_{SS} (GND)
4	VCFG0	AD 正参考电压选择位	0	1		V_{REF+} 引脚上的电压
				0		V_{DD}
0~3	—	未用				

4.15.6　增强型 ECCP 模块

ECCP 模块只有 CCP1 的 PWM 功能增加了新功能，故称之为增强型 CCP，简称 ECCP，其余部分与 877A 相同。

增强型 CCP 的 PWM 能在最多 4 个引脚上产生要求的 PWM 信号输出，它可以：

● 单输出（可设定同时输出到 0~4 个引脚）；

● 半桥输出；

● 全桥输出，正向模式；

● 全桥输出，反向模式。

这些功能与 CCP1CON 的最高 2 位、寄存器 ECCPAS、PWM1CON、PSTRCON 有关，寄存器 ECCPAS、PWM1CON、PSTRCON 是 887 新设置的寄存器，而 CCP1CON 的最高 2 位也是 877A 所没有的，且 CCP1CON 寄存器的部分位名也更改了。ECCPAS 功能是自动关断 PWM 控制寄存器，可以根据设定选择控制 PWM 关断的"源"：比较器 C1 或比较器 C2 的输出、INT 引脚上的低电平。表 4 - 42~表 4 - 45 分别为增强型 PWM 有关的寄存器说明。死区的设置是为了避免在桥式电路中发生短路。图 4 - 62 为死区参数与输出波形参数的示意图。

表 4-42　887 的增强型 PWM 相关的 CCP1CON 寄存器

寄存器名称:CCP1CON				地址:0x17		
位	位名称	功能	复位值	值		说明
7	P1M1	PWM 输出配置位,仅在 CCP1M 〈3：2〉==11 有效。当 CCP1M 〈3：2〉为其他值时,P1A 为捕捉、比较引脚,P1B,P1C,PID 为普通 I0 引脚	00	00		单输出,可由 PSTRCON 设置调制输出至 0～4 个引脚
				01		全桥正向输出,P1D 调制输出,P1A 有效,P1B 和 P1C 无效
6	P1M0			10		半桥输出,P1A 和 P1B 为带死区控制的调制输出；P1C 和 P1D 为普通 I/O 引脚
				11		全桥反向输出:P1B 调制输出, P1C 有效,P1A 和 P1D 无效
5	DC1B1	与 877A 的 CCP1X 相同	0			—
						—
4	DC1B0	与 877A 的 CCP1Y 相同	0			—
						—
3	CCP1M3	捕捉与比较方式和 877A 相同,这里只给出 11xx 为 PWM 模式的情况	0000	1100		PWM 模式,P1A、P1C、P1B、P1D 均为高有效
2	CCP1M2			1101		PWM 模式,P1A、P1C 高有效,P1B、P1D 低有效
1	CCP1M1			1110		PWM 模式,P1A、P1C 低有效,P1B、P1D 高有效
0	CCP1M0			1111		PWM 模式,P1A、P1C、P1B、P1D 均为低有效

表 4-43　887 的增强型自动关断控制寄存器 ECCPAS

寄存器名称:ECCPAS				地址:0x9C	
位	位名称	功能	复位值	值	说明
7	ECCPASE	自动关断事件状态位	0	1	发生了关断事件,ECCP 处于关断状态
				0	ECCP 处于工作状态
6	ECCPAS2	ECCP 自动关断源选择位	000	000	禁止自动关断
				001	比较器 C1 输出高电平
5	ECCPAS1			010	比较器 C2 输出高电平
				011	比较器 C1 或 C2 之一输出高电平
				100	INT 引脚上的低电平
				101	INT 引脚上的低电平或比较器 C1 输出高电平
				110	INT 引脚上的低电平或比较器 C2 输出高电平
4	ECCPAS0			111	INT 引脚上的低电平或比较器 C1 或比较器 C2 之一输出高电平

寄存器名称：ECCPAS				地址：0x9C	
位	位名称	功能	复位值	值	说明
3	PSSAC1	引脚 P1A 和 P1C 关断状态控制位	00	00	将引脚 P1A 和 P1C 强制置 0
				01	将引脚 P1A 和 P1C 强制置 1
2	PSSAC0			1X	引脚 P1A 和 P1C 处于三态
1	PSSBD1	引脚 P1B 和 P1D 关断状态控制位	00	00	将引脚 P1B 和 P1D 强制置 0
				01	将引脚 P1B 和 P1D 强制置 1
0	PSSABD0			1X	引脚 P1B 和 P1D 处于三态

表 4 - 44　887 的 PWM 死区控制寄存器 PWM1CON

寄存器名称：PWMICON				地址：0x9B	
位	位名称	功能	复位值	值	说明
7	PRSEN	PWM 重启使能位	0	1	自动关断时，一旦关断事件被清除，ECCPASE 位将立即自动清零；PWM 自动重启
				0	自动关断时，必须用软件对 ECCPASE 位清 0 以重启 PWM
6	PDC6	死区延时时间，以 T_{cy} 的倍数表示；只有当 P1M<1：0>＝0b10 即半桥输出才有效	0000000		死区时间＝PDC<6：0>×T_{cy}
5	PDC5				
4	PDC4				
3	PDC3				
2	PDC2				
1	PDC1				
0	PDC0				

表 4 - 45　887 的脉冲转向控制寄存器 PSTRCON

寄存器名称：PSTRCON				地址：0x9D	
位	位名称	功能	复位值	值	说明
7	—	未用	0		—
6	—	未用	0		—
5	—	未用	0		—
4	STRSYNC	转向同步控制位	0	1	在下一 PWM 周期开始转向
				0	指令后立即转向

PIC16系列单片机C程序设计与PROTEUS仿真

续表 4 - 45

寄存器名称:PSTRCON				地址:0x9D		
位	位名称	功能	复位值	值	说明	
3	STRD	PWM 输出到 P1D 使能控制	0	1	PWM 输出到 P1D	
				0	PID 为普通 I/O 脚	
2	STRC	PWM 输出到 P1C 使能控制	0	1	PWM 输出到 P1C	
				0	PIC 为普通 I/O 脚	
1	STRB	PWM 输出到 P1B 使能控制	0	1	PWM 输出到 P1B	
				0	PIB 为普通 I/O 脚	
0	STRA	PWM 输出到 P1A 使能控制	0	1	PWM 输出到 P1A	
				0	PIA 为普通 I/O 脚	

注:只有在 PWM 模式下的 P1M<1：0>＝0b00 PWM 转向控制才有效。

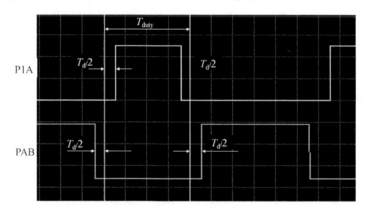

图 4 - 62　死区参数与输出波形参数的示意图(P1M<1：0>＝0b10)

4.15.7　增强型同步/异步串行通信模块

在 887 中,本模块把通信的波特率因子寄存器改为双字节,即新增 SPBRGH 寄存器,增加了波特率控制寄存器 BAUDCTL,并新增了自动波特率检测功能,即检测特定的字符 0x55 来确定波特率。波特率控制寄存器 BAUDCTL 如表 4 - 46 所列。其他寄存器与 877A 相同。如果只用 8 位的波特率因子,可以不更改原来的 877A 程序就可以正常运行。

表 4 - 46　887 的波特率控制寄存器 BAUDCTL

位	位名称	功能	复位值	值	说明
寄存器名称:BAUDCTL			地址:0x187		
7	ADBOVF	自动波特率检测溢出位,只在异步中有效	0	1	波特率定时器溢出
				0	波特率定时器没有溢出
6	RCIDL	接收器空闲状态位,只在异步中有效	0	1	接收器空闲
				0	已接收到起始位
5	—	未用	0		—
4	SCKP	同步时钟/异步数据极性选择	0	1	异步:数据取反后送到发送脚; 同步:时钟的上升沿传输数据
				0	异步:数据(未取反)送到发送脚; 同步:时钟的下降沿传输数据
3	BRG16	16 位波特率因子选择	0	1	选 16 位波特率因子
				0	选 8 位波特率因子
2	—	未用	0		—
1	WUE	唤醒使能位,只在异步中有效	0	1	接收器等待时钟下降沿;此时不接收任何数据,RCIF 位置 1;RCIF 置 1 后,自动清零 WUE
				0	接收器正常工作
0	ABDEN	自动波特率检测使能控制位,只在异步中有效	0	1	使能自动波特率检测,完成后自动清 0
				0	禁止自动波特率检测

表 4 - 47 给出了 887 的波特率计算公式。如现要设置异步串行通信的波特率为 2 400,采用 16 位波特率,假设单片机晶振为 4 MHz,按表 4 - 47 的公式,分别用高速和低速计算如下:

$f_{osc} = 4\ 000\ 000$,采用低速时,BRGH$=0$,$\dfrac{f_{osc}}{16 \times (n+1)} = 2\ 400$,将相关数据代入,可得 $n = 103 = 0x67$,即 SPBRGH$=0$,SPBRG$=0x67$。

验证:

$$\dfrac{f_{osc}}{16 \times (103+1)} \approx 2\ 404 \quad ,误差\ 0.167\%。$$

采用高速时,BRGH$=1$,$\dfrac{f_{osc}}{4 \times (n+1)} = 2\ 400$,将相关数据代入,可得 $n = 416 = 0x1A0$,即 SPBRGH$=0x01$,SPBRG$=0xA0$。

验证:

$$\dfrac{f_{osc}}{4 \times (416+1)} = 2\ 398,误差\ 0.08\%。$$

可见在 2 400 波特率下，采用高速时的波特率更精确。实际上在 16 位波特率因子下，波特率误差已经很小了。

表 4 - 47　PIC16F887 同步/异步串行通信波特率计算公式

波特率配置位			波特率位数/模式	波特率计算公式
SYNC	BRG16	BRGH		
0	0	0	8 位/异步	$\dfrac{f_{OSC}}{64 \times (n+1)}$
0	0	1	8 位/异步	$\dfrac{f_{OSC}}{16 \times (n+1)}$
0	1	0	16 位/异步	
0	1	1	16 位/异步	$\dfrac{f_{OSC}}{4 \times (n+1)}$
1	0	x	8 位/同步	
1	1	x	16 位/同步	

注：$n =$ SPBRGH：SPBRG 的值。

第 **5** 章

单片机应用相关基础

本章介绍与单片机应用紧密相关的一些基础知识,内容包括 BCD 转换、LED 动态、静态显示方法,字符型 LCD、点阵型 LCD、常用芯片、外接 AD 和 DA 芯片、光电耦合器、运算放大器应用以及电源设计等,这些均通过 PROTEUS 仿真或单片机编程等方式介绍其使用方法。这些知识是单片机应用中必须要掌握的内容,本章中的很多线路与程序可以直接应用在相关设计中。

5.1 BCD 转换

BCD 码(Binary‑Coded Decimal)又称二/十进制码,即二进制编码的十进制码。在单片机内部用的都是二进制,但人们还是习惯于使用十进制数,因此,要把相关内容显示给用户时,通常要用十进制数。因此,就要把二进制数转换为十进制数,而这里的十进制数是用二进制数来表示的,故称为 BCD 码。BCD 转换的算法有移位、减法、除法等。

使用 PICC 语言编制 BCD 转换程序是很简单的,但要注意其计算效率,即计算时间。这里介绍两种方法,并对此两种方法进行比较。这里给出双字节数,即对无符号整型数 unsigned int 进行 BCD 转换,如果要对无符号长整型 unsigned long 进行转换,相信读者也能轻松完成。

5.1.1 使用减法的 BCD 转换算法

该方法算法简单,假设要转换的 unsigned int 型数为 R1,显然,此数最大为 65 535,也就是说,此数不可能超过 6 万,因此只定义 5 个转换结果变量:WW、QW、BW、SW 和 GW,分别保存万位、千位、百位、十位和个位。首先,先将结果变量清 0,接着把 R1 与 10 000 比较,如果 R1≥10 000,则 R1=R1−10 000,WW+1,直到 R1<10 000 为止,这样就得到了万位值 WW。再将 R1 与 1 000 比较,……一直进行到 R1<10 为止,此时 R1 的值直接赋给个位值 GW。

例 5.1 给出了用减法计算的 BCD 转换子程序。这确实会让编过汇编编制 BCD 转换子程序的读者大吃一惊:程序这么简单? 而且还容易看懂! 这就是 C 语言的魅力!

【例 5.1】　使用减法计算的 BCD 转换子程序。

```
//把 R1 双字节数转换为十进制数万位至个位:WW,QW,BW,SW,GW,公共变量
void BCD(unsigned int R1)
{ WW = 0;QW = 0;BW = 0;SW = 0;GW = 0;
        while(R1> = 10000)
            {R1 - = 10000;WW + + ;}
        while(R1> = 1000)
            {R1 - = 1000;QW + + ;}
        while(R1> = 100)
            {R1 - = 100;BW + + ;}
        while(R1> = 10)
            {R1 - = 10; SW + + ;}
    GW = R1;
}
```

5.1.2　使用除法的 BCD 转换算法

　　使用除法的 BCD 转换算法也是很简单的,先把要转换的数除以 10 000,得到的商即为万位 WW,得到的余数再除以 1 000,得到的余数为千位 QW,……一直到除以 10 为止,商为十位,余数为个位 GW,这样就得到了 BCD 转换的结果 WW、QW、BW、SW 和 GW,程序如例5.2所示,程序中用了取余符号"%",由于程序中用到的变量均为整型,故除法结果是整数,余数也是整数。这个程序好像比例 5.1 还要简单。

【例 5.2】　使用除法计算的 BCD 转换子程序。

```
void BCD1(unsigned int R1)
{   WW = 0 ;QW = 0;BW = 0;SW = 0;GW = 0;
        WW = R1/10000;           //除以 10 000,得到商为万位
        R1 = R1 % 10000;         //取除以 10 000 的余数
        QW = R1/1000;            //除以 1 000,得到商为千位
        R1 = R1 % 1000;          //取除以 1 000 的余数
        BW = R1/100;             //除以 100,得到商为百位
        R1 = R1 % 100;           //取除以 100 的余数
        SW = R1/10;              //除以 10,得到商为十位
        GW = R1 % 10;            //取除以 10 的余数即为个位
}
```

5.1.3　两种 BCD 转换算法的比较

如果只从"外表"看,基于减法的和基于除法的 BCD 转换子程序差不多,实际上二者差别较大。我们知道,PIC16F 系列单片机没有除法指令,在 PICC 中使用除法运算,实际上调用了 PICC 自动提供的使用移位办法进行除法计算的子程序,换句话说,用除法进行的 BCD 转换子程序要调用移位方法的除法子程序,而除法子程序要占用较多的计算时间,这将大大增大计算时间!为了比较两种方法的 BCD 转换计算时间与占用程序空间大小,用 MPLAB IDE SIM 仿真,程序把 0～65 535 的所有数值进行了 BCD 转换,并用跑表计时,结果显示如表 5-1 所列。从表 5-1 可以看到,使用除法的 BCD 转换的平均转换时间是使用除法的 BCD 转换时间的 6.2 倍,占用程序存储器的空间也多。因为此例中两种方法占用的 RAM 相当,不作为比较项目列出。基于以上比较结果,不建议使用除法的 BCD 转换程序。此后的程序中,如用到 BCD 转换,均用减法作为 BCD 转换的子程序。

表 5-1　两种 BCD 转换程序计算方法比较

算　法	平均每个 unsigned int 型 BCD 转换时间(T_{cy})	占用程序存储器空间
基于减法的 BCD 转换	293	65
基于除法的 BCD 转换	1 817	114

因此,我们在设计程序时,要知道所设计的程序执行过程到底花了多少时间,这一点在使用 C 语言编程时尤其重要,因为有时可能就是一个语句,而单片机却要执行成千上万个指令周期!如调用数学函数 sqrt 等就是这样。

5.2　8 段数码管显示

8 段数码管显示是单片机应用系统中最常用,也是比较简单的一种显示方式。通常,为了节省单片机的 I/O 口,使用动态显示的办法。但这种方法软件开销较大(即每隔 1～2 ms 就要刷新显示一次)。也有采用串行转并行的芯片进行静态显示的,这样既节省 I/O 口,软件开销也小,但成本提高了,PCB 板面积也增大。基于以上原因,目前这两种方法都在普遍使用,读者可以根据实际情况选择其一。

5.2.1　数码管简介

数码管有多种形式,在 PROTEUS 的 Optoelectronics 库中,就有 8 段(但标注为 7 段)、7

段、14 段、16 段 LED。其中 14 段和 16 段为"米"字形,可以显示较为复杂的字符,但由于占用单片机的 I/O 口较多,使用受到限制,因此这里只介绍 8 段数码管,掌握了 8 段数码管的使用,其他就容易了。

　　8 段 LED 数码管内部实际上是由 8 个发光二极管组成的,根据 8 个发光二极管的公共端相接的极性分为共阳极与共阴极两种,如图 5 - 1 所示。在 PROTEUS 的 Optoelectronics 库中,元件描述中以"Common Anode"标注的为共阳,以"Common Cathode"标注的为共阴。按照习惯,8 段中的每一段分别命名为 a、b、…、h,其中小数点 h 有时也命名为 dp,如图 5 - 1 所示。公共端可能为 1 个或 2 个。

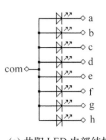
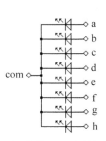
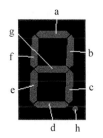

| (a) 共阳 LED 内部结构 | (b) 共阴 LED 内部结构 | (c) 8 段数码管段名 |

图 5 - 1　8 段数码管原理图

　　显然,对于共阳的 LED 数码管,当公共端为高电平,相应的段引脚为低电平时,该段亮;而共阴的 LED 数码管,当公共端为低电平,相应的段引脚为高电平时,该段亮。

　　要让发光管 LED 能正常点亮,流过每一段发光管的电流约 10 mA,这与实际选用的型号有关。通常要在发光管的每段引脚(a～h)上加限流电阻,防止电流过大损坏数码管。

　　PIC16F 系列单片机的每个引脚可以驱动 20～25 mA,足以驱动数码管的一段发亮,但如果要用一根 I/O 引脚作为公共端驱动整个数码管是不行的,这是因为一个数码管通过的总电流超出了 25 mA,所以通常要用小功率三极管放大接在数码管的公共端,此三极管要工作在开关状态,即要么截止,要么饱和导通。

　　习惯上数码管显示的数字 0～9,字符 A～F 的方式如图 5 - 2 所示,显然,似乎有大小写混合,显示的效果确实有点差,如"A"、"b"、"C"、"d"等,这也是不得已而为之。其中的"1"显示方式要注意,它是显示在数码管的右边两竖而不是左边两竖!"9"的显示方式也请注意,最低下有一横!因为这些都是大家默认的显示方式,我们只得按此"执行"。

　　单片机在显示时,通常是用查表的方式进行显示代码转换的。假设用单片机某端口的最低位 0 至最高位 7 分别接数码管的 a、b、…、h,数码管选用的是共阳,则相应的显示代码应如例 5.3,这里用一个常数数组(即定义于程序存储器中的数组)进行查表。如果用的是共阴数码管,则把数组中的常数取反,即把 0 变为 1、1 变为 0 即可。如果要显示小数点,则把代码值减去 0x80,即最高位清 0。显然,如果接线改变,则此数组的内容也要改变。

图 5 - 2　8 段数码管显示 0～F 的实际图形

【例 5.3】　8 段数码管显示代码。

```
//8 段共阳 LED 显示代码,0～7 位分别控制 a～h 段
const LED_CODE[17] =
{0b11000000,     //0:0
 0b11111001,     //1:1
 0b10100100,     //2:2
 0b10110000,     //3:3
 0b10011001,     //4:4
 0b10010010,     //5:5
 0b10000010,     //6:6
 0b11111000,     //7:7
 0b10000000,     //8:8
 0b10010000,     //9:9
 0b10001000,     //10:A
 0b10000011,     //11:B
 0b11000110,     //12:C
 0b10100001,     //13:D
 0b10000110,     //14:E
 0b10001110,     //15:F
 0b11111111,     //16:灭
}
```

5.2.2　动态显示程序设计

　　数码管动态显示需要两组信号来控制:一组是字段输出口,它控制的是字形代码,称为段码;另一组是位输出口,它用来选择第几位数码管亮,称为位码。

　　以图 5 - 3 所示的线路说明数码管动态显示的原理。图中所用的是 4 位的 8 段数码管,在动态显示中,由于各位数码管的段线并联,段码的输出对各位数码管来说都是相同的。因此,在同一时刻只能有某一位数码管处于导通状态,而其他各位数码管的位选线(公共端)处于关

闭状态。同时,段线上输出相应位要显示字符的字型码。这样在同一时刻,只有选通的那一位数码管显示出字符,而其他各位则是熄灭的。如要显示"1237",则先让千位显示"1",其他各位关闭,显示延时 1 ms 后,再让百位显示"2",其他各位关闭,依此类推,一直到个位显示"7",其他各位关闭,延时 1 ms。一直循环到适当的次数为止。虽然这些字符是轮流显示的,在同一时刻,只有一位显示,其他各位熄灭,但由于数码管的余辉特性和人眼视觉暂留现象,只要每位数码管显示间隔适当短,给人眼的视觉印象就会是连续稳定地显示。通常扫描间隔时间为 1~2 ms,如果间隔太大,显示就会有"闪"的感觉。

图 5-3 中的段码直接由单片机的 I/O 引脚控制,而位码由于电流超过 20 mA,故用一个小功率三极管放大控制数码管的公共端。由于所用的数码管是共阳的,因此按图中的接线,要使某位亮,则位选线要高电平,三极管导通,相应的数码管的公共端与电源 V_{DD} 接通。三极管起着放大电流及开关的作用。

247

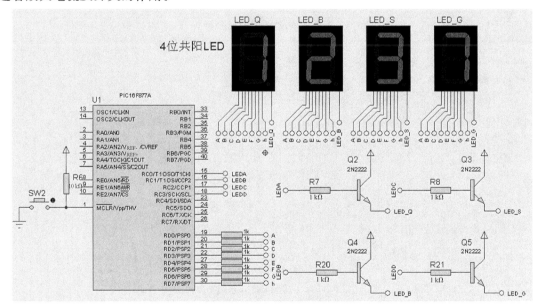

图 5-3　数码管动态显示原理图

【例 5.4】　数码管动态显示程序设计。

利用图 5-3 所示的线路,设计动态显示程序,显示的数初值为 1 234,每显示 50 次后数值加 1,用 TMR0 延时 1 ms 溢出中断,在中断服务程序中刷新显示。

先进行延时时间常数的计算,假设晶振 4 MHz,则 $T_{cy}=1\ \mu s$,1 ms 即 1 000 μs,设 TMR0 的分频系数为 K,$256 \times K = 1\ 000$,$K = 3.9$,取 $K = 4$。因此有:$(256 - X) \times 4 = 1\ 000$,得 $X = 6$,即 TMR0 用 1∶4 分频,延时常数为 6。程序中用宏定义 T0_1MS 替代常数 6。

【例5.4】　程序

```c
#include <pic.h>
__CONFIG (0x3F39);                  //调试用
#define T0_1MS   6                  //TMR0 延时 1 ms 时间常数
#define  LEDA  RC0                  //LED 千位
#define  LEDB  RC1                  //LED 百位
#define  LEDC  RC2                  //LED 十位
#define  LEDD  RC3                  //LED 个位
void CSH(void);                     //初始化程序
void interrupt ISR(void);           //中断服务程序
void BCD(unsigned int);
// const LED_CODE[16]与例 5.3 完全相同
char DD;                            //此变量确定动态显示的位,0~3分别显示千至个位
unsigned int NN;                    //用来累计动态显示的循环次数
unsigned int A;                     //要显示的数
char    WW,QW,BW,SW,GW;


main(void)
{  CSH();
   DD = 0;
   A = 1234;                        //从 1 234 值开始显示
   BCD(A);
   while(1)
   {   if  (NN >= 100)
       {   NN = 0;
           A++;                     //动态显示 50 次后显示的数加 1
           if(A>9999)              //只有 4 位数码管,超过 9 999 从 0 开始
                A = 0;
           GIE = 0;                //禁止中断
           BCD(A);
           GIE = 1;                //允许中断
       }
   };
}


//= = = = = = =初始化程序
void CSH(void)
```

```
{   OPTION = 0b1000001;   //预分频器给 TMR0,1:4
    TRISC = 0B11110000;   //RC0～RC3 分别接数码管的个位至千位
    TRISD = 0;            //RD 口接数码管的段码引脚
    TMR0 = T0_1MS;
    INTCON = 0B10100000;  //TMR0 中断使能
}


// = = = = = =//中断服务程序
void interrupt ISR(void)
{   if (TMR0IF)
    {   TMR0 = T0_1MS;              //重新对 TMR0 赋值延时 1 ms 的时间常数
        PORTC = PORTC & 0b11110000;
        TMR0IF = 0;
        if (DD = = 0)
        {   PORTD = LED_CODE[QW];   //DD = 0,显示千位
            LEDA = 1;
        }
        else if (DD = = 1)
        {   PORTD = LED_CODE[BW];   //DD = 1,显示百位
            LEDB = 1;
        }
        else if (DD = = 2)
        {   PORTD = LED_CODE[SW];   //DD = 2,显示十位
            LEDC = 1;
        }
        else if (DD = = 3)
        {   PORTD = LED_CODE[GW];   //DD = 3,显示个位
            LEDD = 1;
        }
        DD + +;
        if (DD>3)
        {   DD = 0;                 //千位显示后,下一次显示个位
            NN + +;
        }
    }
}


//BCD 子程序见附录
```

可以在其他不变的情况下,把 PROTEUS 工程中单片机的时钟由原来的 4 MHz 改为 10 kHz,这样在仿真运行中可以清楚地看到动态显示过程,以加深对动态显示原理的理解与认识。

5.2.3　静态显示设计

在静态显示中,可用各种专用芯片,如 MAX7219、HD7279A 等;也可用串口转并口的芯片,如 74HC164、74HC595 等。使用专用芯片价格较高,但只要一片就可以驱动若干个(如 8 个)数码管(及多个按键);使用串口转并口价格较低,但通常一个数码管要一片芯片,因此占用 PCB 板的面积较大。

这里以 74HC164 芯片作为静态显示的控制芯片为例,给出其硬件设计与软件设计的思路。实际上 74HC164 的接口就是 SPI 接口,因此可以用 SPI 接口来编程。

74HC164 是一个 14 引脚的串行转并行的芯片,其引脚如图 5-4 所示,功能表如表 5-2 所列。

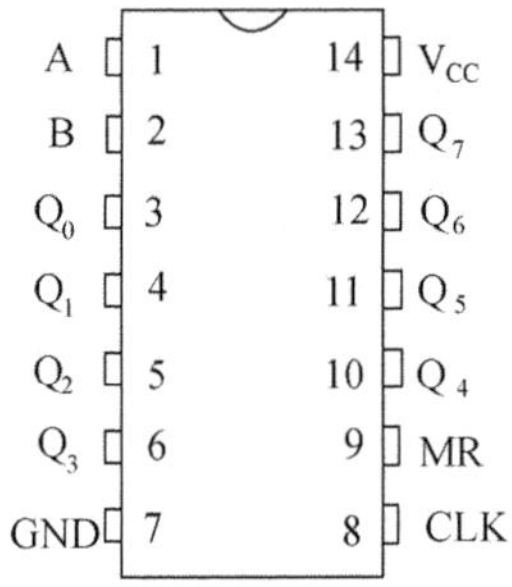

图 5-4　74HC164 芯片引脚图

表 5-2　74HC164 功能表

操作方式	输　入		输　出	
	MR	A　B	Q_0	$Q_1 \sim Q_7$
复位(清除)	L	X　X	L	L～L
移　位	H	L　L	L	$q_0 \sim q_6$
	H	L　H	L	$q_0 \sim q_6$
	H	H　L	L	$q_0 \sim q_6$
	H	H　H	H	$q_0 \sim q_6$

注:L 表示低电平,H 表示高电平,X 表示任意值,当时钟 CLK 从低至高变化时输出移位。

从表 5-2 看,通过不断的移位,就可以使所希望输出的状态在 74HC164 上出现。由于此类芯片的灌电流(流进芯片引脚的电流)远大于拉电流(流出芯片引脚的电流),因此把它用于数码管显示一定要使用共阳数码管。

图 5-5 是单片机与 74HC164 控制 4 个数码管的线路图。第一片的 74HC164 的 A、B 接在一起,接至单片机的 SPI 接口的 SDO。所有 74HC164 的时钟线都接在一起,接至单片机的 SPI 接口的 SCK。第 1 片 74HC164 的 Q7 接到第 2 片 74HC164 的输入端 A、B,第 2 片 74HC164 的 Q7 接到第 3 片 74HC164 的输入端 A、B。从理论上讲,可以无限地"串接"数码管,但是,如果显示的数码管的个数太多,可能会出现刷新显示时闪动的现象。图 5-5 中使用阻值为 510 Ω 的排阻 RN1～RN4 来限流。

从图 5-5 可以看到,控制若干个数码管,只用到单片机的 2 根 I/O 引脚。可以说这是一种最节省 I/O 口的方案。

为了让线路图美观,图 5-5 中的 74HC164、8 段数码管的器件图是经过改画的,与 PRO-TEUS 库中原来的元件外观不同。

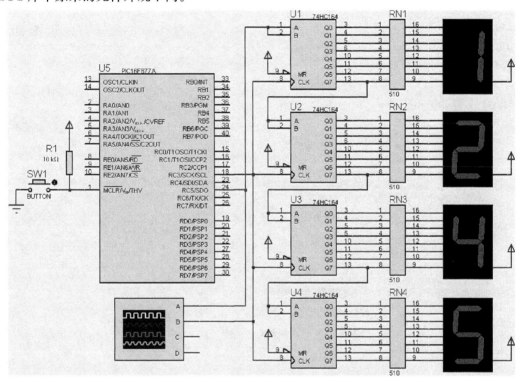

图 5-5　用 74HC164 控制数码管的线路图

【例 5.5】　用单片机的 SPI 接口控制 74HC164 来控制数码管显示。

根据图 5-5 所示的线路图编制单片机控制 74HC164 显示的程序。图中的接线是用 SPI 接口的时钟线接 74HC164 的时钟,用 SPI 接口的数据输出线接 74HC164 的数据输入端。假设从上到下的数码管分别为千位、百位、十位和个位。由于 74HC164 用移位的方法将串行数据转换为并行数据,最先发出的数据是移到最后一位的,因此按图中的接线,个位显示码先发,且先发最高位。

【例 5.5】　程序

```
//例 5.5 74HC164 显示
# include <PIC.H>
```

```
__CONFIG (0x3F39);          //调试用
#define  AB   RD0
#define  CLK  RD1

void SPI_WRITE(char * );
void DISP_FOUR(char * );
void BCD(unsigned int);
void DELAY(unsigned int);
// const LED_CODE[16]与例5.3完全相同
char A[4],WW,QW,BW,SW,GW;
unsigned int X;
main(void)
{
    TRISC = 0b00010000;  //RC3 输出(SCK),RC4 输入(SDI),RC5 输出(SDO)
    SSPEN = 1;           //SPI 串口使能
    CKP = 1;             //空闲时钟为高电平
    SSPM3 = 0;
    SSPM2 = 0;
    SSPM1 = 0;
    SSPM0 = 1;           //SPI 主控模式,时钟为 f_osc/16
    STAT_SMP = 1;        //在数据输出时间的末端采样输入数据
    STAT_CKE = 0;        //在 SCK 上升沿传输数据
    X = 1234;
    while(1)
    {   BCD(X);
        A[0] = GW;       //最先发的移到最后
        A[1] = SW;
        A[2] = BW;
        A[3] = QW;
        DISP_FOUR(A);  //要根据 LED 在板上的实际位置,确定哪个是千位,哪个是百位,哪个是十
位,哪个是个位
        X++;
        if  (X>9999)
            X = 0;
        DELAY(500);
    };
}
```

```
//写一字节命令或数据
void SPI_WRITE(char * A)
{    char BUF;
     BUF = LED_CODE[ * A];            //查显示代码
     SSPBUF = BUF;                    //送出数据
     while(STAT_BF = = 0);            //等待数据接收完毕
     BUF = SSPBUF;                    //空读数据,无用
}


//显示4个数,最先发出的移到最后
void DISP_FOUR(char * A)
{    SPI_WRITE(A + +);               //先发个位
     SPI_WRITE(A + +);               //发十位
     SPI_WRITE(A + +);               //发百位
     SPI_WRITE(A);                   //最后发千位
}
//BCD、DELAY 子程序见附录
```

【例5.6】 用单片机的I/O引脚模拟 SPI 接口控制 74HC164。

与例5.5不同的是,这里虽然线路图不变,但这里不用 SPI 接口,而是把 RC3/SCK、RC5/SDO 作为一般的 I/O 引脚使用,实际上可以用其他任意的 I/O 引脚替代这两个引脚。此程序用 I/O 引脚 RC3 模拟时钟信号,RC5 模拟数据信号,并用移位的方法判断最高位是 0 还是 1 来确定输出信号的电平。此程序与例5.5的不同之处在于,用此子程序 DISP_ONE(char *) 代替例5.5的 SPI_WRITE(char * A),其他完全相同,故只给出子程序 DISP_ONE(char *),程序运行的结果相同。这里可以看到,用 I/O 引脚模拟 SPI 接口其实不复杂。

受单片机的资源受限,或者出于成本等原因,可以用普通的 I/O 引脚模拟 SPI、I²C、US-ART 等模块的功能,此时要求设计者对这些通信方式的时序有较深入的理解。

【例5.6】 程序

```
...
void DISP_ONE(char * );
...
//在数码管上显示一个字符
void DISP_ONE(char * A)
{    char i,j;
     j = LED_CODE[ * A];             //得到显示码 j
     for (i = 0;i<8;i + +)           //每个字节共8位
     {    CLK = 0;                   //先让时钟信号置低电平
```

253

```
        if((j & 0x80) = = 0x80)          //根据数据 A 的最高位确定数据线的电平
            AB = 1;
        else
            AB = 0;
        NOP();
        CLK = 1;                         //时钟信号变为高电平,上升沿,数据读入移位
        j = j<<1;                        //输出 1 位后数据左移,为下次输出做准备
        }
    AB = 0;
}
...
```

图 5-6 为用 I/O 口模拟 SPI 接口的单片机输出显示"2"的代码 0xA4=0b10100100 的波形图,注意,SPI 接口的数据是高位在先。

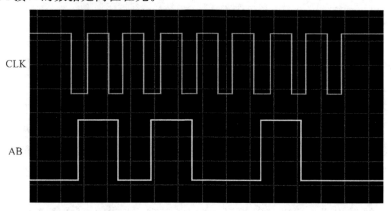

图 5-6　单片机模拟 SPI 接口输出代码 0xA4＝0b10100100 的波形图

5.3　字符型 LCD 使用

　　LED 数码管显示虽然简单,价格低廉,但显示的内容有限,同时功率损耗大,不适合于用电池供电的场合。LCD 显示以其显示精细、低功耗等优点得到了越来越多的单片机设计者的青睐。这里所说的 LCD 实际上是 LCM,LCM 指的是 LCD 与控制模块组合在一起,称为 LCD 模块,在此后,如不混淆,均以 LCD 表示。

　　LCD 的应用很广,如电子手表、计算器、手机、MP3、电子导航仪等。LCD 可分为两种类型:一种是字符模式,另一种为图形模式。

　　本节介绍字符型 LCD。字符型液晶显示模块是一类专门用于显示字母、数字、符号的点

阵型液晶显示模块。它是由若干个点阵字符位组成的。每一个点阵字符位都可以显示一个字符。点阵字符位之间空有一个点距的间隔,起到了字符间距和行距的作用,常见的有 $5 \times 7+$ 光标和 $5 \times 10+$ 光标等。由于在 LCM 中接口是由 LCD 的控制芯片确定的,因此在应用时要确定所用的 LCM 的控制芯片的型号,找到该控制芯片的资料,才能确定硬件与软件方案。

在 PROTEUS 元件库中,字符型 LCD 有 16×2、32×2、40×2 、16×1 、20×2 、16×4 和 20×4 几种,这里,16×2 表示是 2 行,每行 16 个字符。此类 LCM 内部的控制芯片是 HD44780 或 KS0066 之类,其接口、命令基本相同。这里以 16×4 的字符型 LCD LM041L 为例说明其使用方法,LCD LM041L 的控制芯片是 KS0066。

LM041L 介绍

1. LM041L 引脚功能及接线

图 5-7 为 LM041L 的引脚图,引脚的功能如表 5-3 所列。该 LCM 的数据线可以为 8 位或者 4 位,显然,采用 4 位的数据线可以节省单片机的 I/O 口。在使用 4 位数据线时,只用到 LCD 的高 4 位数据线,低 4 位可以悬空。图 5-7 中的电位器是用来调整背光亮度的,其第 3 脚在有的 LCD 中标注为"Vo"。在 PRITEUS 中,背光是不能模拟仿真的。

255

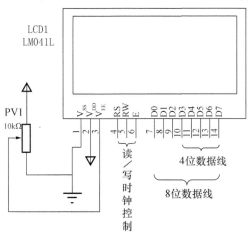

图 5-7　LM041L 引脚图

LM041L 的点阵为 5×7 及 5×8 点阵,如设置为 5×7 点阵,最低行为光标,如果选 5×8,则光标与最低行重叠,所以建议选用 5×7 点阵。

表 5 - 3　LM041L 引脚功能表

引脚名	功　能
RS	命令/数据选择:1 表示数据,0 表示命令
R/W	读/写选择:1 表示读,0 表示写
E	数据使能:下降沿送入有效
DB7~DB0	数据线,如用 4 位数据,使用高 4 位

2. LM041L 命令介绍

单片机是通过硬件接口向 LCD 发送各种命令来控制 LCD 的显示的。

KS0066 内置了 DDRAM、CGROM 和 CGRAM。下面先介绍几个名词。

- DDRAM:就是显示数据 RAM,用来存放待显示的字符代码。共 80 个字节,LCD 显示屏上的每个位置都有相对应的 DDRAM 字节,在 DDRAM 中某地址写入字符代码,就是在 LCD 相应的位置显示字符,其地址和屏幕的对应关系如表 5 - 4 所列。而字符代码就是 CGROM 中的字符对应的地址。

表 5 - 4　字符型 LCD LM041L 显示位置与 DDRAM 地址关系表(十六进制数)

行	列						
	1	2	3	...	14	15	16
1	00	01	02	...	0D	0E	0F
2	40	41	42	...	4D	4E	4F
3	10	11	12	...	1D	1E	1F
4	50	51	52	...	5D	5E	5F

- CGROM:字符发生器 ROM,只读存储器,LCD 厂家存放能让用户使用的已经定义好的字符点阵数据或字符代码,把此字符对应地址(图 5 - 10)写入 DDRAM,就是在 LCD 上显示对应的字符。
- CGRAM:字符发生器 RAM,存放用户自定义的字符点阵,LM041L 共有 8 个用户可定义的字符,地址为 0x00~0x07。
- AC:地址计数器,用来存放 DDRAM/CGRAM 的地址。每当读或写 DDRAM/CGRAM 时,AC 自动加 1/减 1,是加 1 还是减 1,由命令控制。

LM041L 的命令如表 5 - 5 所列,要注意每条命令的执行时间是不同的,每条命令后要按照表中的要求延时。

表 5 - 5　字符型 LCD LM041L 命令一览表

序号	命令	命令码(8 位命令格式)									说　明	执行时间
		RS	RW	DB7	DB6	DB5	DB4	DB3	DB2	DB1	DB0		
1	清屏	0	0	0	0	0	0	0	0	0	1	清除显示,光标归零	1.53 ms
2	光标归零	0	0	0	0	0	0	0	0	1	—	光标归零,但不清除显示	1.53 ms
3	输入模式设置	0	0	0	0	0	0	0	1	I/D	S	设置光标移动方向,使能整体移动	39 μs
4	显示控制	0	0	0	0	0	0	1	D	C	B	控制显示、光标和光标闪烁	39 μs
5	光标或显示移动控制	0	0	0	0	0	1	S/C	R/L	—	—	光标与显示移动及方向控制,不改变 DDRAM	39 μs
6	功能设置	0	0	0	0	1	DL	N	F			命令位数,显示行数,字型点阵设置	39 μs
7	设置 CGRAM 地址	0	0	0	1	AC5	AC4	AC3	AC2	AC1	AC0	设置 CGRAM 的地址计数器 AC 的值,即设置显示行列位置	39 μs
8	设置 DDRAM 地址	0	0	1	AC6	AC5	AC4	AC3	AC2	AC1	AC0	设置 DDRAM 的地址计数器 AC 的值,即设置显示位置	39 μs
9	读忙标志位	0	1	BF	AC6	AC5	AC4	AC3	AC2	AC1	AC0	读忙标志,同时也获得地址计数器的值	0 μs
10	写数据到 RAM	1	0	D7	D6	D5	D4	D3	D2	D1	D0	写数据到 DDRAM/CGRAM,如果显示打开的放即显示	43 μs
11	从 RAM 读数据	1	1	D7	D6	D5	D4	D3	D2	D1	D0	从 DDRAM/CGRAM 读数据	43 μs

注:I/D:I/D=1,完成一个字符码传送后,光标右移,AC 自动加 1;I/D=0,完成一个字符码传送后,光标左移,AC 自动减 1。

S:整体移动使能,S=1 为使能整体移动;S=0 为禁止整体移动,移动方向由 I/D 确定。

D:显示打开与关闭,D=1 打开显示;D=0 关闭显示,但数据还保留在 DDRAM 中,打开显示后即可再现。

C:光标显示控制标志,C=1,光标显示;C=0,光标不显示,光标在第 8 行显示。

B:闪烁显示控制标志,B=1,光标所指位置上,交替显示全黑点阵和字符,产生闪烁效果;B=0,关闭闪烁。

R/L:光标移动方向,R/L=1,向右移动;R/L=0,向左移动。

S/C:光标或显示移位,可使光标或显示在没有读/写显示数据的情况下,向左或向右移动。

S/C	R/L	说　　明
0	0	光标向左移动，AC 自动减 1
0	1	光标向右移动，AC 自动加 1
1	0	光标与显示一起向左移动，AC 值不变
1	1	光标与显示一起向右移动，AC 值不变

DL：数据线宽度设置，DL＝1，8 位数据线；DL＝0，4 位数据线。

N：显示行数设定，N＝1，4 行；N＝0，2 行，此时只显示行 1 和行 3。

F：字形设定，F＝1，5×8 点阵；F＝0，5×7 点阵。

BF：LCD 内部操作忙标志，BF＝1，表示模块正在进行内部操作，此时模块不接收任何外部指令和数据；BF＝0，表示内部空闲，只有在 BF＝0 时送到 DB7～DB0 的数据才有效。

　　图 5－8 给出了 LM041L 与单片机的 4 位数据方式接线图。原则上，单片机的 I/O 口都可以作为该 LCD 的控制线及数据线。在仿真时，调整背光的 RV1 可以不接，LCD 的第 3 脚悬空。

说明：严格地说，对 LCD 的写、读操作必须先检测 LCD 是否忙，只有在 LCD 空闲时，对其发送的数据才有效。有时为了"偷懒"，采用每条指令后延时足够的时间，让 LCD 执行完毕，这种方法也是可以的。但延时时间不小于表 5－5 中所给的执行时间。

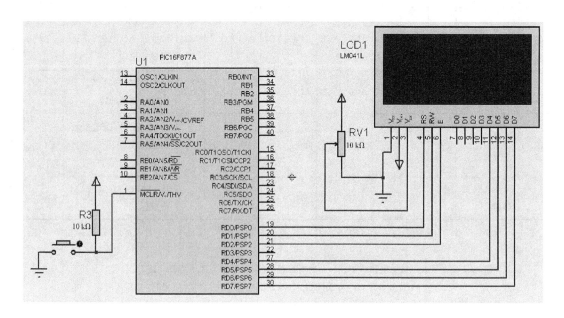

图 5－8　单片机与 LM041L 接线图

PIC16系列单片机C程序设计与PROTEUS仿真

3. LM041L 的初始化

根据相关 LCD 的数据手册，LM041L 的 4 位数据格式的初始化过程如图 5-9 所示。

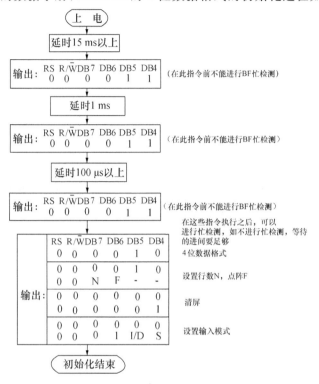

图 5-9　LM041L 4 位数据格式的初始化流程图

4. LCD 的定位与显示

在 LCD 显示前，一般要先对显示位置进行定位，即写位置命令，即表 5-5 中序号 8 命令。如果要显示的字符未超出本行，不需要重写位置命令，因为每读/写 DDRAM/CGRAM 时 AC 自动加 1/减 1。

当显示相关的设置完成并送出写位置命令后，发送表 5-5 中序号 10 命令（数据）就是把该数据写入 DDRAM，而其中的数据 D7～D0 是已经存于 CGROM 中的字符的地址或 CGRAM 的地址。CGROM 的地址与字符如图 5-10 所示。如写显示数据 0x41，从图 5-10 中可以找到，其代表的字符就是字母"A"，也就是说，把数据 0x41 写入 DDRAM，就是在当前 AC 指定的位置显示字符"A"。

从图 5-10 的 CGROM 字符码表中可以看到，在地址为 0x21H～0x7D 的字符与 ASCII 码表中的字符编码完全相同，因此这些字符的地址可以直接用单引号表示，如用'A'表示大写字母 A 的 ASCII 码。这是因为在编译时，'A' 被编译成 0x41，就是字母"A"的地址。而在地址 0x21H～0x7D 之外的字符则直接用其编码地址，如要显示"π"，就用其编码 0xF7，在当前 DDRAM 写数据 0xF7 就是显示"π"。

　　顺便说明一下，在实际应用中，如用到图 5 - 10 中的地址 0xA0～0xFF 之间的字符，不一定与图 5 - 10 的相同，与所选用的 LCD 生产厂家有关，有的是日系（图 5 - 10），有的是欧系，使用时要查一下相关手册。

CGROM　字符码表

高4位 低4位	0000	0001	0010	0011	0100	0101	0110	0111	1000	1001	1010	1011	1100	1101	1110	1111
0000			(空格)	0	@	P	`	p				―	タ	ミ	α	p
0001			!	1	A	Q	a	q			。	ア	チ	ム	ä	q
0010			"	2	B	R	b	r			「	イ	ツ	メ	β	θ
0011			#	3	C	S	c	s			」	ウ	テ	モ	ε	∞
0100			$	4	D	T	d	t			、	エ	ト	ヤ	μ	Ω
0101			%	5	E	U	e	u			・	オ	ナ	ユ	σ	ü
0110			&	6	F	V	f	v			ヲ	カ	ニ	ヨ	ρ	Σ
0111			'	7	G	W	g	w			ア	キ	ヌ	ラ	g	π
1000			(	8	H	X	h	x			イ	ク	ネ	リ	√	x̄
1001			)	9	I	Y	i	y			ゥ	ケ	ノ	ル	ˉ¹	y
1010			*	:	J	Z	j	z			エ	コ	ハ	レ	j	千
1011			+	;	K	[	k	{			オ	サ	ヒ	ロ	×	万
1100			,	<	L	¥	l	|			ヤ	シ	フ	ワ	¢	円
1101			-	=	M	]	m	}			ユ	ス	ヘ	ン	£	÷
1110			.	>	N	^	n	→			ヨ	セ	ホ	゛	ñ	
1111			/	?	O	_	o	←			ッ	ソ	マ	゜	ö	█

图 5 - 10　LM041L 中的 CGROM 字符码表

5. 自定义字符的定义与显示

在 LM041L 中，CGRAM 可以定义 8 个字符，每个 5×8 点阵的字模需要 8 字节的数据，因此每个自定义字符的字模要存放于 8 个 CGRAM 存储器中。在表 5 - 5 中序号 7 的命令就是设置自定义字符地址。这个指令的指令数据的高 2 位已固定为 0b01，只有后面的 6 位是地址数据，而这 6 位中的高 3 位就表示这 8 个自定义字符的地址，范围为 0x00～0x07（相当于CGROM 中的地址，在显示时引用的地址），最后的 3 位就是字模数据的 8 个地址了（内部使用，只在定义时用到，与显示引用无关）。例如，第 1 个自定义字符的字模数据存放的地址为0b000000～0b000111 的 8 个地址，第 2 个自定义字符的字模数据存放地址为 0b001000～0b001111 的 8 个地址，…，第 8 个自定义字符的字模数据存放地址为 0b111000～0b111111 的8 个地址。要让 LCD 某点显示，则向该地址写入"1"，写入"0"则为空显示。假设要定义 5×8字符"▲"，我们向这 8 个字节写入如下的字模数据，让它显示出"▲"。

命令：	0b01000000	数据：	0b00000	图示：	□□□□□
	0b01000001		0b00100		□□■□□
	0b01000010		0b00100		□□■□□
	0b01000011		0b01110		□■■■□
	0b01000100		0b01110		□■■■□
	0b01000101		0b11111		■■■■■
	0b01000110		0b11111		■■■■■
	0b01000111		0b00000		□□□□□

虽然是 5×8 点阵，但我们要为光标预留位置，故最后一行为空，即 0。

显然，CGRAM 的数据在掉电后丢失，也就是说，上电时在初始化程序中要重新写入自定义字符数据到 CGRAM 中。

6. 编程示例

【例 5.7】　LCD LM041L 显示编程。

程序如例 5.7 程序，采用图 5 - 8 的线路图。

以下以 4 位数据接线方式为例，给出相应的编程方法。各相关子程序的说明如下。

① 写 4 位数据/命令子程序 LCD_WRITE_4(char R1, char FLAG)。

这个程序把写数据（显示）和写命令合为一体，如果 FLAG＝COM（定义为 0）则为写命令，FLAG＝DATA（定义为 1）则为写数据，要写的 4 位数据/命令赋给 R1 的低字节即可。由于所用的接线是 RD4～RD7 接 LCD 的 DB4～DB7，因此把数据送到 RD 口前要左移位 4 次。由于程序中定义了常数 COM 和 DATA，因此调用时非常方便。

② 写 8 位命令/数据子程序 LCD_WRITE(char R1, char FLAG)。

这个程序先进行忙检测，如果不忙，就分别调用两次的写 4 位命令/数据子程序 LCD_WRITE_4，把 8 位命令/数据分为两次输出，先送高 4 位，再送低 4 位，然后延时 100 μs。其中的参数 R1 是 8 位命令/数据，FLAG 与子程序 LCD_WRITE_4 一样。若要显示字符"A"，就直接调用 LCD_WRITE('A',DATA)即可。

③ 在某行中显示整行子程序 DISP_C(char line)。

此程序要求在调用前先对全局变量数组 DD 进行赋值,DD 数组中的值就是要显示的内容,即 CGROM 或 CGRAM 的地址。由于定义好了 4 个行的地址常数,因此在调用时只要写好要显示的行即可,可在行 3 显示,直接调用 DISP_C(LINE3)就是把已存放在 DD 数组中的数在行 3 显示出来。

④ 按照所定义的常数数组显示整屏子程序 DISP_MENU(const char * A)。

此子程序要显示的内容必须以常数的方式存放在程序存储器中,即用 const 关键字定义的常数字符数组,这种方法定义的字符直观。如定义如下:

```
const char MENU0[4][17] = {
{"    PIC16F877A    "},
{"      PICC 9.5    "},
{" * * PROTEUS7.5 * *"},
{" = = 2009.07  = = ="}};
```

此子程序的形参是一个指向常数的字符指针。可这样调用:DISP_MENU(* MENU0)。

这个子程序实际上就是分 4 次调用行显示子程序 DISP_C,在调用前先对数组 DD 赋值。由于存放显示字符的数组中最后还存放一个结束字符,所以在显示一行后要空读一次,详细介绍见子程序 DISP_MENU。

⑤ 忙检测子程序 LCD_BUSY()。

这个子程序读 LCD,检测忙标志位是否为 0,如为 0 即退出,非 0 则继续等待。此程序调用了 LCD_READ()子程序。

⑥ 读 LCD 子程序 LCD_READ()。

在本程序中读 LCD 的目的只是为了获得忙标志位 BF,虽然还同时得到了当前的 AC 值,但此时无用,弃之,如果需要可自编程,读入 AC 值。

⑦ 自定义字库子程序 ZK()。

此程序按照 const char DDD[8][8]定义的常数,把这些数据写入 CGRAM 的自定义字符的寄存器中,这样,如果要显示时,直接引用这些 CGRAM 地址(0~7,8~0x0F),与显示其他字符相同。

由于在程序的开头定义了行常数,因此如果要在行 2(从行 1~行 4)的位置 5(从位置 0 开始算)显示自定义于 CGRAM 地址 1 的字符,则执行两条语句即可

```
LCD_WRITE(LINE2 + 5,COM);
LCD_WRITE(1,DATA);
```

如果把上面的第 2 行写为

```
LCD_WRITE('1',DATA);
```

则是显示字符"1"而不是显示自定义字符!

这里再说明一点,如果要显示经过 BCD 转换后的变量,如变量 GW(其值一定在 0～9 之间),则执行以下语句:

```
LCD_WRITE(GW + 0x30,DATA);
```

　或

```
LCD_WRITE(GW + '0',DATA);
```

就可以显示 GW 变量的值了。

程序运行的结果如图 5 - 11 所示。图中分别为 PROTEUS 的仿真结果与实际的 LCD 运行结果照片比较。

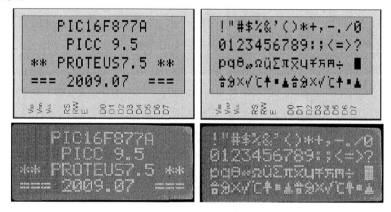

图 5 - 11　LCD LM041L 的 PROTEUS 仿真(上)与实际硬件运行(下)的显示效果图

图 5 - 11 左边为显示一个菜单,即调用子程序 DISP_MENU 把在程序存储器中定义的一个 2 维数据完全不变地显示出来。

图 5 - 11 右边的第一行显示的是在 CGROM 中的"!"～"0"的 16 个字符,第二行显示的是 CGROM 中的"0"～"?"的 16 个字符,第二行显示的是 CGROM 中的从 ASCII 值为 0xF0～0xFF 的 16 个字符,即图 5 - 10 中的最后 16 个字符,最后一行显示自定义字符,由于 LM041L 最多只有 8 个自定义字符,因此 0x08～0x0F 的字符与 0x00～0x07 的相同。

【例 5.7】　程序

```
//例5.7,采用4位数据格式
# include <pic.h>
__CONFIG(0x3F39);        //调试用
# define  LCD_E    RD2 //LCD E 读/写使能控制
# define  LCD_RW   RD1  //LCD 读(1)/写(0)控制线
```

```
#define  LCD_RS     RD0      //LCD 寄存器选择   数据(1)指令(0)
#define  COM        0        //在 LCD_WRITE()中的第 2 参数为 0 表示写命令
#define  DATA       1        //在 LCD_WRITE()中的第 2 参数为 1 表示写数据
bank1 char DD[16];           //一行 LCD 显示数据暂存,定义在体 1

void CSH(void);                      //初始化
void LCD_CSH(void);                  //LCD 初始化
void LCD_BUSY(void);                 //检测 LCD 是否忙
char LCD_READ(void);                 //读 LCD,忙检测用
void LCD_WRITE(char,char);           //LCD 写 1 字节,命令或数据
void LCD_WRITE_4(char,char);         //LCD 写半字节
void DISP_C(char);                   //在指定行中显示字符,字符在数组 DD 中
void DISP_MENU(const char *);        //由常数数组显示整屏字符
void ZK(void);                       //自定义字库
void DELAY_US(char);
void DELAY(unsigned int);

//整屏界面,每行 16 个字符,最后有一个结束符,故第 2 个下标为 17
const char MENU0[4][17] = {
{"    PIC16F877A   "},
{"      PICC 9.5   "},
{"** PROTEUS7.5 **"},
{" = = = 2009.07   = = ="}};
//定义常数
#define LINE1    0b10000000
#define LINE2    0b11000000
#define LINE3    0b10010000
#define LINE4    0b11010000
const char LINE[4] = {LINE1,LINE2,LINE3,LINE4};

//自定义字符,最多 8 个,地址为 0~7,8~15 与之相同
//下面数据中,每一行为一个字符,每个字符为 5 列×8 行,1 为亮 const char DDD[8][8] =
{{0b00100,0b01010,0b11111,0b00000,0b01110,0b01010,0b01110,0b00000},
 {0b00100,0b01010,0b10001,0b01111,0b00101,0b01001,0b10110,0b00000},
 {0b00000,0b10001,0b01010,0b00100,0b01010,0b10001,0b00000,0b00000},
 {0b00001,0b00010,0b00010,0b10100,0b10100,0b01000,0b01000,0b00000},
 {0b10000,0b00111,0b01000,0b01000,0b01000,0b01000,0b00111,0b00000},
```

```
{0b00100,0b01110,0b01110,0b11111,0b00100,0b00100,0b00100,0b00000},
{0b00000,0b00000,0b01110,0b01110,0b01110,0b00000,0b00000,0b00000},
{0b11111,0b11111,0b00000,0b00000,0b00000,0b00000,0b11111,0b11111}
};
```

```
            //= = = = = = = = 主程序
        main(void)
        {   char i,j;
            CSH();
            ZK();                        //写入自定义字符
            DISP_MENU( * MENU0);         //显示整屏
            DELAY(2000);
            for (i = 0;i<16;i + +)
                DD[i] = i + '!';
            DISP_C(LINE1);               //在行 1 位置 0 开始显示从"!"开始的 16 个字符
            for (i = 0;i<16;i + +)
                DD[i] = i + '0';
            DISP_C(LINE2);               //在行 2 位置 0 开始显示从"0"开始的 16 个字符
            for (i = 0;i<16;i + +)
                DD[i] = i + 0xF0;
            DISP_C(LINE3);               //在行 3 位置 0 开始显示图 5 - 10 所示的最后 16 个字符

            for (i = 0;i<16;i + +)
                DD[i] = i;
            DISP_C(LINE4);               //在行 4 起始位置 0 开始显示自定义字符,由于只有 8 个,实
际上显示后 8 个是重复前 8 个
        while(1);
        }

        //= = = = = = = = = 初始化端口
        void CSH(void)
    {   INTCON = 0;
        TRISD = 0b00000000;              //控制 LCD1604,全为输出
        LCD_CSH();
    }

//= = = = = = = = = 读 LCD 状态
```

```
char LCD_READ(void)
{    unsigned char  R1;
     LCD_RS = 0;                      //寄存器选择
     LCD_RW = 1;NOP();                //读为1
     LCD_E = 1;NOP();                 //使能
     R1 = 0;                          //短延时
     R1 = (PORTD<<4) & 0x0F;          //读数据的高4位给R1
     LCD_E = 0;NOP();                 //读数据结束
     LCD_E = 1;NOP();                 //使能
     R1 |= (PORTD & 0x0F);            //读PORTD的低4位,R1的高4位不变
     LCD_E = 0;NOP();                 //读数据结束
     LCD_RW = 0;
     return (R1);
}


//写R1的低4位,FLAG为寄存器选择,1为命令,0为数据
void LCD_WRITE_4(char R1,char FLAG)
{    LCD_RW = 0;NOP();                //写模式
     LCD_RS = FLAG;NOP();             //寄存器选择
     PORTD &= 0x0F;NOP();             //RD高4位先清0
     LCD_E = 1;NOP();                 //使能
     R1 = R1<<4;                      //R1低4位送至高4位
     PORTD |= R1;NOP();               //送4位
     LCD_E = 0;NOP();                 //数据送入有效
     LCD_RS = 0;NOP();
     PORTD &= 0x0F;                   //RD高4位清0
}


//在line行显示整行,共16个字符,字符在数组DD中,注意显示字符直接将字符放入DD数组
//而显示数字时则要将数值转换成显示的ASCII码
void DISP_C(char line)
{    char i;
     LCD_WRITE(line,COM);            //写行命令
     for (i = 0;i<16;i + +)
         LCD_WRITE(DD[i],DATA);      //写16个数据,即显示1行
}
```

```
//完全按照数组中的字符显示整屏
void DISP_MENU(const char * A)
{    char i,j;
     for (i = 0;i<4;i + +)
     {    for (j = 0;j<16;j + +)
              DD[j] = * A + +;
          A + +;                          //因为末尾还有结束字符
          DISP_C(LINE[i]);
     }
}


//自定义字库,5×8 点阵
void ZK()
{    unsigned i,j,k;
     k = 0b01000000;                       //自定义字符地址命令,低 6 位为地址,最多为 8 个字符
                                           //显示自定义字库时,其中地址为 0~7
     for (i = 0;i<8;i + +)                 //对字符个数循环,共 8 个字符
     {    LCD_WRITE(k,COM);                //写地址,每个字符为 8 个字节数据(5×8 点阵)
          for (j = 0;j<8;j + +)            //对每个数据的行循环,共 8 行
              LCD_WRITE(DDD[i][j],DATA);   //写数据,即位图数据,低 5 位有效
          k + = 8;
     }
}


//写一字节数 R1,FLAG 为写命令或数据选择,0 为写命令,1 为写数据
//写之前先检查是否忙,写完后延时 100 μs,分两次写 4 位数据/命令
void LCD_WRITE(char R1,char FLAG)
{    char R2;
     LCD_BUSY();
     R2 = R1 & 0xF0;               //低 4 位清 0
     R2 = R2>>4;                   //取高 4 位
     LCD_WRITE_4(R2,FLAG);         //先写高 4 位
     R2 = R1 & 0x0F;               //高 4 位清 0,取低 4 位
     LCD_WRITE_4(R2,FLAG);         //再送低 4 位
     DELAY_US(10);                 //延时 100 μs
}
```

```
//字符型 LCD 模块初始化,注解中的命令序号指表 5－5 中的序号
void LCD_CSH(void)
{   DELAY(20);                          //延时 20 ms
    LCD_WRITE_4(0b0011,COM);            //发送控制序列
    DELAY(1);                           //延时 1 ms
    LCD_WRITE_4(0b0011,COM);            //发送控制序列
    DELAY_US(10);                       //延时 100 μs
    LCD_WRITE_4(0b0011,COM);            //发送控制序列
    DELAY_US(10);                       //延时 100 μs
    LCD_WRITE_4(0b0010,COM);            //4 位数据格式
    LCD_BUSY();                         //LCD 忙检测
    LCD_WRITE(0b00101000,COM);          //序号 6 命令,4 位数据格式,2 行(实际上 4 行),5×7 点阵
    LCD_WRITE(0b00001100,COM);          //序号 4 命令,D(d2) = 1:打开显示,C(d1) = 1:光标打开,B(d0) = 1:
光标闪烁
    LCD_WRITE(0b00000001,COM);          //序号 1 命令,清除显示
    DELAY(2);                           //延时 2 ms
    LCD_WRITE(0b00000110,COM);          //序号 3 命令,输入模式,I/D(d1) = 1:地址加 1,S(d0) = 1:显示
移位关闭
}
// = = = = = = = = =检测 LCD 是否忙
void LCD_BUSY(void)
{   unsigned char R1;
    while(1)
    {   R1 = LCD_READ();                //读寄存器
        if ((R1 & 0x80) = = 0x00)       //最高位为忙标志位
            break;
    };
}
//DELAY、DELAY_US 子程序见附录
```

5.4　点阵型 LCD 使用

　　字符型 LCD 只能显示字符,无法显示出图形曲线,而点阵型 LCD 可以显示曲线、汉字。在没有汉字字库的 LCD 上显示汉字,实际上是在 LCD 上"画"汉字。有些国产点阵型 LCD 带有汉字字库,这样在显示时就像字符型 LCD 显示字符那么简单,只要给出汉字的编码就可以

了。但是带有汉字字库的 LCD 价格稍高。在 PROTEUS 库中的 LCD 不带汉字字库。通常单片机控制的 LCD 要显示的汉字并不多,因此可以利用汉字字模提取软件提取字模,用户可以上网下载免费的字模提取软件产生汉字字模数据。

如前所述,LCD 的接口接线、软件编程与 LCD 所用的控制芯片有关,在使用时必须查看相关资料,可以在计算机联网的情况下,在 PROTEUS 仿真界面右击 LCD 芯片,在弹出的界面中单击"Display Datasheet"就可以下载相关的控制芯片的资料(如果此项菜单不能使用,要自行上网查找资料)。PROTEUS 库中点阵 LCD 的控制芯片型号如表 5－6 所列。

表 5－6　PROTEUS LCD 库控制芯片型号一览表

控制芯片	LCD 型号
Toshiba T6963C　控制器	LM3228、LM3229、LM3267、LM3283、LM3287、LM4228、LM4265、LM4267、LM4283、LM4287、PG12864F、PG24064F、PG128128A、PG160128A
Sharp SED1520　控制器	AGM1232G 、EW12A03GLY、HDM32GS12－B、HDM32GS12Y－B
Sharp SED1565　控制器	HDG12864F－1、HDS12864F－3、HDG12864L－4、HDG12864L－6、NOKIA7110、TG126410GFSB、TG13650FEY
Samsung KS0108　控制器	AMPIRE128x64、LGM12641BS1R

在 LCD 的硬件接口中有并口(8 位)、半并口(4 位)和串口接线方式,使用的编程方式也不同。本节介绍有代表性的串口和并口接线方式的使用与编程。要介绍的串口 LCD 为 HDG12864F－1,并口 LCD 为 HDG12864F－3。

5.4.1　串口接线的 LCD HDG12864F－1

1. HDG12864F－1 接口与命令

HDG12864F－1 属于 SPI 接口的 128×64 的点阵型 LCD,控制芯片为 SED1565。它在硬件上纵向分为 8 页,横向分为 128 列。HDG12864F－1 与单片机的接线如图 5－12 所示。这里,用 RC2 引脚模拟 SPI 的时钟线 SCK,用 RC3 引脚模拟 SPI 的数据输出线 SDO。HDG12864F－1 的引脚功能如表 5－7 所列,有些引脚与串口接线方式无关,这里不给出。表 5－8 给出了 HDG12864F－1 主要的命令。

HDG12864F－1 在串行工作方式下,只能对 LCD 写操作,不能对 LCD 读操作。

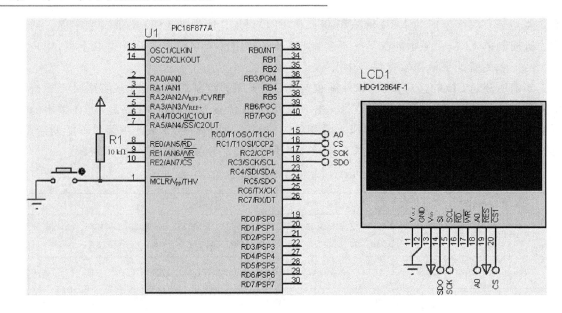

图 5－12 HDG12864F－1 与单片机的接线图

表 5－7 HDG12864F－1 引脚功能(与串行接口有关)

引脚编号	符 号	功 能	说 明
12	GND	电源地	—
13	VDD	正电源	5 V
14	SI	SPI 数据输入端	这里的输入是对 LCD 而言的
15	SCL	SPI 时钟输入端	同上
18	A0	数据/命令选择	高电平为数据(即显示),低电平为命令
19	$\overline{RES}$	复位	低电平为复位
20	CS1	片选	低有效

表 5－8 HDG12864F－1 主要命令表(与串行接口有关)

序 号	命 令	命令代码		功能说明
		A0	D7 D6 D5 D4 D3 D2 D1 D0	
1	显示开/关	0	1 0 1 0 1 1 1 0 1 0 1 0 1 1 1 1	LCD 显示关 LCD 显示开
2	显示开始行设置	0	0 1 显示开始行地址	设置显示开始行的地址,以出现滚动效果
3	页(行)地址设置	0	1 0 1 1 页地址	设置显示页地址:0～7

续表 5 - 8

序　号	命　　令	命令代码		功能说明
		A0	D7 D6 D5 D4 D3 D2 D1 D0	
4	列地址高 4 位设置 列地址低 4 位设置	0	0　0　0　1 列地址高 4 位 0　0　0　0 列地址低 4 位	设置显示列地址 高 4 位,0~7;低 4 位,0~15
5	写显示数据	1	要显示的数据代码	在指定位置的一列 8 个点显示,正常显示方式 1 为亮
6	ADC 选择	0	1　0　1　0　0　0　0　0 1　0　1　0　0　0　0　1	列位置从右至左计数 列位置从左至右计数
7	正常/反相显示	0	1　0　1　0　0　1　1　0 1　0　1　0　0　1　1　1	正常显示 反相显示
8	显示所有点	0	1　0　1　0　0　1　0　0 1　0　1　0　0　1　0　1	正常显示 显示所有点

图 5 - 13 为 HDG12864F－1 的时序图,图中的 SI 指的是 LCD 的数据输入,对单片机来说是数据输出。图 5 - 14 为向该 LCD 发送命令 0xB0＝0b10110000(即写页地址 0)和发送数据 0x98＝0b10011000 的仿真波形图。

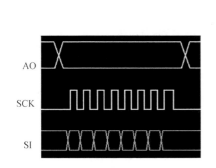

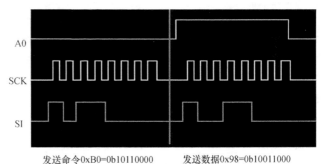

发送命令0xB0=0b10110000　　发送数据0x98=0b10011000

图 5 - 13　HDG12864F 的时序图　　**图 5 - 14　HDG12864F 发送命令 0xB0、发送数据 0x98 的波形图**

图 5 - 15 为 HDG12864F－1 的页、列分布图,其中页 PAGE 为 0~7,每页为 8 行像素,而列为 0~127。因此,在表 5 - 8 中的列地址命令要用高、低 4 位分别表示。对于 128×64 的点阵 LCD,可以显示 4 行、8 列的 16×16 点阵的汉字,即图 5 - 15 中的 4 个矩形可显示 1 个 16×16 点阵汉字。

2. 汉字的显示

前已说明,对于没有内部汉字字库的 LCD 来说,实际上汉字的显示是个"画"汉字的过程。通常要借助于汉字字模提取软件来产生字模数据。使用较多的是 16×16 点阵的汉字,一个

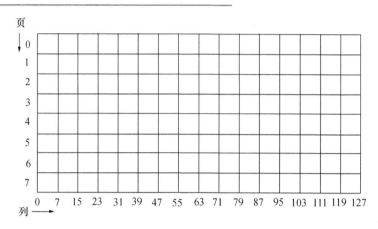

图 5-15　HDG12864F-1 页、列地址

16×16 点阵的汉字要占用如图 5-15 所示的 4 个矩形位置,也就是说,它要占用 2 个页的空间。在字模提取软件的使用中,要注意设置适当的参数。对于 16×16 点阵的汉字,建议选用宋体,其他字体显示的效果不好。下面是某字模提取软件,选用纵向取模、字节倒序的取模模式,12 号宋体,16×16 点阵的汉字"福"的输出取模结果:

```
const char FU[32] = {
0x08,0x08,0x89,0xCE,0x28,0x18,0x02,0x7A,0x4A,0x4A,0x4A,0x4A,0x4A,0x7A,0x02,0x00,
0x02,0x01,0x00,0xFF,0x01,0x02,0xFF,0x49,0x49,0x49,0x7F,0x49,0x49,0x49,0xFF,0x00,
};
```

　　一个 16×16 点阵的汉字需 4×8＝32 个字节的数据才能显示。如何让所得到的汉字字模数据输出并显示?为了让读者了解在 LCD 上"画"汉字的全过程,图 5-16 给出了显示"福"字过程。在此例中是在如下的设置情况下的结果:

　　设置表 5-8 中的命令序号 7 的命令为 0b10100110,正常显示(不反相),设置命令序号 6 的命令为 0b10100001,列位置从左至右计数。

　　在图 5-16 中,圆圈中的数字表示显示的次序,其边上的数据表示该次写入的数据。假设在某页的某列开始显示,则第一个输出的数据为 0x08,即数组 FU 的元素 0,注意,在上面的设置条件下,每个字节的数据低位对应于上面的像素,高位对应于下面的像素。当显示到汉字的第 16 列时,要将页数加 1(不超出页 7 的前提下),列号要回到汉字第 1 次输出的列位置,即让第 17 次输出与第 1 次输出列位置对齐,但页位置加 1。最后显示的结果如图 5-17 所示。

　　由于 HDG12864F-1　LCD 内部没有字库,因此要显示数字或英文字符,也要通过字模提取数据进行显示。通常,数字与英文字符只要用 8×16 点阵即可,同样可以用汉字字模提取软件得到数字与英文字符的显示数据,一个 8×16 点阵的字符需要的数据为 2×8＝16 个字节。

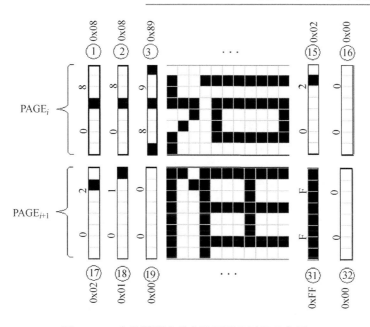

图 5 - 16　宋体"福"字的点阵图显示过程示意图

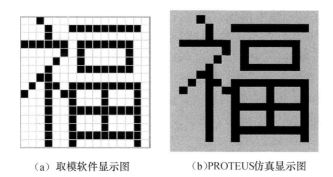

（a）取模软件显示图　　　　　（b）PROTEUS仿真显示图

图 5 - 17　宋体"福"字的显示结果图

　　在 HDG12864F－1 的一个屏幕上共可以显示 32(4×8)个 16×16 点阵的汉字或 64(4×16)个 8×16 点阵的字符。

【例 5.8】 HDG12864F－1 显示 16×16 汉字与 8×16 数字。

　　相应的硬件线路如图 5－18 所示，图中分别用 I/O 引脚 RC2、RC3 模拟 SPI 接口的 SCK、SDO(指单片机方，对应于 LCD 方为 SI、SCL)。由于采用的是 SPI 接口方式，因此与单片机的接线很少，实际使用时可根据实际情况选用 I/O 引脚较少的其他单片机(如 PIC16F873A/876A)。

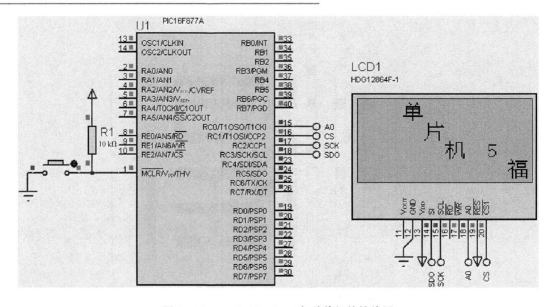

图 5 - 18　HDG12864F－1 与单片机的接线图

【例 5.8】　程序

程序的开头定义了在程序中用到的常数,这使得程序的可读性增加。

由于显示 16×16 点阵汉字与显示 16×8 点阵数字的差别仅在于列数的不同,一个为 16 列,一个为 8 列,因此所编的子程序 DISP_ONE 通过变量 HZ_SZ 识别显示的种类,把显示汉字与数字、英文字母合为一个子程序。最后显示的结果如图 5 - 18 所示,其中的数字是每隔一定时间增加的,目的是让读者掌握如何显示变量。

为了使调用数据更方便直观,程序中把子程序 DISP_ONE() 的坐标(X,Y)设置为 X 的范围从左至右为 0~15,Y 的范围从上到下为 0~7,X 与 Y 在该子程序中自动转换为内部的地址值。

```
# include <pic.h>
    __CONFIG (0x3F39);              //调试用


//常数定义
# define COM      0
# define DAT      1
# define HZ       16               //16×16,汉字或全角字符
# define SZ       8                //8×16,半角字符
//HGD12864F－1 的命令定义
# define RESET    0b11100010       //复位指令
# define DISP_ON  0b10101111       //显示开
# define DISP_NOR 0b10100110       //正常显示,+1 为反相
```

```
#define DISP_ALL    0b10100100      //显示所有的点,+1为显示
#define LINE0       0b01000000      //行 0,加上 0~63,共 64 行,由此可实现滚动
#define PAGE0       0b10110000      //页 0,加上 0~7,共 7 页
#define COLHI       0b00010000      //列的高 4 位
#define COLLO       0b00000000      //列的低 4 位,共有 16 列
#define ADC         0b10100000      //横向方向,+1为向右
//引脚定义
#define A0          RC0
#define CS          RC1
#define SCK         RC2
#define SDO         RC3


void WRITE_ONE(char,char);
void DISP_ONE(char,char,const char * ,char);
void CSH(void);
void DELAY(unsigned int);
//分别定义汉字"单"、"片"、"机"、"福"的 16×16 点阵字模信息
const   char   DAN[32] = {
0x00,0x00,0xF8,0x28,0x29,0x2E,0x2A,0xF8,0x28,0x2C,0x2B,0x2A,0xF8,0x00,0x00,0x00,
0x08,0x08,0x0B,0x09,0x09,0x09,0x09,0xFF,0x09,0x09,0x09,0x09,0x0B,0x08,0x08,0x00
};
const   char   PIAN[32] = {
0x00,0x00,0x00,0xFE,0x10,0x10,0x10,0x10,0x10,0x1F,0x10,0x10,0x10,0x18,0x10,0x00,
0x80,0x40,0x30,0x0F,0x01,0x01,0x01,0x01,0x01,0x01,0x01,0xFF,0x00,0x00,0x00,0x00,
};
const   char   JI[32] = {
0x08,0x08,0xC8,0xFF,0x48,0x88,0x08,0x00,0xFE,0x02,0x02,0x02,0xFE,0x00,0x00,0x00,
0x04,0x03,0x00,0xFF,0x00,0x41,0x30,0x0C,0x03,0x00,0x00,0x00,0x3F,0x40,0x78,0x00,
};
const   char   FU[32] = {
0x08,0x08,0x89,0xCE,0x28,0x18,0x02,0x7A,0x4A,0x4A,0x4A,0x4A,0x4A,0x7A,0x02,0x00,
0x02,0x01,0x00,0xFF,0x01,0x02,0xFF,0x49,0x49,0x49,0x7F,0x49,0x49,0x49,0xFF,0x00,
};


//半角字符,下标 0~9 分别为 0~9 的 16×8 点阵字模信息
const   char   AA[10][16] = {
{0x00,0xE0,0x10,0x08,0x08,0x10,0xE0,0x00,0x00,0x0F,0x10,0x20,0x20,0x10,0x0F,0x00},
```

```
{0x00,0x10,0x10,0xF8,0x00,0x00,0x00,0x00,0x00,0x20,0x20,0x3F,0x20,0x20,0x00,0x00},
{0x00,0x70,0x08,0x08,0x08,0x88,0x70,0x00,0x00,0x30,0x28,0x24,0x22,0x21,0x30,0x00},
{0x00,0x30,0x08,0x88,0x88,0x48,0x30,0x00,0x00,0x18,0x20,0x20,0x20,0x11,0x0E,0x00},
{0x00,0x00,0xC0,0x20,0x10,0xF8,0x00,0x00,0x00,0x07,0x04,0x24,0x24,0x3F,0x24,0x00},
{0x00,0xF8,0x08,0x88,0x88,0x08,0x08,0x00,0x00,0x19,0x21,0x20,0x20,0x11,0x0E,0x00},
{0x00,0xE0,0x10,0x88,0x88,0x18,0x00,0x00,0x00,0x0F,0x11,0x20,0x20,0x11,0x0E,0x00},
{0x00,0x38,0x08,0x08,0xC8,0x38,0x08,0x00,0x00,0x00,0x00,0x3F,0x00,0x00,0x00,0x00},
{0x00,0x70,0x88,0x08,0x08,0x88,0x70,0x00,0x00,0x1C,0x22,0x21,0x21,0x22,0x1C,0x00},
{0x00,0xE0,0x10,0x08,0x08,0x10,0xE0,0x00,0x00,0x00,0x31,0x22,0x22,0x11,0x0F,0x00}
};


main(void)
{   char i;
    CSH();
    DELAY(10);
    DISP_ONE(2,0,DAN,HZ);            //在行 0 列 2 的位置显示"单"
    DISP_ONE(3,1,PIAN,HZ);          //在行 1 列 3 的位置显示"片"
    DISP_ONE(4,2,JI,HZ);            //在行 2 列 4 的位置显示"机"
    DISP_ONE(7,3,FU,HZ);            //在行 3 列 7 的位置显示"福"
    i = 0;
    for (;;i++)
    {   if (i >= 10)
            i = 0;
        DISP_ONE(6,2,AA[i],SZ);     //在行 2 列 6 的位置显示半角数字 0~9
        DELAY(200);
    }
}


//在指定的行 Y 列 X 显示 1 个 16×16 汉字或 16×8 字符,数据存放在一维数组 A[]中
//当 HZ_SZ = 16 时显示汉字,HZ_SZ = 8 时显示半角字符数字
//X = 0~15,程序将其转换为实际的列 0~112。Y = 0~3
void DISP_ONE(char X,char Y,const char * A,char HZ_SZ)
{   char i,j,a,b;
    b = X<<4;                       //乘以 16,将 X = 0~15 转换为实际的列 0~112
    a = b>>4;
    a = COLHI + a;                  //得到列的高 4 位命令字
    b = b & 0x0F;
```

```
    b = COLL0 + b;                    //得到列的低 4 位命令字
    WRITE_ONE(a,COM);                 //写列高 4 位位置命令
    WRITE_ONE(b,COM);                 //写列低 4 位位置命令
    Y = PAGE0 + Y * 2;                //将 Y = 0~3 转换为 0~7
    WRITE_ONE(Y,COM);                 //写页(行)位置命令
    j = 0;
    for (i = 0;i<HZ_SZ;i + + )         //全角汉字 HZ_SZ = 16,半角字符 HZ_SZ = 8
        WRITE_ONE(A[j + + ],DAT);      //输出 1 列 8 个点的数据,显示

    WRITE_ONE(Y + 1,COM);             //换下行
    WRITE_ONE(a,COM);                 //写列高 4 位命令
    WRITE_ONE(b,COM);                 //写列低 4 位命令
    for (i = 0;i<HZ_SZ;i + + )
        WRITE_ONE(A[j + + ],DAT);      //输出 1 列 8 个点的数据,显示
}
//写一字节命令或数据 A,A0 = AA,即 AA = COM(0)时为命令,AA = DAT(1)时为数据
void WRITE_ONE(char A,char AA)
{   char i;
    CS = 0;NOP();           //片选为低电平,选中
    SDO = 0;NOP();          //数据线为低电平
    A0 = AA;                //根据 AA 确定 A0 的电平,AA = COM(0)为命令,AA = DAT(1)为数据(显示)
    for  (i = 0;i<8;i + + )
    {   SCK = 0;            //时钟为低电平
        if ((A & 0x80) = = 0x80)
            SDO = 1;        //A 的最高位为 1,输出 1
        else
            SDO = 0;        //A 的最高位为 0,输出 0
        A = A<<1;           //A 左移 1 位
        SCK = 1;            //时钟上升沿,数据有效
    }
    SDO = 0;NOP();
    A0 = 0;NOP();
    SCK = 0;
    CS = 1;
    DELAY(2);
}
```

```
void CSH(void)
{   PORTC = 0;
    DELAY(50);
    TRISC = 0;
    TRISD = 0;                      //此句在串行接口中无用
    WRITE_ONE(RESET,COM);      //复位
    WRITE_ONE(DISP_ON,COM);    //显示开
    WRITE_ONE(ADC + 1,COM);    // + 1 为自动向右
    WRITE_ONE(DISP_ALL,COM);
    WRITE_ONE(DISP_NOR,COM);   //正常显示
    WRITE_ONE(COM_DIR,COM);
}
//DELAY 子程序见附录
```

5.4.2　并口接线的 LCD HDG12864F－3

由于 HDG12864F－3 的控制芯片也是 SED1565,因此其命令与 HDG12864F－1 完全相同。其接线如图 5-19 所示,其中的 RW 为读/写控制,如果只是写的话,可以直接接地。而控制端 E 是命令或数据的有效控制,当 E 从高变低时,命令或数据有效,因此,可以在 E 为高电平时将命令或数据送至数据端口 D0～D7,然后将 E 拉低,如下面的程序。

在程序中,可以用与例 5.8 中除 WRITE_ONE 子程序以外的其他程序,而 WRITE_ONE 按照所给的接线方式。因此,只给出 WRITE_ONE()子程序。

在其他程序不变的情况下,运行的结果与例 5.8 相同,显示效果如图 5-19 所示。

使用并口数据线的写一字节的子程序

```
//写一字节命令或数据 A,A0 = AA,即 AA = COM(0)时为命令,AA = DAT(1)时为数据
void WRITE_ONE(char A,char AA)
{   A0 = AA;NOP(); //A0 = COM,即 1 为命令,A0 = DAT,即 0 为数据
    RW = 0;NOP();
    E = 1;
    PORTD = A;        //送出数据
    NOP();
    E = 0;            //E 的下降沿,命令或数据有效
    DELAY(2);
}
```

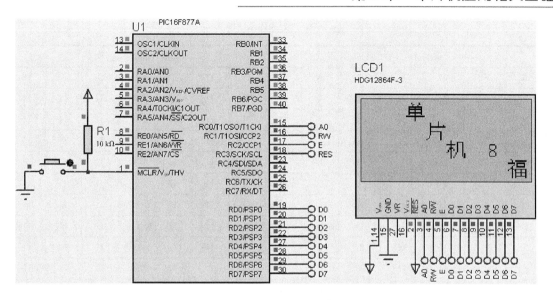

图5-19　HDG12864F-3与单片机的接线图

5.5　常用芯片的使用

在单片机应用系统中,经常要用到各种芯片,如在5.2.3小节中介绍的74HC164串入并出的数字电路芯片。这里再介绍几种常用的数字电路芯片3-8译码器74LS138、模拟多路开关CC4051的使用。

5.5.1　3-8译码器74LS138的使用

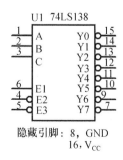

隐藏引脚: 8, GND
16, V_{CC}

图5-20　74LS138的引脚功能图

在PROTEUS的"TTL 74HC series"、"TTL 74HCT series"与"TTL 74LS series"库中分别有74HC138、74HCT138和74LS138,它们除了参数略有不同外,功能与引脚都相同,以下以74LS138来说明。74LS138是16引脚的3-8译码器。我们知道,3位二进制数可以表示8个状态,3-8译码器的作用就是把输入的3根线转换为8个输出信号。图5-20为74LS138的引脚功能图。表5-9为74LS138的功能表,从表中看,在输出的8个引脚中,输出有效时,同一时刻只有一个引脚输出低电平。

PIC16系列单片机C程序设计与PROTEUS仿真

280

表 5 - 9　74LS138 功能表

输　入						输　出							
E3	E2	E1	C	B	A	Y7	Y6	Y5	Y4	Y3	Y2	Y1	Y0
X	X	L	X	X	X	H	H	H	H	H	H	H	H
X	H	X	X	X	X	H	H	H	H	H	H	H	H
H	X	X	X	X	X	H	H	H	H	H	H	H	H
L	L	H	L	L	L	H	H	H	H	H	H	H	L
L	L	H	L	L	H	H	H	H	H	H	H	L	H
L	L	H	L	H	L	H	H	H	H	H	L	H	H
L	L	H	L	H	H	H	H	H	H	L	H	H	H
L	L	H	H	L	L	H	H	H	L	H	H	H	H
L	L	H	H	L	H	H	H	L	H	H	H	H	H
L	L	H	H	H	L	H	L	H	H	H	H	H	H
L	L	H	H	H	H	L	H	H	H	H	H	H	H

为了让读者掌握 74LS138 的输入与输出的关系,特地设计了如图 5 - 21 所示的线路,其中用到了元件 LOGICSTATE,即逻辑状态激励源,它存于 PROTEUS 的库 Debugging Tools 中。

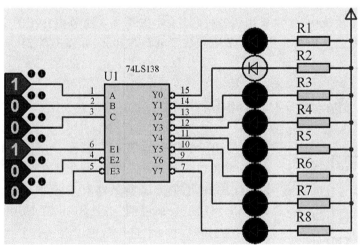

图 5 - 21　74LS138 的功能测试线路图

读者可以通过图 5 - 21 来掌握 74LS138 的输入与输出的逻辑关系,使用逻辑状态激励源,可以方便地模拟输入给 74LS138 的逻辑状态。由于 74LS138 是输出低电平有效,故在线路中将 LED 的阴极接 74LS138 的输出,而阳极通过限流电阻接到电源正端。在与单片机的使用中,74LS138 的 A、B、C 接单片机的 I/O 引脚,由单片机控制其输入端来达到控制输出端的目的,而 E1、E2、E3 根据情况可以分别接 V_{DD} 和 GND。如果需要多片 74LS138,则可以把 E1、E2、E3 作为片选端使用。

也可以直接用逻辑状态指示器"LOGICPROBE"来指示输出引脚的逻辑状态,它也在 PROTEUS 的 Debugging Tools 库中。

5.5.2　8 路模拟开关 CC4051 的使用

在单片机应用系统中常要用到多路信号共用一个信号调理线路和 A/D 转换器的情况,此时就要用多路模拟开关来实现。CC4051 是一个 8 选 1 的模拟多路开关。所谓模拟开关,指的是用电子线路的方法模拟一个开关。CC4051 通过对其控制端 A、B、C 及 INH 来控制多路开关的哪一路接通至输出端 X。表 5-10 为 4051 的输入/输出真值表,从表中可以看到,在输出有效时,同一时刻只有一路信号被接通。

在 PROTEUS 的"TTL 74HC series"与"TTL 74HCT series"库中分别有 74HC4051 和 74HCT4051,它们除了参数略有不同外,功能与引脚都相同,以下以 74HC4051 来说明。图 5-22 为 74HC4051 的引脚功能图。其中,隐藏引脚的 V_{EE} 在输入电压有负值时,要接至负电源;如果输入电压均为正,则接 V_{SS}。

表 5-10　CC4051 的真值表

输　入				输出通道
INH	C	B	A	
H	X	X	X	无
L	L	L	L	X0
L	L	L	H	X1
L	L	H	L	X2
L	L	H	H	X3
L	H	L	L	X4
L	H	L	H	X5
L	H	H	L	X6
L	H	H	H	X7

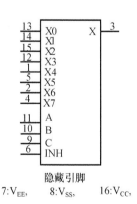

隐藏引脚
7:V_{EE},　　8:V_{SS},　　16:V_{CC}

图 5-22　74LS138 的引脚功能图

由于 4051 只是模拟开关,它与实际的开关还是有区别的。例如,它的导通电阻在单电源 5 V、温度为 25 ℃时的典型值是 270 Ω,而在温度为 125 ℃的可能最大值为 1 300 Ω。当电源电压提高时,导通电阻值降低,这一点在使用时应特别注意。

图 5-23 为测试 4051 功能的 PROTEUS 仿真线路图。图中用了逻辑状态源与电位器、直流电压表等元件。通过输入给控制端 A、B、C 和 INT 的不同状态,4051 将有不同的输出电压,在某输出通道导通的情况下调整电位器以调整输入电压,可以看到输出通道的电压也随着改变。由于模拟开关的原因,输入电压与输出电压间有少许的电压差,这一点,PRO-TEUS 仿真模型中也考虑到了。图 5-23 的显示情况是选中通道 X5,输入电压为 2.98 V,输出电压为 2.97 V。

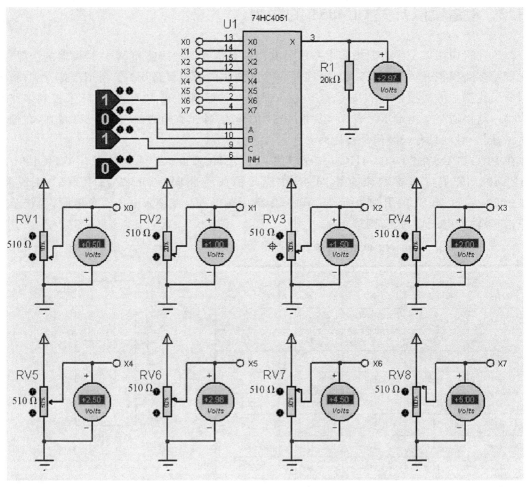

图 5-23　模拟多路开关 4051 功能测试试验线路图

提示：可以参照5.5节中的方法了解、掌握各种元件的特性，特别是数字器件，只要使用逻辑激励源和逻辑指示器就可以很方便地看到数字器件的输入与输出的关系。

5.6　外扩 A/D 转换器的使用

如果单片机片内 A/D 转换器无法满足要求时，如 A/D 转换的位数不够，或者转换的速度太慢，这时就要外扩 A/D 转换器了。有各种的 A/D 转换芯片，可以根据具体情况选择。这里介绍 linear 公司的 LTC1864 的 A/D 转换芯片与单片机的接线及编程应用方法。

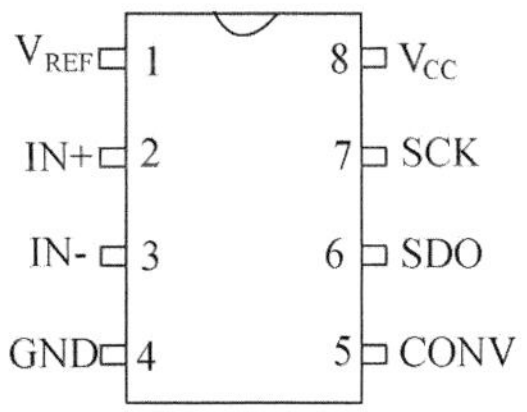

LTC1864 是具有 16 位分辨率的 A/D 转换芯片，最大采样频率为 250 kHz，与单片机的接口为串行 SPI，模拟信号为差动输入方式。图 5 - 24 为其引脚图，表 5 - 11 为其引脚功能说明，图 5 - 25 为其操作时序图，其中的 B0～B15 为 AD 结果输出位。

16 位 AD 的分辨率在参考电压为 5 V 时，可分辨的电压为 $5\ V/(2^{16})\approx0.076\ 3\ mV$。

图 5 - 24　LTC1864 引脚图

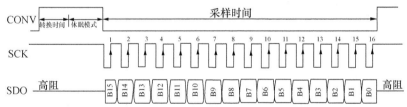

图 5 - 25　LTC1864 操作时序图

表 5 - 11　LTC1864 引脚功能表

引脚号	引脚名	功　能
1	V_{REF}	参考电压输入端
2	IN+	输入电压正端
3	IN—	输入电压负端
4	GND	电源地
5	CONV	转换控制端，高电平：正在转换，低电平，从 SDO 输出 AD 结果
6	SDO	A/D 转换结果输出端，高位在先
7	SCK	移位时钟输入端
8	V_{CC}	电源正端

【例 5.9】　单片机与 LTC1864 的接线及软件编程。

硬件如图 5 - 26 所示,图中用单片机的普通 I/O 口模拟 SPI 的时钟与数据线,并用 4 位具有 BCD 转换的数码管作为显示输出,A/D 转换的参考电压用电源电压 V_{DD}。为了便于比较、计算,用一个电位器调整模拟电压输入,用一个直流电压表指示输入电压的大小。模拟电压采用单端输入,负端接地。

16 位的 A/D 转换器的 AD 结果 X 与输入电压 V_{IN}、参考电压 V_{REF} 之间的关系为

$$X = \frac{2^{16}-1}{V_{REF}}V_{IN} \tag{5-1}$$

如图 5 - 26 的输入电压为 2.45 V,参考电压 $V_{REF}=5$ V,代入式(5.1),可得 $X=32\ 112=$ 0x7D70,和显示结果吻合。可以调整电位器 RV1,改变输入电压,得到不同的 AD 结果。

图 5 - 27 为输入电压为 3.2 V,AD 结果为 0xA3D7 的仿真示波器的波形图,图中的输出数据 SDO 采样是在时钟的低电平进行的,从子程序 AD_SUB1 也可以看出。

有一点要特别注意的是,在用 I/O 引脚模拟 SPI 时序时,子程序 AD_SUB1 的数据最后一次移位是不能移的,如果移了,数据就错了,原因请读者自行分析。

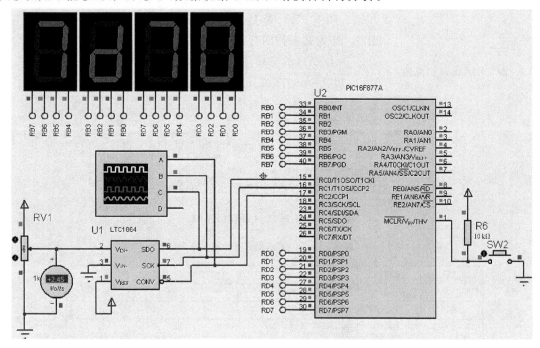

图 5 - 26　LTC1864 与单片机接线及仿真结果图

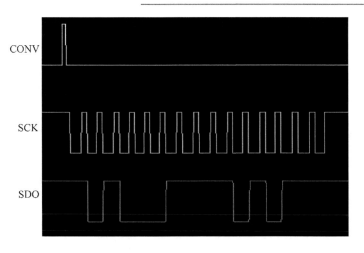

图 5 – 27　LTC1864 的 AD 结果为 0xA3D7 的输出波形图

【例 5.9】　程序

```c
#include <pic.h>
  __CONFIG(0x3F39);   //调试用

//引脚定义
#define  SDO   RC0
#define  SCK   RC1
#define  CONV  RC2
unsigned int AD_SUB1(void);
void DELAY(unsigned int);

void  main(void)
{    char i;
     unsigned int Y;
     TRISC = 0b00000001;   //SDO 为输入
     TRISB = 0;
     TRISD = 0;
     CONV = 0;
     NOP();
     SCK = 1;
     DELAY(10);
     while(1)
     {    Y = AD_SUB1();
```

```
            PORTD = Y;
            PORTB = (Y>>8);
            DELAY(10);
        };
    }


//对 LTC1864 进行 A/D 转换操作,返回 A/D 结果
unsigned int AD_SUB1(void)
{    char i;
     unsigned int X;
     CONV = 1;
     NOP();NOP();NOP();NOP();
     CONV = 0;
     X = 0;
     SCK = 1;
     for (i = 0;i<16;i+ +)
     {    SCK = 0;NOP();
          if  (SDO = = 1)
              X = X + 1;
        if (i! = 15)         //最后一位不移
              X = X<<1;
        SCK = 1;
     }
return (X);
}

//DELAY 子程序见附录
```

5.7　D/A 转换器的使用

D/A 转换是把数字量转换为模拟量,比如要让单片机输出一个指定的波形,这时就要用到 D/A 转换了。在 PIC16 系列单片机中没有内部 D/A 转换器,因此如果要用 D/A 转换时,就一定要外接 D/A 转换芯片。

D/A 转换芯片的主要参数是其分辨率,常用的有 8 位、10 位、12 位等。D/A 转换芯片输出有 1 路、2 路、4 路等。其与单片机的接口有并口、串口等方式。通常 D/A 转换芯片的输出

带负载能力低,要加上电压跟随器作为 D/A 转换芯片的输出缓冲级。

　　这里介绍 Microchip 公司的 D/A 转换芯片 MCP4921 的使用方法。MCP4921 是单路输出的 12 位分辨率,接口为 SPI 的 D/A 转换芯片。图 5-28 为 MCP4921 的引脚图,表 5-12 为其引脚功能说明。MCP4921 的 SPI 时钟最大频率为 20 MHz。12 位的分辨率能区别的电压是 5 V/2^{12}≈1.22 mV。

表 5-12　MCP4921 引脚功能表

引脚号	引脚名	功　　能
1	V_{DD}	电源电压输入端
2	$\overline{CS}$	片选端,低电平有效
3	SCK	移位时钟输入端
4	SDI	SPI 数据输入端
5	$\overline{LDAC}$	DA 输出控制
6	V_{REFA}	参考电压输入端
7	AV_{SS}	模拟电源地
8	V_{OUTA}	DA 输出端

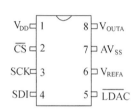

图 5-28　MCP4921 引脚图

　　MCP4921 只有一个 16 位的写命令寄存器,要输出的 DA 数据放在此寄存器中的低 12 位,最高 4 位的功能如表 5-13 所列,DA 输出值除了与 DA 数据有关外,还与增益$\overline{GA}$有关,如表 5-13 所列。

表 5-13　MCP4921 写命令寄存器高 4 位说明

位	名　称	功　　能	值	说　　明
15	$\overline{A}/B$	输出选择	0	对于 MCP4921,只能选 0,即 A 通道
14	BUF	参考电压缓冲控制	1	缓冲
			0	无缓冲
13	$\overline{GA}$	输出放大增益	1	$V_{OUT} = V_{REF} \times D/4\,096$
			0	$V_{OUT} = 2 \times V_{REF} \times D/4\,096$
12	$\overline{SHDN}$	DA 输出控制	1	输出
			0	不输出

　　【例 5.10】　以 MCP4921 为 D/A 转换芯片,输出 500 Hz 的交流正弦信号。

　　500 Hz 的信号周期为 2 ms,如果 1 个周期输出 100 个点,则每 2 个点间的时间间隔为 20 μs,如果使用 4 MHz 晶振,在 20 μs 内无法完成输出一个点的相关计算,因此选用 20 MHz 晶振,并且使用最高速度的 SPI 传输速率,即选用 SPI 的时钟为 $f_{OSC}/4$。如果用 I/O 引脚模拟

SPI 接口，由于软件计算的原因，就是使用 20 MHz 晶振也无法在 20 μs 之内完成一个 DA 周期输出的计算。

设计的线路如图 5-29 所示。运算放大器 U2：A 为 DA 输出的电压跟随器。由于 D/A 转换芯片无法输出负电压，因此 DA_OUT 端全为正的，因此设计的程序的 DA 输出是以纵坐标 2.5 V 作为正弦信号的振幅中心。U2：B 是加/减法运算电路。通过此电路，把 DA_OUT 的全为正的信号波形变换为交流信号，即输出信号 V_1 的振幅中心是在 $V=0$ 的轴上的。

DA_OUT 的输出送到 U2：B 的负输入端，而用一电位器 RV1 输出的直流电压送至 U2：B 的正输入端。这是一个反相放大与同相放大的组合，其输出电压 V_1 的计算如下：

$$V_1 = -\,\text{DA\_OUT} \times (R2/R1) + V_{\text{REF}} \times (1 + R2/R1) \tag{5-2}$$

按图 5-29 中的参数，R2/R1＝1，而按照前面的要求，当 DA_OUT＝2.5 V 时，希望 V_1＝0，从式（5-2）可得 V_{REF}＝1.25 V。也就是说，当调整 V_{REF}＝1.25 V 时，就可以把电压 DA_OUT＝2.5 V 的信号调理成电压 V_1＝0。

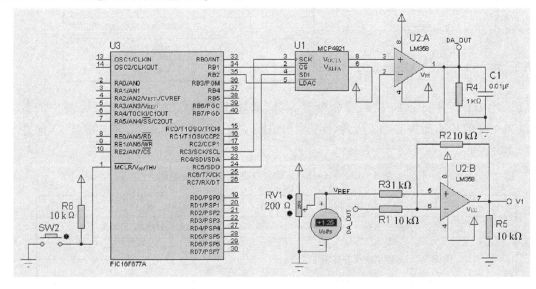

图 5-29　MCP4921 与单片机接线图

【例 5.10】　每 2 点的 DA 输出时间间隔为 20 μs，此时间间隔的精度关系到频率的精度，因此在程序中用 TMR2，设置 PR2 的值来精确延时，如果 20 μs 时间到（TMR2＋1＝PR2），硬件自动清 TMR2，无须对 TMR2 赋初值。如果采用 TMR2 溢出后在中断服务程序中重新赋初值，由于中断的现场保护花费的执行时间，使得实际时间超过 20 μs，这样输出的频率就有误差。如在本程序中，TMR2 溢出到进入 TMR2 中断服务程序执行的第一条语句共花费 13 个指令周期，在 20 MHz 下，相应的时间误差为 2.6 μs，相对误差为 13%，这是相当惊人的误差！

DA 输出数据表格是用其他高级语言编制程序自动输出常数数组 SS[]，这样不易出错，特别适用于要输出数据的计算量比较大的情况。要求 DA 输出 100 个点，因此需要的数据为 100 个（当然可以简化为只要 25 个，即用 0°～90°的数据来计算 90°～360°数据）。

程序中的常数数组 SS[]是用 VB 语言编制并输出的，其主要函数如下：

```
//用 VB 编制的 DA 输出正弦的数据计算程序,输出结果在"D:\sin.txt"文本文件中
Private Sub Command1_Click()
Const PI = 3.1415926
k = PI / 180
um = Val(Text1)
nn = Val(Text2)
x0 = Text3
da = 360 / nn
Open "d:\sin.txt" For Output As #1
Print #1, "#define  nn   "; Trim(nn)
Print #1, "const unsigned int SS["; Trim(nn); "] = {"
For i = 0 To nn − 1
b = (Int(um * Sin(i * da * k) + 0.5)) + x0   '+ Int(um / 5 * Sin(i * da * k * 3 + 30 * k))
Print #1, Trim(b);
If (i = nn − 1) Then Exit For
If ((i Mod 16) <> 15) Then
   Print #1, ",";
Else
   Print #1, ","
End If
Next i
Print #1, "};"
Close #1
Command2.SetFocus
End Sub
```

上面的程序中的 TEXT1 为正弦的幅值，即为 DA 的值，输入"1000"，TEXT2 为每个周期的点数，输入"100"，TEXT3 为输出电压向上平移的 DA 值，输入"2048"，便可得到如例5.10程序中的 SS[]数组。

为了减少子程序调用与返回所花费的时间，程序中的 SPI_WRITE 是宏定义，需要注意的是，虽然在此程序中的 SPI 是作为输出之用，但还是要空读 SSPBUF。

【例 5.10】 程序

```
//20 MHz 晶振,输出 500 Hz 的正弦波,每周波 100 个点。
//1 个周期时间为 2 ms,两点间隔时间为 2 000/100 = 20 μs
//用 TMR2 延时,256 × Tcy × K = 20,Tcy = 0.2,取 K = 1
//PR2 计算:(PR2 + 1) × Tcy × 1 = 20,得 PR2 = 99
# include <pic.h>
__CONFIG(0x3F3A);
# define   CS    RB1
# define   LDAC   RB2

char BUF,N;
# define   nn    100
const unsigned int SS[100] = {
2048,2111,2173,2235,2297,2357,2416,2474,2530,2584,2636,2685,2733,2777,2819,2857,
2892,2924,2953,2978,2999,3017,3030,3040,3046,3048,3046,3040,3030,3017,2999,2978,
2953,2924,2892,2857,2819,2777,2733,2685,2636,2584,2530,2474,2416,2357,2297,2235,
2173,2111,2048,1985,1923,1861,1799,1739,1680,1622,1566,1512,1460,1411,1363,1319,
1277,1239,1204,1172,1143,1118,1097,1079,1066,1056,1050,1048,1050,1056,1066,1079,
1097,1118,1143,1172,1204,1239,1277,1319,1363,1411,1460,1512,1566,1622,1680,1739,
1799,1861,1923,1985};

//宏定义,最后的读 SSPBUF 是一定要的
# define SPI_WRITE(A)   \
  SSPBUF = A;   \
    while(STAT_BF = = 0);   \
    BUF = SSPBUF

void main(void)
{    unsigned int x;
    TRISB = 0b11111001;
    CS = 1;NOP();
    LDAC = 1;
    TRISC = 0b00010000;        //RC3 输出(SCK),RC4 输入(SDI),RC5 输出(SDO)
    SSPEN = 1;                 //SPI 串口使能
    CKP = 1;                   //空闲时钟为高电平
    SSPM3 = 0;
    SSPM2 = 0;
```

```
        SSPM1 = 0;
        SSPM0 = 0;          //SPI 主控模式,时钟为 f_osc/4
        STAT_SMP = 1;       //在数据输出时间的末端采样输入数据
        STAT_CKE = 0;       //在 SCK 上升沿传输数据
        PR2 = 99;           //按照计算,每 20 μs 中断一次
        T2CON = 0b00000100;
        N = 0;
        TMR2IE = 1;         //允许 TMR2 中断
        PEIE = 1;
        GIE = 1;
        while(1);
}


void interrupt INT_ISR(void)
{   unsigned  int X;
    char i,j;
    if (TMR2IF = = 1)
    {   TMR2IF = 0;
        X = SS[N + +];
        if (N > = nn)
            N = 0;
        X + = 0x7000;//HSDN = 1,参考电压缓冲,放大倍数 GA = 1
        CS = 0;         //片选有效
        i = X>>8;
        j = X;
        SPI_WRITE(i);//输出命令的高 8 位
        SPI_WRITE(j);//输出命令的低 8 位
        LDAC = 0;NOP();//DA 输出有效
        LDAC = 1;NOP();
        CS = 1;
    }
}
```

　　图 5-30 是本程序在图 5-29 的线路上的 PROTEUS 仿真的输出波形图,DA 输出的信号为 DA_OUT,该信号完全按照数组 SS[]的设定值输出,信号 V1 是通过运算放大器的加/减法把信号平移后得到的。注意图 5-30 中的两信号的原点位置!

　　图 5-31 为在程序不变、只改变常数数组 SS[]的数据时输出的曲线图,此曲线是在原正弦的基础上加上 3 次谐波后得到的(也是通过 VB 输出中的函数,把其中的"b=…"语句中的

注解号"'"去掉即可)。因此,用此方法输出各种信号,特别是不规则的信号曲线是很方便的。要改变输出信号的频率,只要改变 PR2 的值,但要注意,DA 输出的 2 点时间间隔不能小于单片机输出一点 DA 所花费的时间。

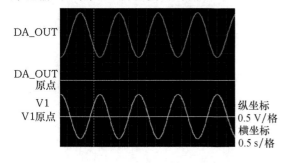

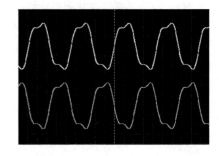

图 5-30 MCP4921 输出正弦信号曲线波形图   图 5-31 MCP4921 输出有谐波的交流信号曲线波形图

5.8 光电耦合器的使用

光电耦合器常用来作为信号隔离、整形、信号传输及控制等用途。

光电耦合器(Optical Coupler, OC),简称光耦。它是以光为媒介来传输电信号的器件,这里的光指的是红外线。通常把发光器(发光二极管)与光敏器(光接收管)封装在同一管壳内(也可以不在一起,如电视机的遥控器为红外发送器,电视机为接收器)。当发光二极管通以适当的电流时,发光管发出光线,光接收管接收光线之后就产生光电流,从而实现了"电-光-电"转换。由于光耦具有体积小、寿命长、无触点、抗干扰能力强、输出和输入之间绝缘、单向传输信号等优点,在单片机应用系统上获得了广泛的应用。光耦可用于信号隔离、电平转换、开关电路、远距离信号传输、信号整形等。

在 PROTEUS 的库 Optoelectronics 中的子库 Optocouplers 中的元件全为光电耦合器。有通用的光电耦合器 OPTOCOUPLER-NPN,有非过零通断、输出为双向可控硅的光电耦合器 MOC3021、MOC3022、MOC3023、MOC3051、MOC3052、MOC3053,还有过零通断、输出为双向可控硅的光电耦合器 MOC30XX,可通过属性设置,选择 MOC30XX 为 MOC3031M～MOC3033M、MOC3041M～MOC3043M。

光电耦合器的最主要技术参数如下。

- 正向压降(V_F):二极管通过的正向电流为规定值时,正、负极之间所产生的电压降。普通光耦如 TLP521 的典型值为 1.15 V。
- 正向电流(I_F):在被测管两端加一定的正向电压时,二极管中流过的电流。绝大部分光耦的 I_F 最大值为 50 mA,通常用限流电阻,让 I_F 保持在 10 mA 左右为宜。具体介绍可参考器件手册。

- 电流传输比(CTR)：输出管的工作电压为规定值时,输出电流 I_C 和发光二极管正向电流 I_F 之比为电流传输比,TLP521 的典型值为 $50\% \sim 600\%$。
- 脉冲上升时间(t_r)、下降时间(t_f)：光电耦合器在规定的工作条件下,发光二极管输入规定的脉冲电流 I_F 时,输出端输出相应的脉冲波,从输出脉冲前沿幅度的 10% 到 90%,所需时间为脉冲上升时间 t_r；从输出脉冲后沿幅度的 90% 到 10%,所需时间为脉冲下降时间 t_f。TLP521 的典型值 t_r 为 2 μs,t_f 为 3 μs。对于高速光耦,如 HCPL－4504,它的典型值 t_r 为 0.2 μs,t_f 为 0.3 μs。
- 输入与输出的隔离电压(BV_S)：光电耦合器输入端和输出端之间的绝缘耐压值,TLP521 的隔离电压为 2 500 V。

5.8.1　普通光电耦合器的使用

1. 隔离作用

隔离是光耦最基本的作用,如通过光耦来控制一个继电器的通断,这样,单片机就与继电器的操作电源隔离了,就会大大减小继电器的动作对单片机所造成的干扰。这样,不管继电器的线圈操作电压多高,基本上都不会对单片机造成影响。

图 5－32 为光耦驱动继电器的线路图,其中,逻辑控制端实际应用中应接单片机的 I/O 引脚,由单片机控制。如图所示,当输入逻辑值为 0 时(相当于单片机的 I/O 引脚输出低电平),光耦 U1 发光管无电流,光耦输出截止,Q1 也截止,因此继电器线圈无电流通过。当输入逻辑值为 1 时(相当于单片机的 I/O 引脚输出高电平),光耦 U1 发光管有电流通过,此时的电流值约为 7 mA(可通过在 PROTEUS 仿真时添加电流探针来测试),光耦饱和导通,Q1 也导通,因此继电器线圈得电,继电器的常开节点闭合。图中的二极管的作用是当继电器线圈断电时,为线圈电流提供一个续流通道,否则因电流突然变成零会产生过电压,可能损坏器件。

为了真正起到隔离的作用,光耦输入与输出两端的电源要用不同的电源,即不能共地。图 5－32 中的输入端用 GND,而输出端用 GND1,在实际中是用完全隔离的电源。电源地 GND1 是新增的,在 PROTEUS 中增加 GND1 是在执行"Design"→"Configure Power Rails..."中设置的。

在实际使用中还要注意,继电器从线圈得电到其触点动作达到稳定需要几 ms 的时间,同样,线圈断电到触点动作也需要 ms 级的时间(不同的继电器这个时间有所不同),在程序设计中要注意这一点。

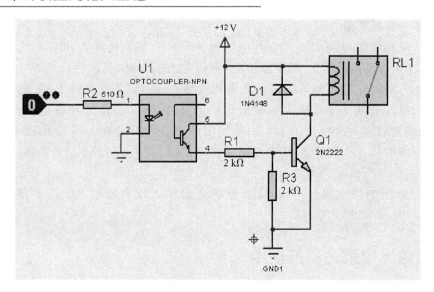

图 5 - 32　光耦驱动继电器的线路图

图 5 - 33 给出了用光耦隔离输入信号的两个例子,图中实际上是用一个光耦检测一个开关状态,以图 5 - 33(a)为例,当开关 SW1 闭合时,发光管无电流,光耦 U2 输出三极管截止,输出 OUT1 为低电平;而当开关 SW1 打开时,光耦发光管通过电流,因此光耦 U2 输出三极管饱和导通,输出 OUT1 为高电平。图 5 - 33(b)中的接线是为了得到与图 5 - 33(a)相反的结果,即开关 SW2 合上时 OUT2 为高电平;开关 SW2 打开时 OUT2 为低电平。

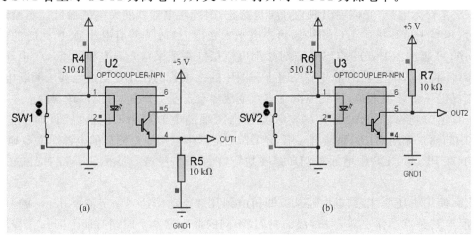

图 5 - 33　利用光耦隔离输入信号的线路图

2. 信号整形

除了隔离外，还可以用光耦进行信号波形的整形。图 5 - 34 为利用光耦进行信号的隔离与整形的线路图，图中用一个正弦电压源 V1 模拟交流 220 V 电压的输入，变压器 TR1 的属性 Coupling Factor（耦合系数）设为 0.05，即变压器的变比为 0.05，在原方电压为 220 V（有效值）时，副方电压为 11 V（有效值）。为了让输出的波形边沿更陡些，电阻 R2 的值可适当大些。图 5 - 35 为其输入与输出信号的波形图，其输出波形的最大值被限制在 5 V 之内，可以把光耦的输出信号直接送至单片机的端口，检测该波形的两个上升沿之间的时间可以得到电源的周期，进而计算频率。

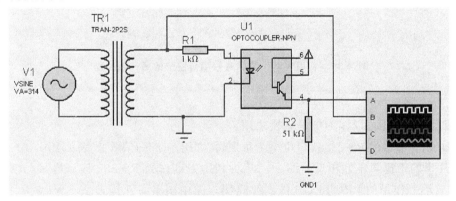

图 5 - 34　利用光耦作为信号隔离与整形的线路图

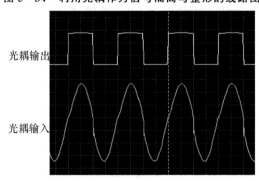

图 5 - 35　图 5 - 34 的输入与输出波形图

而图 5 - 36 直接将 220 V 的交流电压接至光耦的输入端，通过限流电阻 R1 把光耦发光管电流的最大值限制在 15 mA 之内，光耦的输出电压也是在 0～5 V 之间，图中的二极管 D1 的作用是，当 V1 电压为负时，防止反向电压击穿光耦的发光二极管。其中，R1 的瓦数在 1 W 以上。

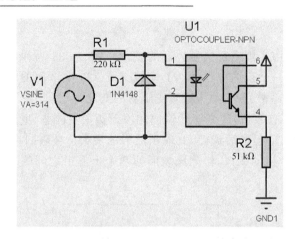

图5－36 利用光耦作为信号隔离与整形的另一线路图

3. 电平转换

光耦除了隔离,还可以作为电平转换之用。

我们知道,计算机的 RS-232 接口电平为负逻辑,即用－(3～15) V 代表 1,用＋(3～15) V 代表 0,与单片机的正逻辑正好相反。图 5－37 为利用光耦作为 RS-232 接口电平与 TTL 电平转换,并具有隔离作用的 PROTEUS 仿真线路图。图中用单刀双掷开关 SW1 模拟单片机的输出,而用 SW2 模拟计算机的输出。可以通过在相应的引脚上放置电压探针来验证输入与输出的电平关系。图中虚线的左边为单片机方,为正逻辑;虚线的右边为计算机的串口,为负逻辑。容易验证,图中的电平满足要求。因此,可以用此线路来作为单片机与计算机串口通信的接口线路,而且还兼有隔离作用。但是要增加－9～＋9 V(或－5～＋5 V)的电源。

4. 光电遮断器

为了防止外部光源的干扰,一般的光耦中发光二极管所发送的红外线是被封装在芯片内的。有一种特殊的光电耦合器,其发光管发送的红外线是通过外部(空气)传送的,如图 5－38 所示。在空气中传送的红外线如被遮挡,则接收方就无法接收到红外线,因此这种光耦常被称为光电遮断器,常用在转速、位置测量与计数等方面。例如,在转动轴上安装如图 5－38 右边所示的遮挡片,就可以作为转速检测。这种应用光电遮断器的发光管是常通的,单片机通过检测光电遮断器的输出脉冲的周期或对脉冲计数来计算转动物体的转速,或者通过检测光电遮断器的输出电平来判断物体是否到位等。

还有一种光电遮断器的发光管与接收管也是一体的,但它的发射光是通过外物反射回来的,当外物靠近接收管,或外物的能反射光部分靠近接收管时,接收管就收到红外光,其原理与光电遮断器类似,这里不介绍。

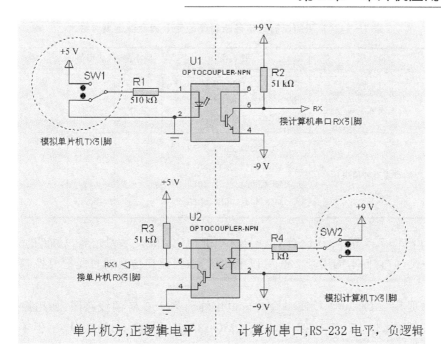

图 5 - 37　利用光耦作为 TTL 电平与 RS - 232 电平转换

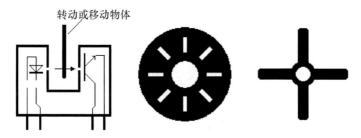

图 5 - 38　光电遮断器及遮挡片结构图

5.8.2　过零通断、双向可控硅输出的光电耦合器的使用

接通与分断交流 220 V 的负载，可以用 MOC3061～MOC3063、MOC3081～MOC3083 这类光耦。这些光耦内部具有过零检测电路，它具有零电压导通、零电流关断的功能。表 5 - 14 为常用的具有过零通断的光电耦合器的主要参数，它们可用于交流 220 V 的功率控制中。如要详细了解其他参数，可上网下载详细的资料。

表 5 - 14　常用的具有过零通断功能的光电耦合器主要参数表

参　数	说　明	型　号	最小值	典型值	最大值	单　位
I_{FT}	输出导通需要的 最大发光电流	MOC3031、3041、3061、3081	—	—	15	mA
		MOC3032、3042、3062、3082	—	—	10	
		MOC3033、3043、3063、3083	—	—	5	
V_{DRM}	断态重复峰值电压	MOC3031、3032、3033	—	250	—	V
		MOC3041、3042、3043	—	400	—	
		MOC3061、3062、3063	—	600	—	
		MOC3081、3082、3083	—	800	—	

在 PROTEUS 7.5 库中，还没有 MOC306X 和 MOC308X 系列光耦，只能用 MOC303X～MOC304X 替代，但它们不能用于 220 V 以上的场合，因此在仿真时只能把要控制的电压降为 100 V 左右。

图 5 - 39 是用 MOC3031 控制一个交流电压峰值为 150 V 的线路图，如用控制交流电压有效值为 220 V（峰值 314 V），把 U1 改为 MOC306X 或 MOC308X 即可（但不能在 PROTEUS 7.5 下仿真）。图中的 U2 为双向可控硅，它是断态重复峰值电压为 600 V、额定电流为 6 A 的双向可控硅。R5 和 C1 是作为双向可控硅的常规保护用的，具体可参阅相关资料。图中用到的灯管 L1 是有模拟"亮"与"灭"效果的，它的名称为 LAMP，可在 PROTEUS 的 Opto-electronics 库中找到。

图 5 - 40 是用 PROTEUS 仿真的接通与关断的波形图，从中可以看到，在接通与关断时刻，双向可控硅 U2 的动作均落后于控制电压，这是由于光耦 U1 接到接通或关断命令后，要进行过零检测的缘故，从波形图上看，可控硅 U2 确实是在电压过零时导通，在电流过零时关断，这样就避免了由于接通时产生的涌流、关断时产生的过电压对电子线路造成的干扰与损坏。

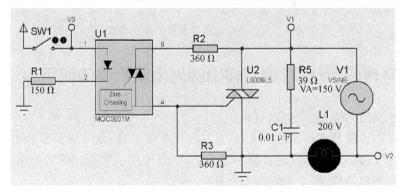

图 5 - 39　过零通断的光耦应用线路图

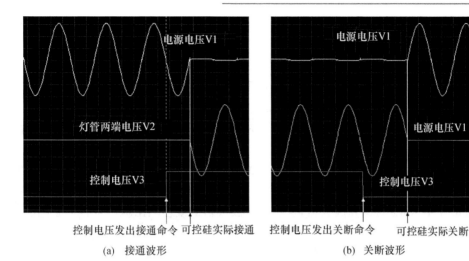

(a) 接通波形　　　　　　　　　　(b) 关断波形

图 5 - 40　过零通断的光耦接通与关断的波形图

5.9　绝对值线路与电压平移线路

由于大部分单片机在 A/D 转换中只接收正的模拟电压,如果输入的信号有负值,必须把此信号变换成全为正的信号,这就要用到绝对值线路或电压平移线路。

5.9.1　反相放大与同相放大线路

反相放大与同相放大是放大器最常用的基本线路,由它们可以构成绝对值线路、电压平移线路等。图 5 - 41 为反相放大和同相放大线路图。

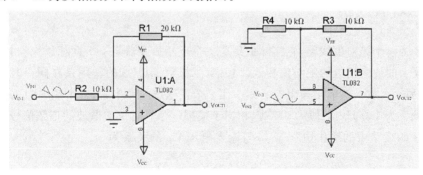

(a) 反相放大线路　　　　　　　　(b) 同相放大线路

图 5 - 41　反相放大线路与同相放大线路

按照运算放大器的"虚短"与"虚断"的原理,容易得到图 5－41 中的反相放大线路的输出电压 V_{OUT1} 与输入电压 V_{IN1} 的关系

$$V_{OUT1} = -V_{IN1} \times (R_1/R_2) \tag{5-3}$$

同相放大线路的输出电压 V_{OUT2} 与输入电压 V_{IN2} 的关系

$$V_{OUT2} = V_{IN2} \times (R_3/R_4) \tag{5-4}$$

从图 5－41 中设置 $V_{IN1} = V_{IN2}$,电压幅值为 1 V、频率为 50 Hz 的输入电压,得到如图 5－42所示的相关波形曲线。

使用运算放大器时要注意,不要使其工作在饱和状态(除了特殊用途外)。在 5 V 的电压下,LM358 的饱和电压为 3.8 V 左右。如果希望在电源电压范围内都不饱和,可以考虑使用满幅度输出(Rail to Rail)的运算放大器,这类运算放大器的线性输出范围可接近于电源电压。

如果在同一放大器中,既有同相放大,又有反相放大,在运算放大器不饱和的前提下,可以使用叠加的方法计算同相、反相放大器的输入与输出的关系。

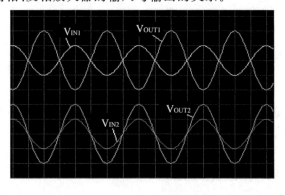

图 5－42　反相放大与同相放大线路的输入、输出波形图

5.9.2　绝对值线路

图 5－43 为一个绝对值线路,它实际上是用一个反相放大器与一个同相放大器相并联,反相放大与同相放大的放大倍数的绝对值相同。其中,二极管 D1、D2 的作用是在同一时刻只有一个放大器输出,另一个放大器输出被阻断。图中用 2 个正弦电压源串联,一个频率为 50 Hz、幅值为 1 V,另一个频率为 150 Hz、幅值为 0.2 V,相当于模拟一个具有三次谐波的正弦信号。

图 5－43 的线路中的输出电压 V_{OUT} 与输入电压 V_{IN} 的关系为

$$V_{OUT} = \begin{cases} -V_{IN} \times \dfrac{R_1}{R_2} & (\text{当 } V_{IN} < 0) \\[2mm] V_{IN} \times \left(1 + \dfrac{R_3}{R_4}\right) & (\text{当 } V_{IN} \geqslant 0) \end{cases} \tag{5-5}$$

由式(5-5)可知,电阻 R1～R4 与输出电压有关,因此这些电阻要选用精密电阻。

图 5-43 的输入与输出信号的 PROTEUS 仿真结果波形图如图 5-44 所示。

在绝对值线路的输出波形中,无法确定信号的相位,如果想知道信号的相位,要用其他方法,如再用一个信号调理线路,把输入信号调理成脉冲信号,通过判断脉冲的高低电平确定输入信号的相位,这一点在第 6 章中的例子中会见到。

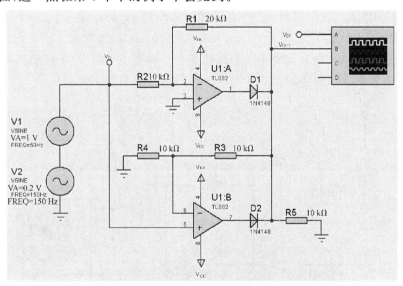

图 5-43　由反相放大与同相放大构成的绝对值线路图

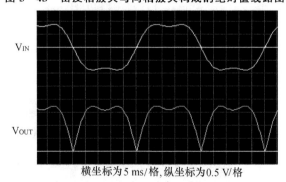

横坐标为 5 ms/格,纵坐标为 0.5 V/格

图 5-44　绝对值线路的输入、输出信号波形图

5.9.3　电压上移线路

除了采用绝对值线路外,还可以使用电压平移的方法把负电压完全转换为正的电压。这种线路实际上也是由反相、同相线路组成的。图 5-29 的右下角部分线路就是电压平移的一

种,该线路中把全为正的电压经过反相并加上一个直流电压分量,整体向下平移,成为对称点在 X 轴的波形。而现在的作用与 5.7 节中的作用正相反,这里要求把一个对称轴在 X 上的波形向上平移至全为正的波形。如图 5-45 所示,用 2 个反相放大,在不饱和的情况下可以用叠加原理分析,按图 5-45 的线路,可以得到输出电压 V_{OUT} 的计算式为

$$V_{OUT} = -[V_{IN} \times (R_1/R_2) + V_{REF} \times (R_1/R_3)] \tag{5-6}$$

图 5-45 中的输入正弦电压 V_{IN} 设置为幅值为 1 V,频率为 50 Hz。如果希望把 V_{IN} 的 0 V 点提升到 2 V,把相关参数代入,得 $2 = -[0 + V_{REF} \times (10/5)]$,得到 $V_{REF} = -1$ V,因此图 5-45 是用一个负电压 V_{EE} 与 GND 之间的电压分压得到的。调整电位器 RV1 使得直流电压表显示值为 -1 V 时,得到的波形图如图 5-46 所示,可以看到,结果满足要求。

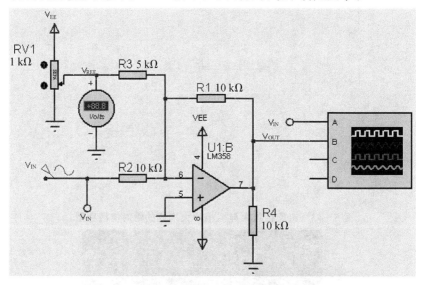

图 5-45　电压上移线路

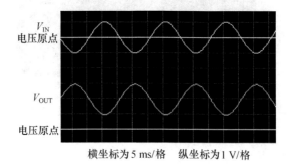

横坐标为 5 ms/格　纵坐标为 1 V/格

图 5-46　电压上移的结果波形图

5.10　有源滤波器

利用运算放大器可以组成各种有源滤波器，对输入信号进行低通或高通或带通滤波。所谓低通滤波，指的是让频率低的信号通过，阻止频率高的信号通过；高通正相反；而带通则是只让某一频段的频率通过。

可以上网下载免费的滤波器设计软件，设计各种所需要的滤波线路，再用 PROTEUS 仿真，确定滤波效果。

Microchip 公司提供的免费滤波器设计软件 FilterLab 2.0 使用方便，可以上该公司网站下载。通过滤波器软件设计后的滤波线路，再经过 PROTEUS 仿真验证滤波效果。

滤波器有 1 阶、2 阶等，阶数越高，滤波效果越好，需要的运算放大数也越多，成本高，通常用 2～4 阶就足够了。通常，2 阶需要 1 个运放，4 阶需要 2 个运放。以下的例子中均用 4 阶滤波器。

5.10.1　低通滤波器

在对一般的信号进行采样时，通常有高频的干扰信号，此时就要用低通滤波器进行滤波。

图 5-47 是用 FilterLab 2.0 软件设计的 4 价 Bessel 低通滤波器，设计的参数为：通过频率为 50 Hz，放大倍数为 1。为了验证滤波效果，图中用 2 个串联交流电压源来模拟信号输入，V1 的频率为 50 Hz、峰值为 2 V，V2 的频率为 1 kHz、峰值为 0.5 V，如果所设计的滤波器符合要求，输出的结果应该只有 50 Hz 频率的信号，1 kHz 频率的信号被滤除。仿真的结果如图 5-48 所示，确实符合设计要求，但要注意的是，通过滤波器后，50 Hz 频率信号的相位滞后了，这是滤波器不可避免的问题，使用时要特别注意。

303

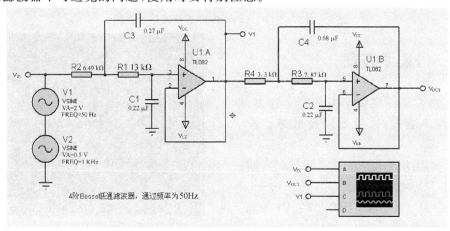

图 5-47　4 阶 Bessel 低通滤波器线路图

5.10.2　高通滤波器

在对高频信号进行采样时,就不希望低频信号通过,此时用高通滤波器。

图 5 - 49 为用 FilterLab 2.0 设计的 4 阶 Butterworth 高通滤波器,通过频率为 10 kHz。图中用 2 个交流电压源串联,V1 为频率为 10 kHz、峰值为 2 V 的正弦信号,V2 为频率为 500 Hz、峰值

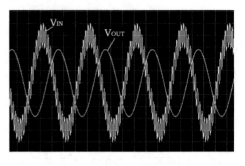

图 5 - 48　4 阶 Bessel 低通滤波器的滤波效果图

为 0.5 V 的正弦信号。图 5 - 50 为 PROTEUS 的仿真结果,可以看到,500 Hz 的信号被滤除了,而 10 kHz 的信号"安全"通过。同样,输入与输出之间肯定有相角差。

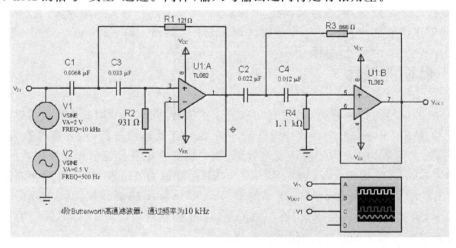

图 5 - 49　4 阶 Butterworth 高通滤波器线路图

5.10.3　带通滤波器

有时,只希望一定频率段的频率通过,其余的频段不通过,这就要用到带通滤波器了。

图 5 - 51 为用 FilterLab 2.0 设计的 4 阶 Butterworth 带通滤波器,通过频率为 1 kHz～3 kHz。图中用 3 个交流电压源串联,V1 为频率为 2 kHz,峰值为 1 V 的正弦信号,V2 为频

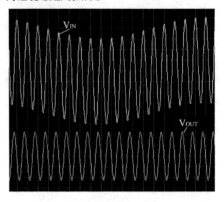

图 5 - 50　4 阶 Butterworth 高通滤波器的滤波效果图

率为 10 Hz、峰值为 0.5 V 的正弦信号，V3 为频率为 10 kHz，峰值为 0.5 V 的正弦信号。图 5 - 52 为 PROTEUS 的仿真结果，可以看到，2 kHz 的信号顺利通过了，而 10 Hz、10 kHz 的信号被阻断。

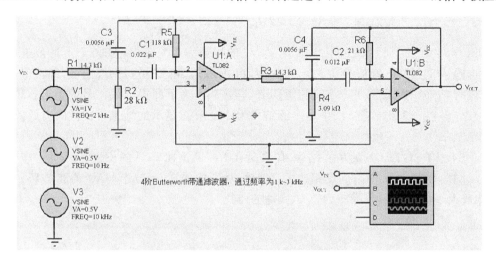

图 5 - 51　4 阶 Butterworth 带通滤波器线路图

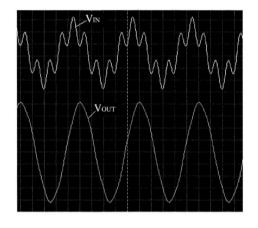

图 5 - 52　4 阶 Butterworth 带通滤波器的滤波效果图

5.11　高共模抑制比的差动放大线路

干扰信号通常是以共模的方式耦合到线路中的，因此在实际应用中，常用能抑制共模信号的差动放大线路。

图 5 - 53 是一个典型的具有高共模抑制比的放大线路。图 5 - 53 所示的差动放大线路，要求电阻 $R_3 = R_4 = R_5 = R_6$，在此前提下，其输入与输出的关系为

$$V_{OUT} = -\left[(V_{IN+}) - (V_{IN-})\right] \times \left[1 + \frac{(R_1 + R_2)}{R_{V1}}\right] \qquad (5 - 7)$$

在图 5 - 53 中用了 3 个交流电压源信号：V_1 的峰值为 1 V、频率为 50 Hz，是希望得到放大的信号；V_2 与 V_3 相同，峰值为 0.5 V，频率为 100 Hz，V_2、V_3 是模拟共模信号，即希望被抑制的信号。在图 5 - 53 中，还用了一个交流电压表，其接法是为了测得输入信号的差值：$(V_{IN+}) - (V_{IN-}) = V_1 + V_2 - V_3 = V_2$，图中显示的结果为 706 mV，显示的结果为交流的有效值，相当于峰值 1 V。

图 5 - 54 是 PROTEUS 的仿真结果，仿真是在 R_{V1} 调整在 50% 的位置，即 $R_V = 10$ kΩ，按式 (5 - 7) 计算，$V_{OUT} = -3V_2$，即反相放大了 3 倍，从图中的 V_{OUT} 波形与 V_1 的波形 V_{IN1} 看，确实了反相放大了 3 倍，而共模信号 V_2、V_3 均被抑制了。

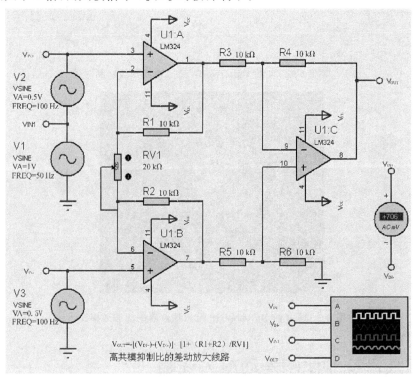

图 5 - 53　高共模抑制比的差动放大器线路图

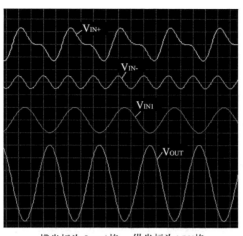

横坐标为 5 ms/格，　纵坐标为 1 V/格

图 5 - 54　高共模抑制比的差动放大器输入/输出波形图

> **注意：** 使用低通、高通、带通滤波线路时，不能期望它们有理想的滤波效果，如低通滤波器，希望通过的频率为 50 Hz，并不是说 51 Hz 就截止了，可能在 100 Hz、200 Hz 还未截止，这与所设计的滤波器及阶数有关。高通与带通滤波器也是这样。
>
> 　　具有高共模抑制比的差动线路只要输入具有共模信号，均被抑制。
>
> 　　在绝对值线路、电压平移线路、各种滤波线路、高共模抑制比的差动线路中，与放大倍数有关的电阻必须使用高精度电阻，这里的高精度有两个含义：一是电阻值精度高（至少为 1‰ 的金属膜电阻），二是电阻值的温度系数小。

5.12　直流电源应用实例

　　在任何单片机系统中，都离不开电源。电源设计得好坏关系到系统的安全运行与否、抗干扰能力强弱等。这里给出基于变压器的直流电源设计。

　　在单片机系统的电源中，常用三端稳压 IC 作为稳压芯片，它具有价格低、抗干扰能力强等优点，在电子产品中应用广泛。

　　常用的三端稳压集成电路有正电压输出的 78×× 系列和负电压输出的 79×× 系列。三端 IC 是指这种芯片只有 3 根引脚，分别是输入端、接地端和输出端。

　　用 78/79 系列芯片组成的稳压电源所需的外围元件很少，芯片内部还有过流、过热及调整管的保护电路，使用起来可靠、方便。该系列集成稳压 IC 型号中的 78 或 79 后面的数字代表该三端集成稳压电路的输出电压,如 7805 表示输出电压为＋5 V,7909 表示输出电压为－9 V。

在三端稳压的型号数字 78 或 79 后面有时还有一个 M 或 L,L 系列(如 78L09)的最大输出电流为 100 mA,M 系列(如 78M12)的最大输出电流为 500 mA,78 系列(无字母,如 7805)的最大输出电流为 1 A。根据不同的型号,其封装也不同。还有一种金属封装的,其最大电流可达 10 A。79 系列除了输出电压为负、引脚排列不同外,命名方法、外形等均与 78 系列的相同。

一般三端集成稳压电路的最小输入/输出电压差约为 2 V,如果输入电压小于输出电压加上此值则不能输出稳定的电压,一般应使电压差保持在 3～5 V,即经变压器变压,二极管或整流桥整流,电容器滤波后的电压应比稳压值高 3～5 V。还有一种低压差的三端稳压模块,输入、输出压差只要在 0.5 V 甚至更低即可让输出电压达到稳定。

在单片机系统中,有时还会用到 3.3 V 及其他较低的电压,这时可能要用到可调电压芯片(如 LM317、LM337 等)作为电源的稳压模块,实际应用中是把可调稳压模块设计成固定输出的电压,如设计为 3.3 V、4 V 等。

在实际应用中,应根据所用的功率大小,在三端集成稳压芯片上安装足够大的散热器。如果使用的功率小,可以不装散热器。

5.12.1　固定输出的单电源线路

图 5－55 是一个典型的用变压器降压、以 7805 为芯片的单 5 V 电源。图中的电容 C1、C3 为电解电容,根据负载的大小来确定,从理论上讲,电容越大,输出的电压越平稳。C1、C2 的耐压至少在 25 V 以上,而 C3、C4 的耐压在 9 V 以上即可。

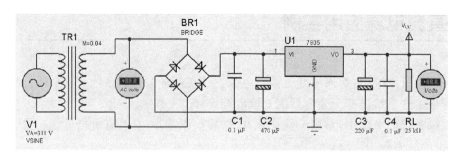

图 5－55　单 5 V 电源线路图

5.12.2　固定输出的双电源线路

图 5-56 是一个典型的用变压器降压，以 7809、7909 为芯片的 ±9 V 电源，双电源中的变压器要有中间抽头并接地，这是用变压器组成的最常用的双电源线路。图中的 R3、R4 为模拟负载。在图示元件的参数下，PROTEUS 仿真的输出电压分别为 +8.97 V 和 -8.98 V。

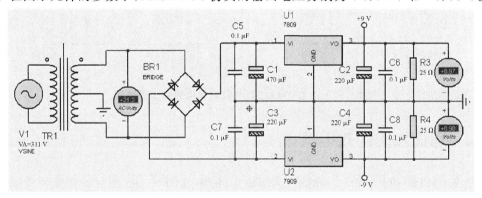

图 5-56　±9 V 电源线路图

5.12.3　可调输出的单电源线路

典型的可调三端稳压芯片为 LM317 系列，根据不同的封装，它的输出电流在 0.1～3 A，输入与输出电压差在 4 V 以上，输入最高电压为 40 V，可调电压输出范围为 1.25～37 V。

图 5-57 为其典型应用线路，其中的电位器 R_2 在实际应用中用电阻替代。输出电压计算式为

$$V_{\text{OUT}} = 1.25 \times \left(1 + \frac{R_2}{R_1}\right) + I_{\text{ADJ}} \times R_2 \qquad (5-8)$$

由于流出 LM317 的 ADJ 的电流 I_{ADJ} 很小，正常时为 50 μA，如果在精度要求不高的情况下，式(5-8)中的第二项可以忽略，得到下式：

$$V_{\text{OUT}} \approx 1.25 \times \left(1 + \frac{R_2}{R_1}\right) \qquad (5-9)$$

根据图 5-57 中的参数，按式(5-9)计算可得 $V_{\text{OUT}} = 1.25 \times (1 + 390/240) = 3.28$ V；而按式(5-8)计算，可得 $V_{\text{OUT}} = 3.30$ V，仿真结果为 3.30 V。

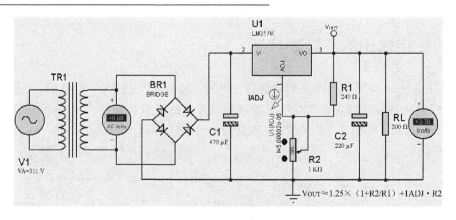

图 5 - 57　由 LM317 组成的可调单电源输出线路图

5.12.4　可调输出的双电源

可以用 LM317 和 LM337 组成的可调双电源线路,如图 5 - 58 所示。调整图中的 R2 和 R4 就可以调整输出电压 V_{CC} 和 V_{EE}。LM337 是负输出的三端可调稳压芯片,原理与 LM317 类似,输出电压 V_{OUT} 在式(5 - 8)式(5 - 9)前加一个负号即可(当然相应的电阻编号要按实际线路图而定),由图 5 - 58 中的参数及输出电压就可知道,这里就不重述了。

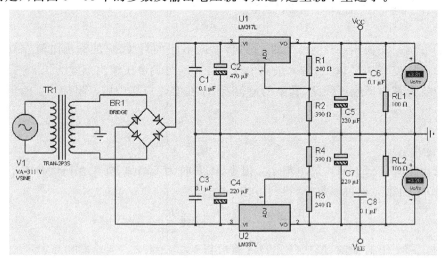

图 5 - 58　由 LM317、LM337 组成的可调双电源输出线路图

第 **6** 章

单片机应用综合实例

本章所给的例子是综合了前面介绍的各种知识,综合设计了相关线路,编制程序,并通过 PROTEUS 仿真调试。通过这些实例,读者可以进一步掌握单片机 C 语言应用、PROTEUS 仿真技术并提高综合应用能力。

6.1　频率计

通常,频率测试总是对频率信号的周期进行延时计数,因此对输入到单片机端口的信号要进行适当的处理。

6.1.1　【例 6.1】频率计 1

本例是把交流信号经过光耦调理成为脉冲信号,利用单片机的捕捉功能,捕捉脉冲的上升沿的时间来计算频率的(关于光耦的相关内容见 5.8 小节)。图 6－1 为所设计的线路图及仿真结果。

220 V 的交流电源直接用电阻限流,经光耦隔离,形成脉冲送到 CCP2,CCP2 模块的捕捉功能,设置为每 16 个上升沿捕捉一次,相当于平均滤波,目的是为了减小误差。

TMR1 计数的分频系数计算:假设电源为 50 Hz,即一个周期为 20 ms,16 个周期为 320 ms(320 ms＝320 000 μs),单片机用 4 MHz 晶振,指令周期为 1 μs,设 TMR1 的分频系数为 K,65 536×K＝320 000,得 K＝4.88,取 K＝8,即 TMR1 的预分频系数设为 1∶8。

图 6－1 所用的器件如下。

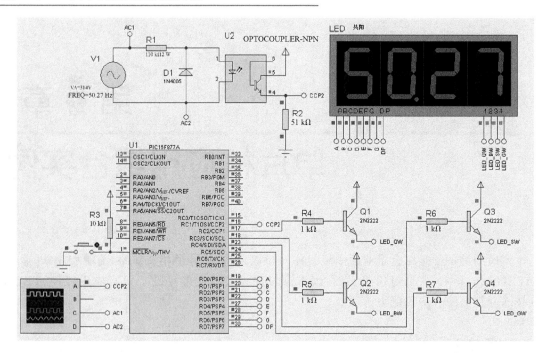

图 6-1　频率计 1 线路图

- 1N4005：二极管；
- 2N2222：小功率 NPN 三极管；
- 7SEG-MPX4-CA：4 位一体的共阳 8 段数码管；
- BUTTON：按键；
- OPTOCOUPLER-NPN：普通光耦；
- PIC16F877A：单片机；
- RES：电阻；
- VSINE：交流电压源。

图 6-2 为 PROTEUS 仿真的输入、输出波形图，注意其中的纵坐标使用不同的定标，输入到 CCP2 的信号为 2 V/格，交流信号 AC1-AC2 为 50 V/格。AC1、AC2 采用相加的显示方式，即在 C 通道中选中"C+D"，而在 D 通道中选反相，这样看到的波形就是 AC1-AC2，即二信号之差，也即 V1 两端的电压。从图 6-2 可以看到，交流信号经过光耦线路后，它被整为高度约为 4.95 V、周期与原交流信号相同的脉冲。

在仿真时，在一定范围内改变交流电源 V1 的频率，都能正确显示频率，最大显示误差为 -0.01~+0.01 Hz。图 6-1 中设置频率为 50.27 Hz，显示结果也是 50.27 Hz。

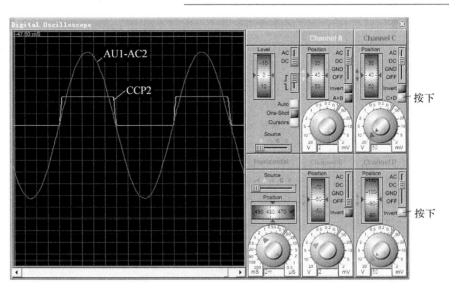

图 6 - 2　频率计 1 的输入、输出波形图

　　本例使用 LED 动态显示,选用 4 位一体的共阳数码管。程序中启动了 2 个中断:CCP2 捕捉中断与 TMR0 中断。CCP2 作为捕捉方式,捕捉脉冲时间,TMR0 中断作为 LED 动态显示刷新之用,时间间隔为 2 ms。

　　程序中使用了一个表示功能码的变量 FUN,根据 FUN 的值确定程序的执行走向及中断的使能与禁止,如图 6 - 3 所示。

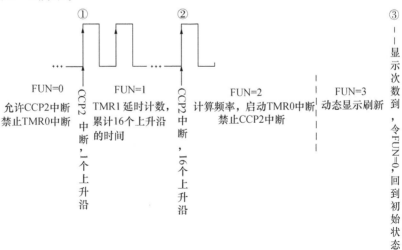

图 6 - 3　频率计 1 程序执行过程示意图

在程序的初始化后,FNU=0,允许 CCP2 中断,此时为每个上升沿中断。

在时刻①,CCP2 中断(每个上升沿中断),得到了要捕捉时刻的起始点,此时对 TMR1 清 0(TMR1 始终在计数中),令 FUN=1,并将 CCP2 改为每 16 个上升沿中断。

在时刻②,CCP2 中断(每 16 个上升沿中断),得到了 16 个脉冲的时间间隔 CCPR2H、CCPR2L,据此可以计算出频率,这里 TMR1 采用 1∶8 分频,要求频率显示为 2 位小数,即频率值放大 100 倍,设 CCPR2 的 16 次捕捉值为 TTZ,则有

$$f = 1\,000\,000 \times 100/(TTZ \times 8/16) = 200\,000\,000/TTZ$$

因此,在程序中要用到长整型变量 X 来存放常数 200 000 000。

动态显示中,设置为每 2 ms 刷新一次,可得到 TMR0 的分频系数为 1∶8,延时常数为 6。在 TMR0 中断显示程序中,通过 switch 语句,判断全局变量 D1 的值确定当前要显示的是哪一位。如果是显示百位,则同时让小数点也显示出来,即让 PORTD 的最高位清 0,程序中用 0x7F 与 PORTD 按位与的方法完成。

在时刻③,动态显示次数已到,令 FUN=0,回到初始状态。

【例 6.1】 频率计 1 程序

```
//220 V 的交流电源直接用电阻限流,经光耦隔离,形成脉冲送到 CCP2 捕捉、动态显示
# include  <PIC.H>
__CONFIG (0x3F71);
# define TO_2MS   6                //TMR0 的 2 ms 延时常数,8 分频
# define LED_QW  RC2
# define LED_BW  RC3
# define LED_SW  RC4
# define LED_GW  RC5
//全局变量定义
char WW,QW,BW,SW,GW;
char FUN,D1,A;
unsigned int TTZ,TON;
//函数声明
void CSH(void);
void BCD(unsigned int);
void interrupt INT_ISR(void);
void DELAY(unsigned int);
void DELAY_I(unsigned int);
const char LED_CODE[17]＝…  //显示代码见附录

void main(void)
{   DELAY(10);
    CSH();
  while(1);
}
```

```
void interrupt INT_ISR(void)
{    long X;
unsigned int Y;
if (CCP2IF = = 1 && CCP2IE = = 1)
   {CCP2IF = 0;
       if (FUN<2) FUN + + ;                //只在 FUN<3 时才加 1

       if (FUN = = 1)                      //第 1 次 CCP2 中断,开始 TMR0 计数
       {   TMR1L = 0;TMR1H = 0;
           CCP2CON = 0;
           CCP2CON = 0b00000111;          //每 16 个上升沿中断
           CCP2IF = 0;
           PORTC = 0b11000011 & PORTC;    //关闭显示
           PORTD = 0xFF;
       }
       else if (FUN = = 2)                //第 2 次 CCP2 中断,计算周期
       {   TTZ = (CCPR2H<<8)|CCPR2L;      //将双字节数变成整型数,TTZ 为频率计算用
           CCP2CON = 0;
           CCP2IE = 0;
           PEIE = 0;
           X = 200000000;                 //频率的 100 倍,显示 2 位小数
           X = X/TTZ;
           Y = X;
           BCD(Y);                        //作 BCD 转换
           D1 = TON = 0;                  //准备显示频率
           T0IE = 1;
           FUN = 3;
       }
   }


   if (T0IF = = 1 && T0IE = = 1)
   {   T0IF = 0;
       if (FUN = = 3)
       {   TMR0 = T0_2MS;
           PORTC = 0b11000011 & PORTC;    //关闭显示
           PORTD = 0xFF;
```

```
switch (D1)
{   case  0:                        //显示千位
    PORTD = LED_CODE[QW];
    LED_QW = 1;
    break;
    case 1:                         //显示百位
        PORTD = LED_CODE[BW];
        PORTD = PORTD & 00x7F;      //最高位为0,显示小数点
        LED_BW = 1;
        break;
    case 2:                         //显示十位
        PORTD = LED_CODE[SW];
        LED_SW = 1;
        break;
    case 3:                         //显示个位
        PORTD = LED_CODE[GW];
        LED_GW = 1;
        break;
}
D1 = D1 + 1;                        //D1 = 1~4 分别显示千位、百位、十位、个位
    if (D1>3) D1 = 0;
TON = TON + 1;
if (TON> = 200)
{   TON = D1 = FUN = 0;             //显示次数到
    PORTC = 0b11000011 & PORTC;     //关闭显示
    PORTD = 0xFF;
    DELAY_I(100);                   //灭 100 ms,以造成闪动效果
    PIR2 = 0;
    PEIE = 1;
    CCP2IE = 1;
    CCP2CON = 0;
    CCP2CON = 0b00000101;           //每 1 个上升沿中断
    CCP2IF = 0;
    INTCON = 0b11000000;            //允许外围中断
}
}
}
```

```
}

void CSH(void)                      //初始化程序
{    OPTION = 0b10000010;           //TMR0 分频系数为 1：8
     TRISB = 0b000000001;           //RB0 为 CIS 选择
     TRISA = 0b00001001;            //RA0、RA3 为输入，RA4 必须为输出才有脉冲
     TRISC = 0b00000010;            //RC 口除 RC1/CCP2 外全为输出
     TRISD = 0b00000000;            //RD 口全为输出

     TON = D1 = FUN = 0;
     PIR2 = 0;
     PEIE = 1;
     CCP2IE = 1;                    //允许捕提中断
     CCPR2H = CCPR2L = 0;
     CCP2CON = 0;
     CCP2CON = 0b00000101;          //每 1 个上升沿中断
     TMR1H = TMR1L = 0;
     T1CON = 0b00110001;            //TMR1 分频比为 1：8
     INTCON = 0b11000000;           //允许外围中断
}
//BCD、DELAY、DELAY_I 子程序见附录
```

6.1.2　【例 6.2】频率计 2

如图 6-4 所示，此例也是对交流电源的频率进行检测，与 6.1.1 小节所述不同的是，这里用小型变压器把 220 V 的电压降为 9 V 左右，经电阻和稳压管(稳压至 4.7 V)送至单片机内部比较器 C1 的负输入端，而比较器的正输入端的电压是由参考电压模块产生的 1.25 V 电压，因此交流电压通过比较器比较后，每个周期产生一次比较中断。在比较器 C1 的输出引脚 RA5 接一个 LED，可以看到此 LED 在闪烁。与前例一样，为了使显示频率值稳定，程序中用了 16 次检测后的平均值进行频率计算。图 6-5 为频率计 2 的输入、输出波形图。

图 6-4 中，在 RA2 引脚接了一个直流电压表，以验证参考电压模块的输出电压(1.25 V)。

图 6-4 所用的器件如下。

● 1N4732A：稳压管，稳压值为 4.7 V；

● 2N2222：小功率 NPN 三极管；

● 7SEG－MPX4－CA：4 位一体的共阳 8 段数码管；

● LED－GREEN：绿色发光管；

- PIC16F877A：单片机；
- RES：电阻；
- TRAN－2P2S：变压器，耦合系数（Coupling Factor）设为 0.05；
- VSINE：交流电压源。

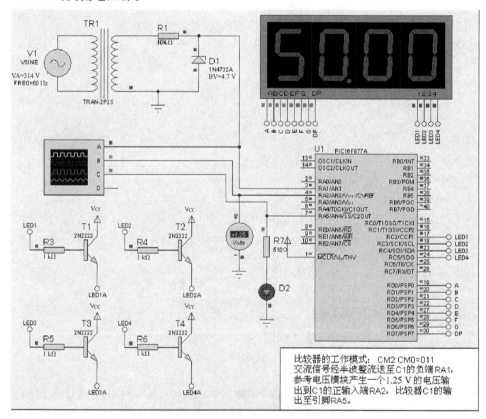

图 6－4　频率计 2 线路图

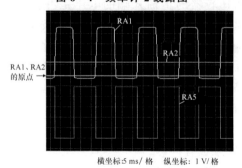

横坐标：5 ms／格　　纵坐标：1 V／格

图 6－5　频率计 2 的输入、输出波形图

此例的程序,前面部分与前一例完全相同,这里只给出不同的部分。

【例 6.2】 频率计 2 程序

```
//之前的程序与 6.1.2 小节所述的相同
void interrupt INT_ISR(void)
{    long X;
     unsigned int Y;
     if (CMIF = = 1 && CMIE = = 1)
     {    if (FUN<33) FUN++;                        //只在 FUN<33 时才加 1
          A = CMCON;                                //读取 C1OUT 才能对 PIR2 的 CMIF 清 0
          CMIF = 0;
          if (FUN = = 1)                            //第 1 边沿,开始 TMR0 计数
          {    TMR1L = 0;TMR1H = 0;
               PORTC = 0b11000011 & PORTC;          //关闭显示
               PORTD = 0xFF;
          }
          else if (FUN = = 33)                      //第 33 个边沿,计算周期
          {    TTZ = (TMR1H<<8)|TMR1L;              //将双字节数变成整型数,TTZ 为频率计算用
               CMIE = 0;
               PEIE = 0;
               X = 200000000;                       //频率的 100 倍,显示 2 位小数
               X = X/TTZ;
               Y = X;
               BCD(Y);                              //BCD 转换
               D1 = TON = 0;                        //准备显示频率
               T0IE = 1;
               FUN++;
          }
     }
     if (T0IF = = 1 && T0IE = = 1)
     {    T0IF = 0;
          if (FUN = = 34)
          {    TMR0 = T0_2MS;
               PORTC = 0b11000011 & PORTC;          //关闭显示
               PORTD = 0xFF;
               switch (D1)
               {//这一部分与例 6.1 程序相同
               }
```

```
            D1 = D1 + 1;                        //DT = 1～4 分别显示千位、百位、十位、个位
            if (D1>3) D1 = 0;
            TON = TON + 1;
            if (TON> = 200)
            {   TON = D1 = FUN = 0;              //显示次数到
                PORTC = 0b11000011 & PORTC;      //关闭显示
                PORTD = 0xFF;
                DELAY_I(100);                    //灭 100 ms,以造成闪动效果
                A = CMCON;
                PIR2 = 0;
                CMIE = 1;
                INTCON = 0b11000000;             //允许外围中断
            }
        }
    }
}


//初始化程序
void CSH(void)
{   OPTION = 0b10000010;    //TMR0 分频系数为 1：8
    TRISB = 0b000000001;    //RB0 为 CIS 选择
    TRISA = 0b00000111;     //RA1、RA2 为输入，RA5 为输出
    TRISC = 0b00000000;     //RC 口全为输出
    TRISD = 0b00000000;     //RD 口全为输出
    CVRCON = 0b11100110;    //参考电压输出到 RA2,CVRR = 1,输出电压为 1.25 V
    CMCON = 0b00000011;     //比较器 C1 的负输入端为 RA1,正输入端为 RA2,由参考电压模块来比
                            //较输出至 RA5
    DELAY(30);
    A = CMCON;              //读 CMCON 的目的是为了清比较器中断标志位 CMIF
    CMIF = 0;
    T1CON = 0b00110001;     //TMR1 分频比为 1：8
    TMR1IF = 0;
    TMR1H = TMR1L = 0;
    TON = D1 = FUN = 0;
    PIR2 = 0;
    PIE2 = 0b01000000;      //允许比较器中断
    INTCON = 0b11000000;    //允许外围中断
}
//之后程序与例6.1 所述的相同
```

6.2　基于 TC74 的温度监测与控制

在单片机应用中,温度的检测与控制在许多场合中都可以看到,如电子线路本身的温度监控、环境温度的监测、生产过程的温度控制等。温度的监测与控制,离不开温度传感器。这里给出的实例是 Microchip 公司的具有 I²C 接口的 TC74 的应用,并采用字符型 LCD 显示。

6.2.1　TC74 的基本性能与参数

温度传感器 TC74 是 Microchip 公司的一款 I²C 接口的数字式温度传感器。其测温范围为 $-40\sim125$ ℃,在 $25\sim85$ ℃之间的误差为 $-2\sim+2$ ℃,在 $0\sim125$ ℃之间的误差为 $-3\sim+3$ ℃。它有两种封装,如图 6-6 所示。

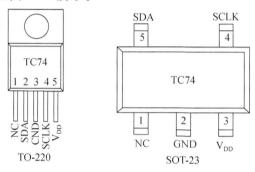

图 6-6　TC74 的封装图

6.2.2　【例 6.3】基于 TC74 的温度监测与控制

要求当温度 t 超过设定值 START_T 时,启动风扇降温。为了防止在临界温度值时的风扇频繁启/停,控制风扇的启/停要有一定的回差值 DELTA_T,即当 $t\geqslant$START_T 时启动风扇,当 $t<$START_T$-$DELTA_T 时关闭风扇,并且要求 START_T 和 DELTA_T 能由用户设定。

由上面的要求,设计了如图 6-7 所示的线路。由于本线路的单片机不需要那么多的 I/O 引脚,这里采用 PIC16F873A,其主要参数见 1.2.1 小节。

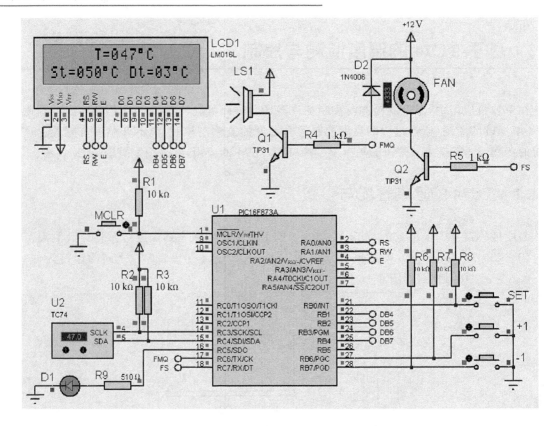

图 6 - 7　基于 TC74 的温度监测与控制线路图

图 6 - 7 所用到的器件如下。

- 1N4006:二极管;
- BUTTON:按钮;
- LED－GREEN:发光管;
- LM016L:2×16 字符型 LCD 模块;
- MOTOR－DC:直流电机(带动风机);
- PIC16F873A_JH:单片机,但外观经过修改;
- RES:电阻;
- SPEAKER:蜂鸣器;
- TC74:I^2C 数字温度传感器;
- TIP31:小功率 NPN 三极管。

TC74 的地址可以从 Microchip 公司的网站上获得,TC74 芯片手册中给出的范围为 0b1001000～0b1001111,默认值为 0b1001101。其地址为 7 位,采用默认值 0b1001101＝

0x4D,而 PROTEUS 中的 TC74 属性中的地址默认值为 A5,这样居然能通信!而其他地址就无法通信了。这是由 PROTEUS 的一个小 bug 导致的,可以这样修改:

在 PROTEUS 界面上,用鼠标右击想修改地址的 TC74 器件,选菜单项的"Edit Properties",在弹出的菜单中的"Option Address:"下拉框选一地址,如"A0",然后再选中左下方的""Edit all properties as text"(如果此项已处于选中状态,则要先不选后再按以上操作进行),此时把列表框中的一项"{DEVADDR = $95}"中的"95"改为"90",则在程序中的 7 位地址0b1001000 与这里的 0x90 对应了。其关系如表 6 - 1 所列。

表 6 - 1　PROTEUS 中的 TC74 地址属性更正

在 PROTEUS 中设置的 TC74 地址	真实的 TC74 的 7 位地址(二进制/十六进制)
$90	0b1001000/0x48
$92	0b1001001/0x49
$96	0b1001010/0x4A
$98	0b1001011/0X4B
$9A	0b1001100/0x4C
$9C	0b1001101/0x4D
$9E	0b1001111/0x4E

TC74 只有两个命令:一为读温度命令 RTR,RTR=0b0000,0000;二为读/写配置位命令RWCR,RWCR=0b0000,0001。通常只用到 RTR 命令。

对 TC74 的读操作过程时序如图 6.8 所示。单片机首先向 TC74 发送地址,地址在字节的高 7 位,最低位为 0 表示为写。接着单片机向 TC74 发送第二个数据,即读温度命令字RTR,即 8 位 0;然后重新开始,单片机再向 TC74 发送地址,但此时的最低位为 1,表示接下来是要读 TC74 的温度值。最后单片机接收 TC74 发出的温度值。TC74 的温度格式是带符号的二进制数,用补码表示。如图 6 - 8 所示,最后一个字节是 TC74 发出的温度值,为0b00100001,即 0x21,就是十进制数 33,表示此时温度值为 33 ℃。

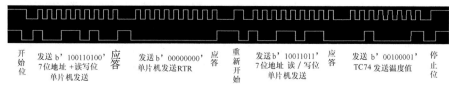

图 6 - 8　读 TC74 的时序图

设计中还用了一个 12 V 直流电压驱动的小型风机,用以降温散热,它用一个小功率三极管放大后驱动。风机两端并上一个二极管 D2 是为了防止在关闭风机时产生过电压。蜂鸣器LS1 用来报警,当温度 $t \geqslant$(启动风机温度值－回差值)时报警。LED 的闪亮表明系统在工作中。

图 6-7 中用了 3 个按键,一个是接于 RB0/INT 的按键,显然它是利用 INT 中断的,为功能设置键;另两个是接于 RB6、RB7 的按键,它们是利用 RB 电平变化中断的,为+1 和-1 键。因此,程序中要用到 INT 中断与 RB 电平变化中断。

完整的程序见例 6.3 程序,程序说明如下。

(1)LCD 显示详见 5.3 节介绍及程序,但是在本例中所用的控制 LCD 引脚与例 5.7 不同,因此子程序 LCD_WRITE_4 稍有不同。初始化 LCD 过程也稍有不同。由于这里用的 LCD 为 2×16,与 5.3.1 小节中介绍的 4×16 有些不同,有的子程序名相同但内容有区别,因此还是完整地给出相应的子程序。

(2)TC74 的操作,用的是 I²C 模块的功能,因此所用的子程序大多与例 4.19 相同,完全一样的就不重复给出。

(3)按键处理是本程序中的重点,这里详细给出其编程思路。硬件中的 3 个按键分别命名为“SET”、“INC”、“DEC”,即为功能设置、加 1、减 1。为了方便编程,定义了结构体类型 STRU 变量 KEY:

● KEY 的成员 SET 为 3 位,保存按键 SET 的次数,次数只能在 0～2 间循环,但结构体预留了 3 位,最大可至 7,便于程序功能扩展;

● 成员 INC=1 表明有 INC 按键按下,但未处理,处理后令其等于 0,就不会重复处理了;

● 成员 DEC=1 表明有 DEC 按键按下,其他操作与成员 INC 相同;

● 成员 FLAG=1 表明有按键需要处理,成员 CHANGE=1 表明显示需要刷新。

在按键的处理中,中断程序中只是设置了标志位,处理按键均在主程序中进行,一旦有有效按键按下(要先按 SET 后才能按 INC 或 DEC),启动 TMR1 进行延时计时,超过 10 s 内无按键,程序自动退出按键状态,因此每次有效按键时,TMR1 的中断次数计数值 T1N 均清 0。TMR1 的分频比是 1:1,且不设初值(实际初值就是 0),因此最大延时为 65 536×8×T_{cy}= 524 288 μs≈524 ms,所以 10 s 内 TMR1 的溢出次数约为 19。为了显示清晰,在按键时,修改数值的个位位置显示为闪烁。LCD 的闪烁是这样完成的:先把要修改的内容重新显示,然后用定位命令如 LCD_WRITE(ST_POSITION,COM)定在要闪烁的位置,然后再用写命令 LCD_WRITE(0b00001111,COM)让光标闪烁。

如果在未按“SET”键时按“INC”或“DEC”键,则不会进入按键状态,这是在 RB 电平中断程序中加了判断,只有在 KEY.SET=1 的前提下,按“INC”或“DEC”键才会将相应的标志位 KEY.INC 或 KEY.DEC 置 1。

只有按键修改了设置值,才将修改后的值写入 EEPROM 中。

按键操作过程如下:

第一次按“SET”键,出现如图 6-9(a)所示的界面,此时光标出现在启动风机温度设定值的 St 的个位上,此时如果按“INC”或“DEC”键则显示的 St 值将+1 或-1,其设置的范围为

30～100,即＋1的最大值只能到100,－1的最小值只能为30。

第二次按"SET"键,出现如图 6 - 9(b)所示的界面,此时光标出现在风机启/停温度回差值设定值的 Dt 的个位上,此时如果按"INC"或"DEC"键则显示的 Dt 值将＋1 或－1,其设置的范围为1～20,即＋1的最大值只能到20,－1的最小值只能为1。

(a) 第一次按"SET"键　　　　　　　(b) 第二次按"SET"键

图 6 - 9　温度控制操作界面图

有必要补充一句,在例 6.3 程序中的 READ_T 子程序中发送 TC74 地址语句

```
IIC_SEND((TC74_ADD<<1)+1);
```

将 TC74 的地址左移一位后加1,即7位地址放在发送的8位数的高7位,最低位为1表示读,其中的实参"(TC74_ADD<<1)＋1"的括号是不能少的,如果把实参写为"TC74_ADD<<1＋1",结果成了"TC74_ADD<<2",这显然有违我们的初衷,结果自然是错的。

题外话:在单片机应用中,有时按键与显示的程序占了整个程序的一半甚至更多,也就是说,按键与显示的程序是比较复杂的。

按键操作设计中最重要的是要简单方便,设计的操作越简单,用户越容易操作越好。

通过本例的按键程序,可以帮助读者在按键的软件设计中开拓思路,多想办法,设计出即简单又方便的按键操作程序。

【例 6.3】　程序

```
# include <pic.h>
__CONFIG (0x3771);        //运行用
//引脚定义
# define LCD_RS   RA0      //LCD 寄存器选择  数据 H/指令 L
# define LCD_RW   RA1      //LCD 读 H/L 写控制线
# define LCD_E    RA2      //LCD E 时钟
# define LED      RC5      //LED
# define FMQ      RC6      //蜂鸣器
# define FS       RC7      //风扇
# define KEY_DEC  RB7
```

```
#define KEY_INC  RB6
//常数定义
#define TC74_ADD  0b1001101          //TC74 的 7 位地址
#define DAT  1                        //LCD 写数据时为 1
#define COM  0                        //LCD 写命令时为 0
#define LINE1  0b10000000
#define LINE2  0b11000000
#define RTR  0b00000000               //TC74 的读温度命令
#define ST_POSITION LINE2 + 5         //第 2 行显示启动温度的个位位置
#define DT_POSITION LINE2 + 13        //第 2 行显示温度回差的个位位置
//函数声明
void interrupt ISR(void);
void CSH(void);
void LCD_CSH(void);
void LCD_BUSY(void);
void LCD_WRITE(char,char);
void LCD_WRITE_4(char,char);
char LCD_READ(void);
void DISP_MENU(const char *);
signed char READ_T(void);
void IIC_CSH(void);
void IIC_SEND(char);
void DISP_T(signed char);
void DISP_ST_DT(char,char);
void BCD(unsigned int);
void DELAY(unsigned int);
void DELAY_I(unsigned int);
void DELAY_US(char);
//宏定义,清屏
#define CLR_LCD()                    \
   LCD_WRITE(0b00000001,COM);  \
   DELAY(2)

const char AA[17] = " Temp Detect ...";
__EEPROM_DATA(50,3,255,255,255,255,255,255);  //默认启动风扇值为 50,温度回差 3
char  WW,QW,BW,SW,GW;
char  T1N,START_T,DELTA_T;
```

```
//定义结构体类型 STRU 的变量 KEY
struct STRU
{       unsigned SET:3;
        unsigned INC:1;
        unsigned DEC:1;
        unsigned FLAG:1;
        unsigned CHANGE:1;
}KEY;

void main(void)
{       char ST_OLD,DT_OLD;
        signed char R1;
        unsigned int i;
        CSH();
        DISP_MENU(AA);
        DELAY(2000);                      //延时 2 s,以便看清上行显示的内容
        CLR_LCD();
        DISP_ST_DT(START_T,DELTA_T);
        while(1)
        {       R1 = READ_T();            //读温度传感器的温度值
            DISP_T(R1);                   //显示温度值
            if (R1<(START_T - DELTA_T))   //根据设定值确定是否启动风扇、报警
                FS = 0;
            if (R1> = START_T)            //当(START_T - DELTA_T)<t<START_T时,风机状态不变
                FS = 1;
            if (R1> = (START_T - DELTA_T))
                FMQ = 1;
            LED = 1;
            i = 0;
            while (KEY.FLAG = = 0)
            {       DELAY(1);
                i+ +;
                if (i>500) LED = 0;
                if (i>1000) break;
            }
            ST_OLD = START_T;             //保留原先设置的值
            DT_OLD = DELTA_T;
```

```
        while (KEY.FLAG = = 1)
        {   FMQ = 0;NOP();LED = 0;                          //进入修改设置状态,风扇等均关闭
            FS = 0;
            if (KEY.SET = = 1)                              //进入修改,字符闪
                LCD_WRITE(ST_POSITION,COM);                 //确定字符闪的位置
            else if (KEY.SET = = 2)
                LCD_WRITE(DT_POSITION,COM);                 //确定字符闪的位置
            LCD_WRITE(0b00001111,COM);                      //字符闪

            if (KEY.INC = = 1)
            {   if (KEY.SET = = 1)
                {   START_T + + ;
                    if (START_T> = 100) START_T = 100;      //设定启动风扇的最大值为100 ℃
                }
                else if (KEY.SET = = 2)
                {   DELTA_T + + ;
                    if (DELTA_T> = 20) DELTA_T = 20;         //温度回差最大为20 ℃
                }
                KEY.INC = 0;                                //处理结束要清 0,避免重复处理
                KEY.CHANGE = 1;                             //已经改变,设置标志要刷新显示
            }
            if (KEY.DEC = = 1)
            {   if (KEY.SET = = 1)
                {   START_T - - ;
                    if (START_T< = 30) START_T = 30;         //设定启动风机的最小值为30 ℃
                }
                else if (KEY.SET = = 2)
                {   DELTA_T - - ;
                    if (DELTA_T< = 1) DELTA_T = 1;
                }
                KEY.DEC = 0;                                //处理结束要清 0,避免重复处理
                KEY.CHANGE = 1;                             //已经改变,设置标志要刷新显示
            }
            if (KEY.CHANGE = = 1)                           //如果有修改,刷新显示
            {   DISP_ST_DT(START_T,DELTA_T);
                KEY.CHANGE = 0;
                if (KEY.SET = = 1)                          //刷新后重新开字符标闪
```

```
                    LCD_WRITE(ST_POSITION,COM);      //确定字符闪的位置
                else if (KEY.SET == 2)
                    LCD_WRITE(DT_POSITION,COM);      //确定字符闪的位置
                LCD_WRITE(0b00001101,COM);           //字符闪
            }
        }
        if (ST_OLD! = START_T)                        //只有值被修改才写入 EEPROM
            EEPROM_WRITE(0,START_T);                  //写入启动风扇值,在 EEPROM 的地址 0
        if (DT_OLD! = DELTA_T)
            EEPROM_WRITE(1,DELTA_T);                  //写入温度控制的回差值,在 EEPROM 的地址 1
        FMQ = 0;
    };
}


void DISP_ST_DT(char ST,char DT)
{   LCD_WRITE(0b00001100,COM);                        //不闪
    LCD_WRITE(LINE2,COM);                             //即第 2 行的第 0 个字符
    BCD(START_T);                                     //将要显示的启动风扇温度值作 BCD 转换
    LCD_WRITE('S',DAT);                               //在当前位置显示字符'S'
    LCD_WRITE('t',DAT);                               //在当前位置显示字符't'
    LCD_WRITE(' = ',DAT);                             //在当前位置显示字符' ='
    LCD_WRITE(BW + 0x30,DAT);                         //显示百位
    LCD_WRITE(SW + 0x30,DAT);                         //显示十位
    LCD_WRITE(GW + 0x30,DAT);                         //显示个位
    LCD_WRITE(0xDF,DAT);                              //在当前位置显示字符'°'
    LCD_WRITE('C',DAT);                               //在当前位置显示字符'C'
    LCD_WRITE(' ',DAT);                               //在当前位置显示空格'

    BCD(DELTA_T);                                     //将要显示的温度控制回差量作 BCD 转换
    LCD_WRITE('D',DAT);                               //在当前位置显示字符'D'
    LCD_WRITE('t',DAT);                               //在当前位置显示字符't'
    LCD_WRITE(' = ',DAT);                             //在当前位置显示字符' ='
    LCD_WRITE(SW + 0x30,DAT);                         //显示十位
    LCD_WRITE(GW + 0x30,DAT);                         //显示个位
    LCD_WRITE(0xDF,DAT);                              //在当前位置显示字符'°'
    LCD_WRITE('C',DAT);                               //在当前位置显示字符'C'
}
```

```
void DISP_T(signed char R1)                     //温度在 R1
{   char  R2;
    LCD_WRITE(0b00001100,COM);                   //不闪
    if (R1>=0)
        BCD(R1);
    else
    {   R2 = ~(R1)+1;                            //如温度值为负,则得到其绝对值 R2
        BCD(R2);
    }
    LCD_WRITE(LINE1+5,COM);                      //DDRAM 地址,第 1 行的第 5 个字符
    LCD_WRITE('T',DAT);
    LCD_WRITE('=',DAT);
    if (R1<0)
        LCD_WRITE('-',DAT);
    if (R1>=0)                                    //只在温度为正时才显示百位
        LCD_WRITE(BW+0x30,DAT);                   //显示百位,数字加上 0x30 即为相应的 ASCII 码,下同
    LCD_WRITE(SW+0x30,DAT);                       //显示十位
    LCD_WRITE(GW+0x30,DAT);                       //显示个位
    LCD_WRITE(0xDF,DAT);                          //°
    LCD_WRITE('C',DAT);
}


void interrupt ISR(void)
{   if (INTF==1)
    {   DELAY_I(30);
        KEY.SET+=1;
        KEY.FLAG=1;
        if (KEY.SET>2)
        {   KEY.SET=0;
            KEY.FLAG=0;
        }
        TMR1ON=1;
        TMR1IE=1;
        TMR1H=TMR1L=0;
        TMR1IF=0;
        PEIE=1;
```

```
            T1N = 0;
            INTF = 0;
        }
    if (RBIF = = 1)
    {   DELAY_I(30);
        if (RB7 = = 0 && KEY.FLAG = = 1)
        {   KEY.DEC = 1;
            T1N = 0;
        }
        if (RB6 = = 0 && KEY.FLAG = = 1)
        {   KEY.INC = 1;
            T1N = 0;
        }
        RBIF = 0;
    }
    if (TMR1IF = = 1)
    {   TMR1IF = 0;
        T1N + + ;
        if (T1N > = 19)           //约 10 s
        {   KEY.FLAG = 0;          //超过时间，要退出按键状态
            KEY.SET = 0;
            TMR1IE = 0;
            PEIE = 0;
        }
    }
}


void CSH()
{   TRISA = 0b11111000;          //低 3 位为输出
    TRISB = 0b11000001;          //RB0、RB6、RB7 为按键输入，RB1～RB4 控制 LCD
    TRISC = 0b00011000;          //RC3 为 IIC 接口，必须设置为输入，最高 2 位为输出控制
    ADCON1 = 0b00000110;         //A 口全为数字口
    LCD_CSH();                   //LCD 初始化
    IIC_CSH();                   //IIC 初始化
    OPTION = 0b10111111;         //INT 下降沿中断
    KEY.FLAG = 0;
    KEY.SET = 0;
```

```
    T1CON = 0b00110000;              //1∶8分频
    START_T = EEPROM_READ(0);        //读 EEPROM 中的启动风扇温度值
    DELTA_T = EEPROM_READ(1);        //读 EEPROM 中的启动风扇温度回差值
    INTCON = 0b10011000;             //允许 INT 与 TMR0 溢出中断
}


void DISP_MENU(const char * A)
{   char i;
    CLR_LCD();
    LCD_WRITE(LINE1,COM);            //回到行首
    for (i = 0;i<16;i++)
        LCD_WRITE(A[i],DAT);         //显示 16 个字符,ASCII 码对应的字符
}


//写 R1 的高 4 位,FLAG 为寄存器选择
void LCD_WRITE_4(char R1,char FLAG)
{   LCD_RW = 0;                      //写模式
    LCD_RS = FLAG;                   //寄存器选择
    PORTB &= 0b11100001;             //RB 的数据 4 位清 0
    LCD_E = 1;                       //使能
    PORTB |= (R1<<1);                //送 R1 的低 4 位至 RB 口的高 4 位
    NOP();NOP();                     //短延时
    LCD_E = 0;                       //数据送入有效
    LCD_RS = 0;
    PORTB &= 0b11100001;             //RB 的数据 4 位清 0
}
char LCD_READ(void)                  //读 LCD 状态
{   char  R1;
    LCD_RS = 0;                      //寄存器选择
    LCD_RW = 1;                      //读为 1
    NOP();NOP();                     //短延时
    LCD_E = 1;                       //使能
    NOP();NOP();                     //短延时
    R1 = PORTB;
    R1 = R1<<3  ;                    //读数据的高 4 位给 R1 高 4 位
    R1 = R1 & 0xF0;
    LCD_E = 0;                       //读数据结束
```

```
        NOP();NOP();                        //短延时
        LCD_E = 1;                          //使能
        NOP();NOP();
        R1 | = (PORTB>>1);                  //读 PORTB 的 1～4 位,R1 的高 4 位不变
        LCD_E = 0;                          //读数据结束
        LCD_RW = 0;
        return (R1);
}

signed char READ_T(void)                    //读 TC74 的温度值
{   signed char R1;
        SEN = 1;                            //开始条件
        while (SEN = = 1);                  //检测开始条件是否完成
        IIC_SEND(TC74_ADD<<1);              //送 TC74 地址(写)
        IIC_SEND(RTR);                      //写 RTR 命令(写)

        RSEN = 1;                           //重新开始条件
        while (RSEN = = 1);                 //等待重新开始条件结束
        IIC_SEND((TC74_ADD<<1) + 1);        //发送 TC74 地址(读)

        RCEN = 1;                           //接收使能
        while (RCEN = = 1);                 //等待接收完成
        R1 = SSPBUF;                        //接收数据存入 R1

        PEN = 1;                            //停止位
        while(PEN = = 0);
        return(R1);
}
//LCD_BUSY、LCD_WRITE、IIC_CSH、IIC_SEND、BCD、DELAY、DELAY_I、DELAY_US 子程序见附录
```

6.3　一线式温度传感器系列组网与应用

　　在单片机应用中,实际上遇到的重点或难点可能不在单片机本身,而在其他芯片的应用,或者在单片机与其他芯片的接口上。单片机与其他芯片的接口除了常用的 I²C、SPI、USART 外,还有一些特殊的接口,如本节要介绍的 1－Wire 通信接口。通过本节的学习,读者将在单

片机与其他芯片的接口、应用能力方面有较大的提高。

Dallas 公司生产(现与 MAXIM 公司合并)的独特的基于一线式通信器件,用一根单片机的 I/O 引脚,不经扩展,就能与多达几十个甚至更多的此类器件进行通信与控制。此类器件有数字温度传感器、EEPROM、信息纽扣(iBUTTON)、可寻址开关等。这种通信方式称为 1－Wire 即一线式通信。

这里介绍 1－Wire 接口的数字温度传感器 DS18B20 的基本性能与应用,实际上它的绝大部分命令都与其他 1－Wire 通信接口的器件相同,程序可以通用,特别是通信部分是完全一样的。

6.3.1　DS18B20 的基本性能参数及结构

1. 主要参数

DS18B20 的主要性能参数如下:

- 测温范围为－55～＋125 ℃;
- 供电电压为 3～5.5 V,还可以用寄生供电方式即通过通信线进行供电;
- 在－10～＋85 ℃测温范围测温精度为－0.5～＋0.5 ℃;
- 温度分辨率可设为 9～12 位;
- 可以由用户设定超温与欠温报警值;
- 与其他 1－Wire 芯片相同,在其 ROM 内有 8 字节共 64 位的全球唯一的系列码;
- 温度转换时间在 12 位分辨率时最大为 750 ms。

DS18B20 的封装如图 6 - 10 所示。如果以寄生电源方式供电时,V_{DD} 应接地。在使用时,数据端 DQ 要接一个上拉电阻至 V_{DD},上拉电阻值为 4.7 kΩ 左右为宜。所谓的一线式通信,就是通过 DQ 这个引脚进行的。虽然称之为一线式通信,地还是要与主控机的地接在一起的。

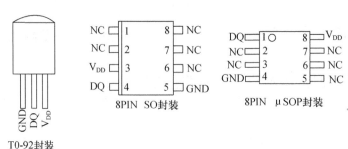

图 6 - 10　DS18B20 封装图

2. 内部结构及说明

DS18B20 的内部结构如图 6-11 所示。其内部有温度传感单元、用于存放报警值和配置值的 EEPROM、高速暂存存储器(SCRATCHPAD)、8 位 CRC 发生器等。其中的 64 位 ROM 中存储了不可修改的全球唯一的序列号,结构如图 6-12 所示。该序列号中最低字节存放的是器件的类型码(也称为家族码),类型码确定了器件的型号,如 DS18B20 的类型码为 0x28,DS1822 的类型码为 0x22 等。接着的 6 字节为 ID 码,此 ID 码在生产时就确定并不能修改,6 字节的数涵盖的范围为 0~(2^{48}—1),约为 280 万亿之巨(15 位的十进制数),也就是说,对一种型号的器件,可以有 280 万亿个不重号的器件。ROM 中的最高字节为 8 位的 CRC 校验码,它是前面 7 个字节数的 8 位 CRC 校验值。

> **注意:** 在 PROTEUS 仿真中,在有多个 1—Wire 器件仿真时,要修改 1—Wire 器件的属性中的 ROM Serial Number (序列号),并设置 Aotumatic Serialization(自动序列化)为 No,否则由于所调入的同类型的 1—Wire 器件序列号相同(PROTEUS 中的默认值),通信将会产生问题。

335

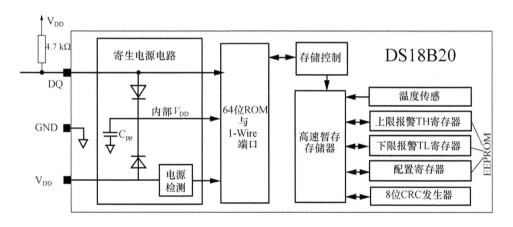

图 6-11　DS18B20 内部结构图

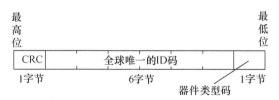

图 6-12　一线式器件的序列号结构图

DS18B20 还有称之为 SCRATCHPAD 的存储器,它是高速暂存寄存器,以下简称 RAM,共有 9 字节,如表 6-2 所列。

表 6-2　DS18B20 RAM 存储器结构

地　址	内　容	说　明
0	温度低字节	上电值为 0x50
1	温度高字节	上电值为 0x05,与低字节组合为 85 ℃
2	TH,超温报警值	与 EEPROM 中的对应
3	TL,欠温报警值	与 EEPROM 中的对应
4	配置字	与 EEPROM 中的对应
5	保留	上电值为 0xFF
6	保留	上电值为 0x0C
7	保留	上电值为 0x10
8	CRC	为前 8 字节数的 CRC 结果

表 6-2 中的字节 0 和字节 1 为温度值存放寄存器,其结果以摄氏温度、二进制补码的格式存放,如表 6-3 所列。其中的符号位 S 表明结果正或负,如果温度为正,符号位 S 均为 0;结果为负,符号位 S 均为 1。当采用 12 位分辨率时,所有的位数均有效;如果采用 11 位分辨率时,位 0 无效;采用 10 位分辨率时,位 0、位 1 无效;如果采用 9 位分辨率时,位 0、位 1 和位 2 无效。如果只需要温度的整数部分,把得到的温度值双字节向右移 4 次即可。如果为负数,也是同样处理,因为在 PICC 的 C 程序中,负数移位时,最高位的符号位仍然保持为 1!

表 6-3　DS18B20 的温度存放寄存器

地址 0	位 7	位 6	位 5	位 4	位 3	位 2	位 1	位 0
	2^3	2^2	2^1	2^0	2^{-1}	2^{-2}	2^{-3}	2^{-4}
地址 1	位 15	位 14	位 13	位 12	位 11	位 10	位 9	位 8
	S	S	S	S	S	2^6	2^5	2^4

在配置字(地址 4)中,只用到位 6 与位 5,它确定了温度转换的位数,如表 6-4 所列。

表 6-4　DS18B20 的温度分辨率配置位

位 6	位 5	分辨率	最大转换时间
0	0	9 位	93.75 ms
0	1	10 位	187.5 ms
1	0	11 位	373 ms
1	1	12 位	750 ms

3. CRC 校验及 8 位 CRC 校验编程

由于在通信过程中可能存在干扰,为了避免因干扰造成的错误,就要对通信的数据帧进行错误校验,只有校验正确的数据帧才能被接收。校验的方式有奇偶校验、累加和校验和 CRC 校验。

CRC 校验方式全称为 Cyclic Redundancy Check,即循环冗余校验,其原理是把要校验的若干字节数据当作一个多项式 $f(x)$ 的系数,校验时用事先约定的生成多项式 $G(x)$ 去除,得到一个余数,此余数就是所谓 CRC 校验码,发送方把 CRC 校验码放在要发送的数据多项式之后发送给接收方,接收方作同样的计算后,把计算得到的 CRC 校验码和接收到的 CRC 校验码进行比较,如相同表示传输正确。如甲方要发送 10 个字节数给乙方,甲方把要发送的 10 个数先进行 CRC 校验计算,最后得到一个 CRC 校验码,根据所用的校验多项式的位数不同,CRC 校验码的位数也不同,如用 8 位校验多项式,CRC 余数即 CRC 码为 1 字节,如用 16 位校验多项式,CRC 码为 2 字节。甲方把要发的 10 字节数发送后,再将 CRC 码发出。而在乙方,接收到 10 个数后(根据协议,它应当知道要接收的数据的个数!)再接收 CRC 码,并把前 10 个数作相同的 CRC 校验计算,计算得到的 CRC 码与接收到的 CRC 校验码进行比较,如果相同则表示通信无错误。乙方也可以把接收到的前 10 个数及 CRC 校验码全部作 CRC 计算,如果得到的 CRC 码为 0,则表示通信正确,因为后一种方法较为简单,后面的 CRC 校验均用这一种方法。

在 CRC 校验计算中,要先对 CRC 余数初始化,根据协议,有的是将余数位全置 1,有的是将余数位全清 0。1－Wire 中用到的 CRC8 的初始化要求是余数位全清 0。

如果 CRC 为多字节,通常是低字节先发。

CRC 校验检错能力强,容易实现,是目前应用最广的检错码编码方式之一。

编写 CRC 校验程序有两种办法:一种为计算法,另一种为查表法。计算法占用程序空间小,但花费的时间较多;查表法计算速度快,但占用程序空间大。可以根据情况选取一种。这里介绍计算法,如需查表法,可上网查找相关程序。

常用的 CRC 校验多项式有:

CRC8,$g(x)=x^8+x^5+x^4+1$,去高位反序后的模除数为 0xC8;

CRC16,$g(x)=x^{16}+x^{15}+x^2+1$,去高位反序后的模除数为 0xA001;

CRC16－CCITT,$g(x)=x^{16}+x^{12}+x^5+1$,同样处理后的模除数为 0x8408;

CRC－32,$g(x)=x^{32}+x^{26}+x^{23}+x^{22}+x^{16}+x^{12}+x^{11}+x^{10}+x^8+x^7+x^5+x^4+x^2+x+1$,处理后的模除数为 0xEDB88320。

在 1－Wire 系列芯片中均使用 8 位的 CRC 校验,所用的校验多项式为 $G(x)=X^8+X^5+X^4+1$。

虽然 CRC 校验计算理论上是用除法计算,但实际应用时都不是直接如此计算,而是用查表或通过使用移位、异或等较为简单的方法进行的,其原理不是那么容易理解。[CRC－8 校验子程序]所给的 CRC 算法是利用移位和异或运算进行的,读者只要知道程序的入口与出口参数就可以了。

CRC 校验也可以用在各种非通信场合,如 1－Wire 器件中用 CRC 校验来校验在读器件时参数是否受到干扰。再如，保存在 EEPROM 中的数据，可以用 CRC 校验，以避免因干扰等原因 EEPROM 被改写而造成的错误。

【CRC－8 校验子程序】

```
//程序开头定义:#define  CRC8_C  0x8C
//对 1 字节数 B 作 CRC8 计算,CRC 为计算结果
char CRC8_1(char B,char CRC)
{  char i,j,k;
   j=1;
   for(i=0;i<8;i++)
      {  if((CRC & 0x01)! =0)
         {  CRC = CRC>>1;
            CRC ^= CRC8_C;        //与多项式异或
         }

            else
            CRC = CRC>>1;
            k = B & j;             //按位与,根据 i 的值,确定 B 在 i 位是否为 0
         if(k! =0)
            CRC ^= CRC8_C;        //与多项式异或
         j = j<<1;                 //j 左移 1 次,和 i 同步,i=0,j=1,i=1,j=2,i=2,j=4,…
      }
   return(CRC);
}
```

如有字符型数组 char   ID1[8]＝{0x28,0x33,0xC5,0xB8,0,0,0,0xD7}，共有 8 字节，是某 DS18B20 的序列号，其中，最高字节 0xD7 是前 7 个字节的 CRC8 校验码。要计算前 7 个字节的校验码，则应如下调用：

```
CRC8 = 0;        //CRC 初始化。假设 CRC 结果放于 CRC8
for (i=0;i<7;i++)
         CRC8 = CRC8_1(ID[i],CRC8);
```

调试运行可得 CRC8＝0xD7。如果把 for 循环中"i<7"改为"i<8"，即把包括 CRC 结果也作 CRC 运算，得到的结果是 CRC8＝0。

6.3.2　DS18B20 的命令与时序

1. 命令

1－Wire 的通信均以低位在先的方式进行。

DS18B20 与 ROM 有关的指令如下。

● READ ROM 指令 0x33：读取序列号。只有当总线上只有一片 DS18B20 时，才允许主机用此指令读取 DS18B20 的序列号。

● MATCH ROM 指令 0x55：此指令后面跟着 8 字节的序列号。当多个 DS18B20 在线时，主机可用此指令匹配一个给定序列号的 DS18B20，此后的指令就针对该 DS18B20 直到复位指令。该指令适用于单节点和多节点两种场合。

● SKIP ROM 指令 0xCC：该指令用在单节点和多节点总线系统中，可以节省时间，这时主机不需发送 64 位 ROM ID 就能直接访问芯片的 RAM 存储器，用于需要对所有的从机进行相同的动作或只有一个从机的情况，如要对所有的从机进行温度转换，就可以发送此指令 0xCC，再发温度转换指令 0x44。如果要对所有的从机设置相同的报警值和配置值，可以先发送 0xCC，再发送 3 个设定值，即 TH、TL、CONFIG。

● SEARCH ROM 指令 0xF0：用以读取在线的 DS18B20 的序列号，但程序并不简单。

● ALARM SEARCH 指令 0xEC：当检测到温度超出所规定的门限值时，此指令可以读出报警的 DS18B20。

DS18B20 与功能有关的指令如下。

● CONVERT T 指令 0x44：启动 DS18B20 进行温度转换，转换时间与分辨率有关，见表 6-4所列；

● WRITE SCRATCHPAD 指令 0x4E：写 3 个字节数到 RAM 中，依次是报警高字节、报警低字节和配置字，此指令后要紧跟着 3 字节数；

● READ SCRATCHPAD 指令 0xBE：读取 RAM 中的数据，可以连续读出最多 9 字节的数据，如果只要温度值，只要读出前 2 个字节即可；

● COPY SCRATCHPAD 指令 0x48：将 RAM 中的 TH、TL 和配置字（字节 2、3、4）拷贝到 EEPROM 中，保证数据不丢失；

● RECALL EEPROM 指令 0xB8：与前一条相反，此指令把 EEPROM 中的 TH、TL 和配置字（字节 2、3、4）拷贝到 RAM 中；

● READ POWER SUPPLY 指令 0xB4：发出此指令后，主机再发读时隙，DS18B20 会返回电源信息，如果返回 0，为寄生电源，1 为外部电源。

2. 时序

时序是 1－Wire 通信的精髓。它与其他通信方式如 I²C、SPI、USART 等是完全不同的思路与方法。在 1－Wire 的通信中，用到了独特的"时隙"概念。

(1)1－Wire 的初始化

与 1－Wire 器件的通信都要从复位开始，如图 6-13 所示，主机发送一个复位脉冲，然后 1－Wire 器件回送一个存在脉冲。对这些脉冲的要求（指脉冲宽度）如图 6-13 标注所示，应严格按照此要求进行。

【1－Wire复位程序】给出了对1－Wire器件复位的子程序，在PROTEUS的仿真结果波形如图6-14所示。

【1－Wire复位程序】

```
//DQ前已定义为某个引脚,如RB3,DQ_DIR已定义为TRISB3
void      ONE_WIRE_RESET(void)
{   DQ_DIR = 1;          //先置DQ高电平
    NOP();
    DQ_DIR = 0;
    DQ = 0;              //强制拉DQ至低电平
    DELAY_US(49);        //延时约500 μs
    DQ_DIR = 1;          //释放DQ线
    while (DQ = = 1);    //等待1－Wire应答
    DELAY_US(49);        //延时约500 μs
}
// DELAY_US见附录
```

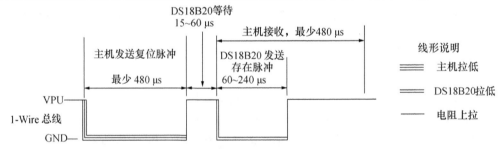

图6-13　1－Wire的复位过程

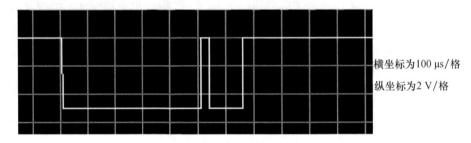

横坐标为100 μs/格

纵坐标为2 V/格

图6-14　1－Wire的复位过程仿真波形

（2）主机读、写时序

1－Wire的发送与接收是低位在先。

主机对 1－Wire 器件的写时序如图 6－15 所示,主机对 1－Wire 器件写一个 0,就是置主机(通常为单片机)的相应引脚为输出,并把该引脚输出为低电平,强制把总线拉低。而对于写 1,实际上是把主机的相应引脚设置为输入,通过外部的上拉电阻把总线拉高。

主机的读 1－Wire 器件的时序如图 6－16 所示,当主机发送读命令后,1－Wire 器件在随后的主机发出的读时隙中,如果 1－Wire 器件要发 0,就强制把口线拉低;而如果要发 1,就释放口线,由外部上拉电阻将口线上拉至高电平。

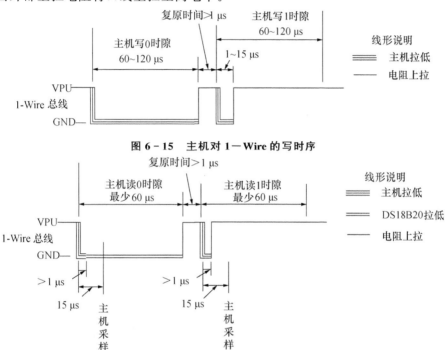

图 6－15　主机对 1－Wire 的写时序

图 6－16　主机对 1－Wire 的读时序

图 6－17 为主机向 1－Wire 器件写 0xBE 和从 1－Wire 器件读 0xA0 的 PROTEUS 仿真波形图,认真对照此图与图 6－15、图 6－16,便可明白 1－Wire 的通信细节。注意,在 1－Wire 通信中,是低位先发,即低位在先。

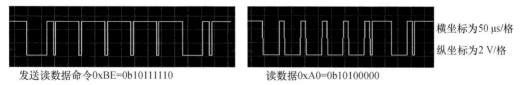

发送读数据命令0xBE=0b10111110　　　读数据0xA0=0b10100000

图 6－17　主机对 1－Wire 的读、写仿真时序

6.3.3   单片机与单个 DS18B20 器件的通信

【例 6.4】   单片机与 DS18B20 的通信。

图 6-18 为单片机 PIC12F683 与 1—Wire 器件 DS18B20 的应用线路,线路及连线非常简单。

这里选用的单片机是一个 8 引脚的中档单片机(虽然标志着 PIC12F),它与 4.15 节介绍的 PIC16F887 属于同一类的产品。其主要参数如下:

- 2K 字的程序存储器;
- 128 字节的 RAM;
- 256 字节的 EEPROM;
- 4 路 10 位 AD;
- 1 个比较器;
- 1 个 16 位定时器,2 个 8 位定时器;
- 6 个 I/O 引脚;
- 内部 RC 振荡器。

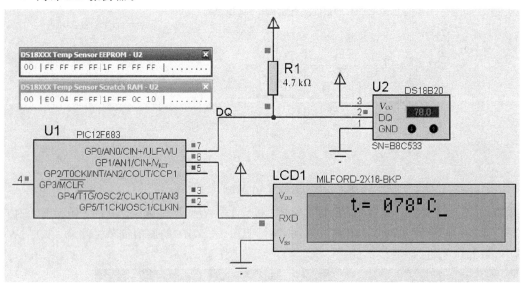

图 6-18   主机对单个 DS18B20 通信的线路图

图 6-18 中用到的具有异步串行通信接口的 LCD,型号为 MILFORD—2X16—BKP,是 2 行 16 列的液晶模块,通信波特率为 2 400 或 9 600 可选,8 位数据,1 位停止位,无校验位。MILFORD—2X16—BKP 的绝大部分命令与 LM041L 相同,可参阅表 5-5。所不同的是,在发送命令前必须先发送一个特殊数 0xFE。如要清屏先发送 0xFE,再发送清屏命令 0x01。

实际应用中,此液晶的通信波特率是由短路插确定的,在 PROTEUS 仿真中,在液晶的属性中设置。本例中选用 9 600 波特率。

由于 PIC12F683 无异步串行通信模块,因此用 I/O 引脚来模拟异步串行通信。在单片机与 LCD 的通信中,只用到单片机的发送,图 6 - 18 中用 GP1 引脚来模拟异步串行通信口的发送端。详细见例 6.4 程序中的子程序 LCD_TX。

程序中编制了专用于 1-Wire 器件的子程序,如复位器件的子程序 ONE_WIRE_RESET,对器件写一字节的子程序 WRITE_BYTE,读器件一字节的子程序 READ_BYTE,读ROM 的子程序 READ_ROM、写 ROM 子程序 WRITE_ROM 等,这些子程序都可以用于其他 1-Wire 器件。

图 6 - 18 中只有一片 1-Wire 器件 DS18B20,主程序中先调用 READ_ROM 子程序读取DS18B20 的 ID 码,READ_ROM 子程序先调用 ONE_WIRE_RESET 子程序复位 1-Wire 器件,再发送读 ROM 命令 0x33,读出 DS18B20 的序列号并作 CRC8 校验,如果正确,以后就以此序列号进行通信。然后是显示该 ID 码。接着调用 WRITE_ROM 子程序设置 DS18B20 的温度分辨率为 9 位。

在读取温度子程序 READ_DS18B20 中,先复位 DS18B20,发送 Skip ROM 命令 0xCC,再发送温度转换命令 0x44,延时 100 ms(9 位温度分辨率转换时间为 93.75 ms)后,发送复位命令,再发送 Skip ROM 命令 0xCC,然后再发送读 RAM 命令 0xBE,接着读 2 字节的温度值,进行 BCD 转换计算,最后再显示。

通过 PROTEUS 仿真运行,可以验证程序正确与否,温度值可以直观地通过器件上显示的温度值与 LCD 上显示的温度值进行比较。同样,读器件的 ROM 可以通过设置器件的 ID码看显示结果是否与之一致。对 DS18B20 的分辨率设置是否正确,是否把 Scratch RAM 的内容拷贝到 EEPROM,可以按如下方法验证,即执行温度分辨率设置命令后,暂停程序的执行(是暂停,不是停止),用鼠标右击相应的 DS18B20(如果有多片的话),选取 Sratch RAM 或EEPROM 项,就可在屏幕上显示出 RAM 与 EEPROM 的值,如图 6 - 18 左上方显示的情况:上面的小窗口为 DS18B20 的 EEPROM 数据,地址为 4 的内容为 1F,地址 4 存放的是配置字,由表 6 - 4 可知,此设置的温度分辨率为 9 位,即程序中设定的值;下面的小窗口为 DS18B20的 RAM 的值,最低 2 字节为温度值,组合起来为 0x04E0,在 9 位分辨率时最低 4 位为无效位,因此把 0x04E0 右移 4 位,即得到实际的温度值为 0x4E=78 ℃,与液晶上的显示值相同。

【例 6.4】 程序

```
//芯片为 PIC12F683
# include <pic.h>
__CONFIG(0x32C4);        //内部 RC
void  CSH(void);
void  ONE_WIRE_RESET(void);
```

```
void    WRITE_BYTE(char);
char    READ_BYTE(void);
int     READ_DS18B20(void);
void    READ_ROM(void);
void    WRITE_ROM(char,char,char);
void    READ_SLOT(void);
char    CRC8_1(char,char);
void    DQ_ONE_BIT(char);
void    DISP_ID(char *);
void    DISP_WD(int);
void    LCD_CSH(void);
void    LCD_TX(char);
void    LCD_LINE(char *,char);          //显示 N 个指定数组中的字符
void    LCD_LINE1(const char *,char);   //显示 N 个常数字符
void    LCD_LINE2(char *,char);         //按照十六进制数显示 N 个字节(2N 个字符)
void    BCD(unsigned int);
void    DELAY(unsigned int);
void    DELAY_US(char);


#define   DQ_DIR   TRISIO0              //控制 DS18B20 的 DQ 端
#define   DQ       GPIO0                //控制 DS18B20 的 DQ 端
#define   TX       GPIO1                //控制串行 LCD 的 TX
#define   LCD_CLR   0x01                //清屏命令
#define   LINE1    0x80                 //第 1 行地址
#define   LINE2    0xC0                 //第 2 行地址
#define   COMMAND  0xFE                 //命令码
#define   CRC8_C   0x8C                 //0x8C:x8 + x5 + x4 + 1:去掉最高位后倒置


const char AA1[13] = "Find 1 - WIRE:";
char    WW,QW,BW,SW,GW;
char    ID[8];


#define   LCD_COMMAND(A)        \
  LCD_TX(COMMAND);              \
  LCD_TX(A)


#define   LCD_CLEAR()           \
```

344

```
    LCD_COMMAND(LCD_CLR);                \
    DELAY(2)
    #define   DELAY_5US()  \
    NOP();NOP();NOP();NOP();NOP()


main(void)
{       char i,CRC8;
        int   WENDU;                        //存放温度值
        CSH();
        LCD_CSH();
        READ_ROM();                         //读 ROM_CODE 的 8 字节,结果在 ID 中
        CRC8 = 0;
        for (i = 0;i<8;i + +)
            {CRC8 = CRC8_1(ID[i],CRC8);}
        if (CRC8 = = 0)
            DISP_ID(ID);
        LCD_CLEAR();
        WRITE_ROM(255,255,0B00011111);      //设置器件的配置位,9 位温度分辨率
        while(1)
        {   WENDU = READ_DS18B20();         //读温度值
            DISP_WD(WENDU);
        };
}
//对所有的 1 - Wire 器件写配置字
void WRITE_ROM(char T_H,char T_L,char CONFIG1)
{   ONE_WIRE_RESET();
        WRITE_BYTE(0xCC);                   //skip rom
        WRITE_BYTE(0x4E);                   //写 RAM 命令
        WRITE_BYTE(T_H);                    //温度报警高限值
        WRITE_BYTE(T_L);                    //温度报警低限值
        WRITE_BYTE(CONFIG1);                //配置位

        ONE_WIRE_RESET();                   //必须重新复位
        WRITE_BYTE(0xCC);                   //skip rom
        WRITE_BYTE(0x48);                   //将 RAM 拷贝到 EEPROM
        DELAY(12);                          //写 EEPROM 时间为 10 ms
}
```

```
//读 ROM,结果在 ID 数组中
void READ_ROM(void)
{    char i;
     ONE_WIRE_RESET();
     WRITE_BYTE(0x33);                    //读 ROM 命令,只有一个器件时才能用此命令
     for (i = 0;i<8;i + +)
     ID[i] = READ_BYTE();
}
//显示 1 个器件的 ROM_ID 码,码在 A 数组中(8 字节)
void DISP_ID(char * A)
{    LCD_CLEAR();
     DELAY(30);                           //造成闪动效果
     LCD_COMMAND(LINE1);                  //第 1 行
     LCD_LINE1(AA1,12);                   //显示数组 AA1 的前 12 个字符
     LCD_COMMAND(LINE2);                  //第 2 行
     LCD_LINE2(A,8);                      //按十六进制显示 ROM_CODE
     DELAY(1000);                         //延时时间可根据情况增减
}


//显示温度值
void DISP_WD(int WENDU)
{    int B;
     LCD_COMMAND(0b00001100);             //D(d2) = 1,打开显示;C(d1) = 0,光标关闭;B(d0) = 0,光标不闪
     LCD_COMMAND(LINE1 + 3);              //显示温度值
     LCD_TX('t');
     LCD_TX('=');
     if (WENDU> = 0)
     {    WENDU = WENDU>>4;
          BCD(WENDU);
          LCD_TX(' ');
     }
     else
     {    B = ~WENDU + 1;                 //负数的绝对值计算为取反后加 1
          B = B>>4;
          BCD(B);
          LCD_TX('-');
     }
```

```
    LCD_TX(BW + 0x30);
    LCD_TX(SW + 0x30);
    LCD_TX(GW + 0x30);
    LCD_TX(0xDF);                    //显示"°",见图 5 - 10
    LCD_TX('C');
    LCD_COMMAND(0b00001111);  //D(d2) = 1,打开显示;C(d1) = 1,光标打开;B(d0) = 1,光标闪烁
    DELAY(1000);
}


//读取温度,只能用于只有一个 1 - Wire 器件的情况
int READ_DS18B20(void)
{   int  A;
    ONE_WIRE_RESET();               //复位
    WRITE_BYTE(0xCC);               //对所有的器件
    WRITE_BYTE(0x44);               //温度转换命令
    DELAY(100);                     //9 位分辨率转换时间为 93.75 ms

    ONE_WIRE_RESET();               //复位
    WRITE_BYTE(0xCC);               //对所有的器件,这里只有一个器件
    WRITE_BYTE(0xBE);               //读 RAM 命令,只读 2 个字节,即温度值,低位在先
    A = READ_BYTE();
    A = A + (READ_BYTE()<<8);
    return (A);
}


void WRITE_BYTE(char A)             //写 1 字节
{   char i,j;
    for (i = 0;i<8;i + + )
    {   if ((A & 0x01) = = 0x01)
            j = 1;
        else
            j = 0;
        A = A>>1;
        DQ_ONE_BIT(j);
    }
}
```

```
char READ_BYTE(void)          //读 1 字节
{    char i,A;
     A = 0;
     for (i = 0;i<8;i + +)
     {    A = A>>1;
          READ_SLOT();
          if (DQ = = 1)
               A + = 0x80;
          DELAY_US(4);
     }
   return(A);
}


void DQ_ONE_BIT(char A)      //发送 1 位,0 或 1 由 A 确定
{    if (A = = 1)
     {    DQ_DIR = 0;          //DQ 输出高电平 1 位
          DQ = 0;
          DELAY_5US();
          DQ_DIR = 1;
          DELAY_US(6);
     }
     else
     {    DQ_DIR = 0;          //DQ 输出低电平 1 位
          DQ = 0;
          DELAY_US(7);
          DQ_DIR = 1;
     }
}


//读时隙
void READ_SLOT(void)
{    DQ_DIR = 0;
     DQ = 0;
     NOP();NOP();
     DQ_DIR = 1;
     NOP();NOP();
}
```

```
void LCD_TX(char A)                  //按 9 600 波特率与 LCD 通信,每位时间为 104 us
{   char i;
    TX = 1;NOP();
    TX = 0;                          //起始位
    DELAY_US(9);                     //延时约 102 μs
    for (i = 0;i<8;i++)
    {   if ((A & 0x01) == 0x01)
            TX = 1;
        else
            TX = 0;
        DELAY_US(8);                 //延时 92 μs,加上循环内的其他执行时间,与 9 600 波特率时间
104 相近。
        A = A>>1;
    }
    TX = 1;                          //停止位
    DELAY_US(20);                    //包括停止位延时约 212 μs,
}


void ONE_WIRE_RESET(void)           //1-Wire 器件复位
{   DQ_DIR = 1;                      //先置 DQ 高电平
    NOP();
    DQ_DIR = 0;
    DQ = 0;                          //强制拉 DQ 至低电平
    DELAY_US(49);                    //延时约 500 μs
    DQ_DIR = 1;                      //释放 DQ 线
    while (DQ == 1);                 //等待 DS18B20 应答
    DELAY_US(49);                    //延时约 500 μs
}


void LCD_CSH(void)
{   DELAY(200);
    LCD_COMMAND(0b00001100);         //D(d2) = 1,打开显示;C(d1) = 0,光标关闭;B(d0) = 0,光标不闪
    LCD_COMMAND(0b00000001);         //清除显示
    DELAY(2);                        //延时 2 ms
    LCD_COMMAND(0b00000110);         //输入模式,I/D(d1) = 1,地址加 1;S(d0) = 1,显示移位关闭
}
```

```
void LCD_LINE(char * A,char N)              //显示 N 个字符,字符存于数组 A 中
{    char i;
     for (i=0;i<N;i++)
         LCD_TX(A[i]);
}


void LCD_LINE1(const char * A,char N)       //显示 N 个字符,字符为常数数组
{    char i;
     for (i=0;i<N;i++)
         LCD_TX(A[i]);
}


void LCD_LINE2(char * A,char N)             //按照十六进制数显示 N 个字节(2N 个字符)
{    char i,j,k;
     for (i=N;i>0;i--)
     {    j=A[i-1];
          k=j>>4;                           //先写高 4 位
          k=k & 0x0F;
          if (k<=9)
              LCD_TX(k+0x30);               //把 0~9 转换为相应数字的 ASCII 码
          else
              LCD_TX(k+´A´-0x0A);           //把 A~F 转换为相应字符的 ASCII 码
          k=j & 0x0F;                       //再写低 4 位
          if (k<=9)
              LCD_TX(k+0x30);
          else
              LCD_TX(k+´A´-0x0A);
     }
}


void CSH(void)
{    ANSEL = 0;                             //全为数字口
     WPU = 0;                               //禁止弱上拉
     CMCON0 = 0x07;                         //关闭比较器,相关的口均为 I/O 口
     TRISIO = 0b00001000;
     TX = 1;
     OSCCON = 0b01100000;                   //选用内部 4 MHz 振荡器作为系统时钟
```

```
}
//CRC8_1、BCD、DELAY、DELAY_US 子程序见附录
```

6.3.4　单片机与多个 1－Wire 器件的通信

　　1－Wire 的优点在于,只要通过一根通信线就可以与理论上无穷多的 1－Wire 器件通信。此时就需要进行器件的序列号读取操作。也有的设计者采用"偷懒"的办法,在与多 1－Wire 器件通信时,先把单个 1－Wire 器件接入单机系统进行通信,如用【例 6.4】程序中的方法获得其序列号:先复位 1－Wire 器件,再发送读 ROM 命令 0x33,便获得其序列号。然后把此 1－Wire 器件接入多 1－Wire 器件线路中。因已知其序列号,故可指定其序列号进行通信。这种方法似乎简单,但实际上只是无奈之举。

　　在本小节中介绍多 1－Wire 器件的通信,除了让读者掌握此器件的用法外,更重要的是,让读者掌握各种编程技巧,在查找 1－Wire 器件的 ID 号的程序设计中可以培养与提高编程能力。

　　要获得从机的序列号时,就要用 Search ROM 命令 0xF0 来查找从机的序列号。

　　主机发出 Search ROM 命令后的每一个过程包含了 3 个子过程:

　　① 主机发读时隙,从机返回序列号最低位位 0 的原码;

　　② 主机再发读时隙,从机返回序列号最低位位 0 的反码;

　　③ 主机根据情况发 0 或发 1,如发 0 是允许位 0 值是 0 的从机在以后的通信中继续通信,如发 1 则允许位 0 值是 1 的从机在以后的通信中继续通信,未被允许的从机则进入休眠。如主机发的是 1,则所有位 0 值为 0 的从机均在以后的通信中保持"沉默"直至下一个复位过程。

　　至此,一位的搜索就完成了,接着再进行下一位的搜索:

　　④ 主机发读时隙,未被禁止的从机发位 1 的原码;

　　⑤ 主机发读时隙,未被禁止的从机发位 1 的补码;

　　⑥ 主机再发 0 或 1,允许位 1 中的从机继续通信,然后进行的是位 2 的通信,直到找到一个器件。

　　这种方法实际上是用淘汰的方法确定 1－Wire 的 ID 码。

　　由于所有的 1－Wire 器件是用线与的方式接在总线上的,所以对于主机来说,如果读取的这连续的 2 位结果为 0b10(低位表示先收到的位即原码,高位表示收到的补码),说明所有的从机的位 0 均为 0,因此主机接着是要发 0(如发 1 则禁止了所有的从机继续进行通信);如果读取的这 2 位结果为 0b01,说明所有的从机的位 0 均为 1,主机接着要发 1;如果读取的这 2 位结果为 0b00,说明从机的位 0 既有 0 也有 1,从机处于冲突状态,可以根据情况发 1 或发 0 以禁止一部分从机通信;如果读取的这 2 位结果为 0b11,说明无从机响应。一直到位 63 检测

完毕,就确定了一个器件的 64 位序列号。

原理还算简单,但如何编程实现是个问题。通过分析可以知道,在每位的搜索中,如果没有冲突,即读到的连续 2 位为 0b10(或 0b01),接着主机就要发 0(或 1)以允许此位为 0(或 1)的从机继续通信,这个是比较容易理解的。但如果遇到冲突点(以下称为叉路口,即读到连续 2 位为 0b00),要沿哪个方向进行下一步的搜索?假设图 6-19 中沿左方向为 0 方向,沿右方向为 1 方向。在第 1 次搜索中,假设均沿着方向 0 搜索,即遇到叉路口,均沿方向 0,到达位 63 后找到一个器件,并记下此次搜索遇到的最大叉路口的位号 CROSS 和次大叉路口的位号 CROSS0,叉路口编号从 1~64 编排。第 2 次搜索中,遇到叉路口时均

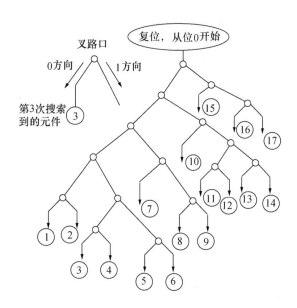

图 6-19 查找从机号路径示意图

要记录其位号,但遇到前次遇到的最大叉路口 CROSS_MAX 的位号不用记录,这是因为此次搜索到此点时一定要沿着 1 方向搜索,如果此后只有 1 个元件,下次遇到前一个最大叉路口就要转 1 方向搜索。如果此后多于 1 个元件,则肯定还有新的叉路口,就要记录新的叉路口。图 6-19 中圆圈中的数字表示第几次找到的元件,图中假设共有 17 个 1—Wire 器件。

图 6-20 中有 8 种型号的总共 30 个 1—Wire 器件,这么多的器件也与图 6-18 一样,是用 8 脚的单片机 PIC12F683,只用了一根单片机 I/O 引脚控制 30 个器件,再用一根 I/O 口控制 LCD。图中虚框中是 9 个温度传感器 DS18B20。

【例 6.5】 程序是在图 6-20 的线路上调试运行的。程序先进行查找 1—Wire 器件的 ID 码,并把型号为 DS18B20 的器件 ID 码存入单片机的 EEPROM 中,在 EEPROM 的最后单元存放了本线路中找到的型号为 DS18B20 的数量(9)即类型码为 0x28 的器件。随后用无限循环的方法对 9 个器件逐一读取并显示温度值。

所给的程序查找 30 个器件共费时 759 ms(不包括显示的时间)。查找器件只要在上电时进行一次,或需要时重新进行搜索就可以了。

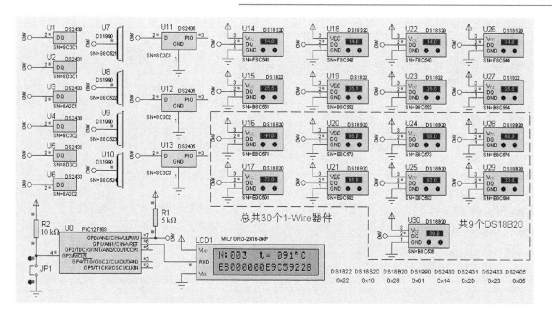

图 6 - 20　1－Wire 多机通信线路图

【例 6.5】　1－Wire 多机通信实例。

```
//芯片为 PIC12F683
#include <pic.h>

__CONFIG(0x3084);          //内部 RC
void   CSH(void);
void   ONE_WIRE_RESET(void);
void   MATCH_ROM(char *);
void   WRITE_BYTE(char);
char   READ_BYTE(void);
int    READ_DS18B20(char *);
void   COPY_EE_RAM(void);
char   READ_ID_BIT(void);
void   SEARCH_ROM(void);
char   SEARCH_ROM1(void);
char   R_DATA8(char *,char);
void   W_DATA8(char *,char,char);
void   DISP_ID(char *,char);
void   DISP_ID_N(char);
void   DISP_WD(int,char);
```

```
void    READ_SLOT(void);
void    DQ_LO_BIT(void);
void    DQ_HI_BIT(void);
char    CRC8_1(char,char);
void    LCD_CSH(void);
void    LCD_TX(char);
void    LCD_LINE(char *,char);              //显示 N 个指定数组中的字符
void    LCD_LINE1(const char *,char);       //显示 N 个常数字符
void    LCD_LINE2(char *,char);             //按照十六进制数显示 N 个字节(2N 个字符)
void    BCD(unsigned int);
void    DELAY(unsigned int);
void    DELAY_US(char);
#define  DQ_DIR  TRISIO0                    //控制 DS18B20 的 DQ 端
#define  DQ  GPIO0                          //控制 DS18B20 的 DQ 端
#define  TX  GPIO1                          //控制串行 LCD 的 TX
#define  LCD_CLR  0x01                      //清屏命令
#define  LINE1  0x80                        //第 1 行地址
#define  LINE2  0xC0                        //第 2 行地址
#define  COMMAND  0xFE                      //命令码
#define  CRC8_C  0x8C                       //0x8C:x8 + x5 + x4 + 1;去掉最高位后倒置

const char FAMILY_CODE[8] = {0x22,0x28,0x10,0x01,0x14,0x2D,0x23,0x05};
const char DEVICE_NAME[8][8] =
{"DS1822 ","DS18B20","DS18S20","DS1990 ","DS2430 ","DS2431 ","DS2433 ","DS2405 "};
const char AA1[6] = "Find:";
const char AA2[5] = "All:";


int     WENDU;                      //存放温度值
char    WW,QW,BW,SW,GW;
char    DATA[8];
char    ID[8],ID1[8];               //ID1 为前一个搜索得到的序列号
char    CROSS,CROSS0,CROSS_MAX;     //最后 2 个往 0 方向的交叉点
bit ID_BIT,ID_BIT1,ID_BIT2;


#define   LCD_COMMAND(A)      \
      LCD_TX(COMMAND);        \
      LCD_TX(A)
```

```
#define   LCD_CLEAR()           \
     LCD_COMMAND(LCD_CLR);   \
     DELAY(2)


#define  DELAY_5US()           \
  NOP();NOP();NOP();NOP();NOP()


main(void)
{  char i,j,N1,BB[8];
   int B;
   CSH();
   LCD_CSH();
   SEARCH_ROM();                    //查找所有的1-Wire并显示其ID
                                    //把型号为DS18B20的ID存入EEPROM,数量放在255单元
   LCD_CLEAR();
   N1 = EEPROM_READ(255);           //读DS18B20器件的个数
   while(1)
   {    for (i = 0;i<N1;i++)
       {    for (j = 0;j<8;j++)
           {    BB[j] = EEPROM_READ(i*8+j);  }
            WENDU = READ_DS18B20(BB);  //读指定器件(ROM_CODE为数组ID0)的温度值
            DISP_WD(WENDU,i+1);        //显示温度及点号
            LCD_COMMAND(LINE2);        //第2行
            LCD_LINE2(BB,8);           //显示ID号
            DELAY(1000);
       }
   };
}


//返回读的1位
char READ_ID_BIT(void)
{  ID_BIT = 0;
   READ_SLOT();                      //发读时隙
   if (DQ = = 1)
       ID_BIT = 1;
   DELAY_US(6);                      //必要的延时
```

```c
        return(ID_BIT);
}


//查找一个 1 - Wire 器件的 ID 码
char SEARCH_ROM1(void)                          //返回 0 为正确,1 为无结果
{  char  i,j,k,CRC8;
   ONE_WIRE_RESET();                            //复位
   WRITE_BYTE(0xF0);                            //发 Search ROM 命令
   CROSS_MAX = CROSS;
   CROSS = CROSS0 = 0;
   for (i = 0;i<64;i + +)
   {   ID_BIT1 = READ_ID_BIT();                 //得到该位的原码
       ID_BIT2 = READ_ID_BIT();                 //得到该位的反码
       if (ID_BIT1 = = 1 && ID_BIT2 = = 1)
       {   return(1);  }                        //结束,无从机
       else if (ID_BIT1 = = 0 && ID_BIT2 = = 1) //此位只有唯一值 0,唯一的方向 0
       {   DQ_ONE_BIT(0);}                      //允许此位为 0 的继续通信
       else if (ID_BIT1 = = 1 && ID_BIT2 = = 0) //此位只有唯一值 1,唯一的方向 1
       {   DQ_ONE_BIT(1);                       //允许此位为 1 的继续通信
           W_DATA8(ID,i,1);                     //在序列号中相应的位写入 1
       }
       else if (ID_BIT1 = = 0 && ID_BIT2 = = 0) //叉路口
       {   if (i + 1<CROSS_MAX)
//CROSS_MAX 为前一次搜索得到的最大叉路口号(从 1 到 64)
           {   j = R_DATA8(ID1,i);
//在叉路口小于前一次找到的最大叉路口时,沿前一个器件的 ID 方向查找
               if (j = = 0)
               {   DQ_ONE_BIT(0);               //按照前一器件的 ID 查找,往方向 0
                   CROSS0 = CROSS;              //目前次大叉路口号
                   CROSS = i + 1;               //目前最大叉路口号
               }
               else
               {   DQ_ONE_BIT(1);               //按照前一器件的 ID 查找,往方向 1
                   W_DATA8(ID,i,1);             //此叉路口向方向 1,下次不必作为叉路口
               }
           }
           else if (i + 1>CROSS_MAX)            //i>CROSS_MAX,新的叉路口,沿 0 方向搜索
```

```
            {   DQ_ONE_BIT(0);              //0 不用写
                CROSS0 = CROSS;
                CROSS = i + 1;
            }
            else if(i + 1 = = CROSS_MAX)    //到达前一个搜索路径的最大叉路口
            {   DQ_ONE_BIT(1);              //此时要往 1 方向,往 1 方向后,此点就不要记了
                W_DATA8(ID,i,1);
            }
        }
    }
    CRC8 = 0;
    for (i = 0;i<8;i + +)
    {   CRC8 = CRC8_1(ID[i],CRC8);          //把 ROM 数据包括 CRC 作 CRC 运算,正确结果应为 0
    }
    if (CRC8 = = 0)
        return (0);                         //返回 0 为 CRC 正确
    else
        return (1);                         //返回 1 为搜索无结果
}


void SEARCH_ROM()
{   char  i,N,N1;
    N = N1 = 0;
    CROSS = CROSS0 = 0;                      //初始化,假设前一次最大叉路口为 0
    for  (i = 0;i<8;i + +)                   //先对 ID、ID0 值清 0
        {ID[i] = ID1[i] = 0;}
    while(1)
    {   i = SEARCH_ROM1();                   //查找一个器件的 ID 码
        if (i! = 0)
        N = N + 1;
        DISP_ID(ID,N);                       //显示器件 ID 及找到的器件数
        if (N1<32 && ID[0] = = 0x28)         //记录 DS18B20 器件的 ID 号
        {   for (i = 0;i<8;i + +)
                EEPROM_WRITE(N1 * 8 + i,ID[i]);
            N1 = N1 + break;1;
        }
        for (i = 0;i<8;i + +)
```

```
        {    ID1[i] = ID[i];              //ID1 为前一次找到的器件 ID
             ID[i] = 0;
        }
        if (CROSS = = 0 && CROSS0 = = 0)
             //如果找到的最大叉路口及次大的叉路口均为 0,说明查找结束
             break;
    };
    EEPROM_WRITE(255,N1);              //写入 DS18B20 的器件数
    DISP_ID_N(N);                      //显示总器件数
}


void  DISP_ID(char * A,char N)
{  char i,j;
    LCD_CLEAR();
    DELAY(150);                        //造成闪动效果
    LCD_COMMAND(LINE1);
    LCD_LINE1(AA1,5);                  //显示"Find:"
    for (i = 0;i<8;i + +)
    {    j = FAMILY_CODE[i];            //找到相应的器件名称
        if (A[0] = = j)
        {  LCD_LINE1(DEVICE_NAME[i],7);//显示器件名称,7 个字符
            break;
        }
    }
    BCD(N);                            //BCD 转换,N 为到目前为止找到的器件数
    LCD_TX(´,´);                       //显示","
    LCD_TX(BW + 0x30);                 //依次显示器件数的百、十、个位
    LCD_TX(SW + 0x30);
    LCD_TX(GW + 0x30);
    LCD_COMMAND(LINE2);                //移到第二行显示
    LCD_LINE2(A,8);                    //显示数组 A 的前 8 个字符
    DELAY(200);
}

//显示所找到的器件数
void  DISP_ID_N(char N)
{  char i,j;
```

```
    LCD_CLEAR();
    LCD_COMMAND(LINE1 + 5);
    LCD_LINE1(AA2,4);                    //显示"All:"
    BCD(N);                              //BCD 转换
    LCD_TX(BW + 0x30);                   //依次显示器件数的百、十、个位
    LCD_TX(SW + 0x30);
    LCD_TX(GW + 0x30);
    DELAY(1000);
}


//返回 char 数组 A 序列第 i 位的值:0 或 1
char   R_DATA8(char * A,char i)
{  char   j,k,m;
    k = i % 8;                           //得到 A 数组的位
    j = 1;
    for (m = 0;m<k;m + +)
        j = j≪1;
    m = i/8;                             //得到 A[]的下标
    k = A[m];
    k = k & j;
    if (k = = 0)
        return(0);
    else
      return(1);
}


//置 char 数组 A 的第 i 位的值为 1
void   W_DATA8(char * A,char i,char x)
{  char   j,k,m;
    k = i % 8;                           //得到余数
    j = 1;
    for (m = 0;m<k;m + +)
        j = j<<1;
    m = i/8;                             //得到下标值
    if (x = = 1)
        A[m] + = j;                      //该位写 1
    else
```

```
    {   j = ~j;
        A[m] = A[m] & j;                    //该位清 0
    }
}

void   DISP_WD(int WENDU,char N)    //显示温度及点号
{   int B;
    LCD_COMMAND(0b00001100);            //D(d2) = 1,打开显示;C(d1) = 0,光标关闭;B(d0) = 0,光标不闪
    LCD_COMMAND(LINE1);                 //显示点号
    LCD_TX('N');
    LCD_TX(':');
    BCD(N);
    LCD_TX(BW + 0x30);                  //显示点号的百位、十位、个位
    LCD_TX(SW + 0x30);
    LCD_TX(GW + 0x30);
    LCD_COMMAND(LINE1 + 7);
    LCD_TX('t');
    LCD_TX(' = ');
    if (WENDU > = 0)
    {   WENDU = WENDU>>4;
        BCD(WENDU);                     //把温度值作 BCD 转换
        LCD_TX(' ');                    //显示空格
    }
    else
    {   B = ~WENDU + 1;                 //负数的绝对值计算为取反后加 1
        B = B>>4;
        BCD(B);                         //把温度值的绝对值作 BCD 转换
        LCD_TX('-');                    //显示负号
    }
    LCD_TX(BW + 0x30);                  //显示温度的百位、十位、个位
    LCD_TX(SW + 0x30);
    LCD_TX(GW + 0x30);
    LCD_TX(0xDF);                       //显示"°",见图 5 - 10
    LCD_TX('C');
}


//对指定的 ID 码(B)的器件读取温度
```

```
int READ_DS18B20(char * B)
{   int   i,A;
    ONE_WIRE_RESET();              //复位
    MATCH_ROM(B);                  //发送匹配命令,ROM_CODE 为 B 数组
    WRITE_BYTE(0x44);              //温度转换命令
    DELAY(800);                    //12 位分辨率转换时间为 750 ms

    ONE_WIRE_RESET();              //复位
    MATCH_ROM(B);                  //发送匹配命令,ROM_CODE 为 B 数组
    WRITE_BYTE(0xBE);              //读 RAM 命令,只读 2 个字节,即温度值,低位在先
    A = READ_BYTE();
    A = A + (READ_BYTE()<<8);
    return (A);
}

//发送匹配命令 0x55,ROM_CODE 为 AA 数组
void   MATCH_ROM(char * AA)
{   char i;
    WRITE_BYTE(0x55);              //发送匹配命令
    for (i = 0;i<8;i + +)          //发送 8 字节的 ID 码
        WRITE_BYTE(AA[i]);
}
//CRC8_1、BCD、DELAY、DELAY_US 子程序见附录
//CSH、WRITE_BYTE、READ_BYTE、READ_SLOT、LCD_TX、ONE_WIRE_RESET、LCD_CSH、LCD_LINE、LCD_LINE1、LCD
_LINE2、MATCH_ROM 子程序见例 6.4 程序
```

6.4　RS-485 多机通信与 MODBUS 协议

在工业控制与检测中经常要用到多机远距离通信,目前最常用的有 RS-485、CAN 总线等。这里介绍 RS-485 通信。通信离不开通信协议,在此介绍比较常用的 MODBUS 协议的两种模式:RTU 模式和 ASCII 模式。

6.4.1　RS-485 接口介绍

RS-485 的主要参数如下:

- RS—485接口是采用平衡驱动器和差分接收器的组合的通信方式,其逻辑"1"以两线间的电压差为+(0.2～6)V表示,逻辑"0"以两线间的电压差为-(0.2～6)V表示,由于采用差分方式,因此抗共模干扰能力强;
- RS—485的数据最高通信波特率为10 Mbit/s,但高的波特率导致短的通信距离;
- RS—485最大的通信距离约为1200 m,与通信波特率有关;
- RS—485总线最大支持32个标准负载的节点,如使用1/4标准负载的芯片,理论上可以接32×4=128个接点,采用只有1/8标准负载的MAX3083芯片,理论上可以接32×8=256个接点;
- 主从结构的通信总线。

RS-485接口组成的半双工网络,只需2根连线,RS-485接口常采用屏蔽双绞线作为传输介质。

典型的RS-485接口芯片为MAX1487,其引脚如图6-21所示。其引脚功能如表6-5所列。由于芯片只有一对差分输出,通常,引脚2与3是接在一起的,由单片机的某个引脚控制,这样,通信属于半双工,即通信可以进行发送或接收,但必须分时进行,不能在同一时刻进行发送和接收。MAX1487为1/4标准负载,即总线上最多可接128个节点。

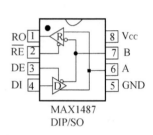

图 6-21 MAX1487 引脚图

表 6-5 MAX1487 引脚功能表

引脚编号	引脚名称	功能说明
1	R0	接收脚,当接收使能时($\overline{RE}=0$,DE=0): A-B>200 mV 为 1,A-B<-200 mV 为 0
2	$\overline{RE}$	接收使能控制端,低有效
3	DE	发送使能控制端,高有效
4	DI	发送端,当发送使能时($\overline{RE}=1$,DE=1): DI=1,输出 A-B>200 mV 以上,DI=0,输出 A-B<-200 mV
5	GND	电源地
6	A	输出差分的正端,有时标注为 D+
7	B	输出差分的负端,有时标注为 D-
8	V_{CC}	电源正端

MAX1487的DI接单片机串口的TX脚,RO接单片机串口的RX脚,而控制引脚DE和$\overline{RE}$可以连在一起由单片机的任一输出端口控制。图6-22为典型的RS-485总线线路图,其中电阻120 Ω是作为阻抗匹配使用的,接在RS-485总线的头、尾各一个,如果距离短,可以不接匹配电阻。

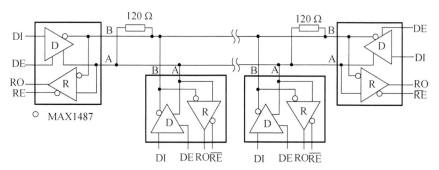

图 6 - 22　由 MAX1487 组成的半双工 485 总线线路图

6.4.2　MODBUS 协议介绍

RS - 485 只是对电气特性作出的规定,它是一种标准的物理接口,对应物理层,不涉及通信协议。就像一部电话,它只提供为你远程通话的功能(相当于 RS - 485 接口),而你要在电话中讲中文或讲英文是你的事,与所用的电话无关。

通信协议又称通信规程,是指通信双方对数据传送控制的一种约定。其包括对数据格式、同步方式、传送速度、传送步骤、纠错方式等作出统一规定,通信双方必须共同遵守。这些规定称为"协议"(Protocol)。

应用于 RS - 485 中最为广泛的协议是 MODBUS 协议。MODBUS 协议是应用于电气网络上的一种通用语言,已经成为一种通用的工业标准。通过它,不同厂商生产的具有通信功能的控制设备可以连成工业网络,进行集中监控。

1. MODBUS 协议传送方式

MODBUS 通信协议有两种传送方式:RTU 模式和 ASCII 模式。两种模式的主要区别如表 6 - 6 所列。

表 6 - 6　MODBUS 通信的两种模式比较

项　　目	RTU 模式	ASCII 模式
每字节的位数	8 位	7 位
奇偶校验	奇校验或偶校验或不校验	奇校验或偶校验或不校验
停止位	1 位或 2 位	1 位或 2 位
起始标志	无	字符":"
结束标志	无	CR,LF(回车,换行)
同帧内数据间隔	小于 1.5 个字符	小于 1 s
校验方式	CRC—16	LRC(不计溢出的累加和)

虽然有两种传输模式(RTU 或 ASCII)可选,但在同一 MODBUS 上,所有设备都必须选择相同的传输模式和串口参数,包括串口通信波特率、校验方式等。

MODBUS 通信属于主从式,即在整个总线中,只能有一个控制整个总线的主机,其余均为从机,主机可以主动发送命令,而从机只有在收到呼叫本机号的命令时才能回应。从机之间是不能直接进行通信的。从机必须编号,此编号称为地址或从站号,范围为 1～247,在同一总线中,不能有重号。0 地址作为广播地址,此地址是所有从机都能认识的特殊地址,如要对所有的从机校时、复位等,就可用此地址进行通信,此时从机是不需要回应的(也不能回应)。

MODBUS 的通信是以帧(也称为报文)作为信息的一个完整内容进行传送的。RTU 模式和 ASCII 模式的帧格式是不同的。

2. MODBUS 的 ASCII 模式

在 ASCII 模式中,通信的每个字节只有 7 位长,它进行传输的信息是字符的 ASCII 码。注意,通常规定使用大写字母。在 ASCII 模式下传送数据时,每个数据转换为十六进制数后再转换为相应的 ASCII 码,按从高字节到低字节顺序传送。

如传送一个数据 0x4F,在 ASCII 模式下,要分为两个字节传送,先传"4"的 ASCII 码 0x34,再传"F"的 ASCII 码 0x46。也就是说,在 ASCII 模式下,传送一个字节的数据(0～255)要传送 2 个字符。即使传送小于 0x10 的数,也要分为 2 个字符。例如,传送数据 4,要先传送字符"0"的 ASCII 码 0x30,再传送字符"4"的 ASCII 码 0x34。

ASCII 模式下的帧格式如表 6 - 7 所列。

表 6 - 7　MODBUS 的 ASCII 模式的帧格式

区	起始字符	地　址	功能码	数据区	LRC 校验码	结束字符
说明	":"即 0x3A	从机的站号,范围 1～247	命令	根据功能确定此区的长度	采用不计溢出的累加和	CR,LF 即 0x0D,0x0A(回车,换行)
长度	1 字符	2 字符	2 字符	0～(252)×2 字符	2 字符	2 字符

在 ASCII 模式下的校验方式为 LRC 方式,是把除起始字符和结束字符外的其他所有字符的 ASCII 码进行不计溢出的累加,结果用其字符表示。例如,从地址到数据区的所有字符的 ASCII 码的不计溢出的累加和为 0x6A,则 LRC 的检验码的高字节为字符"6"的 ASCII 码 0x36,低字节为字符"A"的 ASCII 码 0x41。发送校验码的两字符也是高字节在先,低字节在后。

在 ASCII 模式下,同一帧内的字符间的间隔时间可以在 1 s 之内。

告诉你一个技巧:PIC 系列单片机在异步串行通信中只有 8 位,没有 7 位选项,而 MODBUS 协议下的 ASCII 模式下数据为 7 位,如何做到? 方法有 3。

(1) 参照【例 6.4】中的子程序"LCD_TX",使用 I/O 引脚模拟异步串行通信的方法,将循环次数从 8 改为 7,接收方也是如此。

(2) 如果不用奇偶校验位时,使用单片机的异步串行通信模块,还是发送 8 位数,但要把欲发送的 7 位数加上 0x80,即发送 8 位数,但最高位是 1,实际对于用最高位的"1""欺骗"接收方,让对方误以为是停止位。而对于接收方来说,应把接收的数减去 0x80,就得到了 7 位数。

(3) 如果使用奇偶校验位,也可以使用异步串行通信模块来进行 7 位数据的通信,只是计算稍麻烦,也是可以实现的。此时要让最高位成为校验位,通过奇偶校验计算获得校验位的值后赋予最高位(位 7)。

3. MODBUS 的 RTU 模式

RTU 模式在通信过程中,传送一个字节的长度是 8 位,所传送的信息可以是 0～255 之间的任何数。在 RTU 模式下,其帧格式如表 6-8 所列。

表 6-8　MODBUS 的 RTU 模式的帧格式

区	地　址	功能码	数据区	CRC16 校验码
说明	从机的站号	命令	要传送的数据,可以是 0 长度	校验多项式为 $X^{16}+X^{15}+X^2+1$
长度	1 字节	1 字节	0～(252)字节	2 字节,低先

如果要传送的是多字节数据,应从高到低顺序传送。例如,传送 0x1234,先传送 0x12,再传送 0x34。但是双字节的 CRC 校验码的传送顺序则是先传低字节再传高字节。

从表 6-8 看到,光从数据是分辨不出帧的开始的,RTU 模式下,是以时间间隔来区别帧的开始的,在 RTU 模式下,帧与帧之间的时间间隔要求在 3.5 个字符以上,而帧内的字符间隔要求在 1.5 个字符之内,如图 6-23 所示。1 个字符时间是每位时间乘以 1 个字符的位数:1 个起始位+8 个数据位+2 个停止位=11 位(假设无校验位),如用 19 200 的波特率,1 位时间为 $1/19\ 200 \approx 52\ \mu s$,1 个字符时间为 $11 \times 52 = 572\ \mu s$。这样,从机可以从所收到的两个数的间隔来判断是否是帧的起始字符即从站地址。

在 RTU 模式下的校验用的是 CRC-16 校验,校验多项式为 $X^{16}+X^{15}+X^2+1$,其计算原理类似于 6.3.1 小节中介绍的 CRC-8,这里不再介绍,其程序见例 6.6。

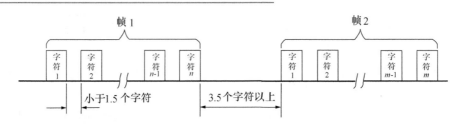

图 6-23　MODBUS 的 RTU 模式的数据帧时间要求

4. MODBUS 的功能码

在 MODBUS 通信中,不管是在 ASCII 模式下还是在 RTU 模式下,都要用到功能码。早期的 MODBUS 协议是为了与 PLC 通信而制定的,因此功能码 1～21 是专用的功能,22～64 保留作为扩展功能备用,65～72 作为用户功能扩展。因此,如果用户需要自行增加专用功能,可用功能码 65～72。功能码 73～119 不用,功能码 120～127 保留作为内部使用,功能码 128～255 保留作为异常应答用。使用 MODBUS 时须查找相关详细资料。

6.4.3　【例 6.6】RS-485 通信实例

为了让读者掌握 RS-485 通信及 MODBUS 的应用,在此用 PROTEUS 设计了多机通信,如图 6-24 所示。由于版面的限制,图中只显示了 1 个主机和 4 个从机,实际共有 8 个从机,另外未显示的 4 个从机的线路及参数与图中的 4 个完全相同。该图中用了 1 个 PIC16F877A 作为主机,8 个 PIC16F688 作为从机。从机的站号用拨码盘输入,要求 8 个号码不能相同,且只在上电时由单片机 PIC16F688 一次读入号码,运行后修改无效。每一个从机都用了一个电位器作为输入,当上位机发送命令 65 时(自定义功能码,功能为发送检测数据),相应的从机将 AD 结果送给上位机。上位机将此 AD 结果还原为电压值并在 LCD 上显示。所用的 LCD 为 4×16 的字符型 LCD,型号为 LM041L,与单片机接口采用 4 位数据线,具体操作见 5.3 节。

单片机 PIC16F688 与 PIC16F887 属于同一类型,它的基本参数如下:

- 程序存储器 4K 字,RAM 为 256 字节,EEPROM 为 256 字节;
- 14 引脚(指 DIP 封装),其中 I/O 脚为 12 个;
- 8 路 10 位 AD;
- 2 个比较器;
- 1 个 8 位定时器,1 个 16 位定时器;
- 1 个增强型 USART 模块。

在 PROTEUS 中能同时调试几种不同型号的单片机程序,但只能编译同一种型号的单片

机的程序,这是因为在单片机的代码生成工具中,只能设定一种单片机型号。因此,必须在
MPLAB IDE 中编译另一种单片机程序,具体设定介绍如下。

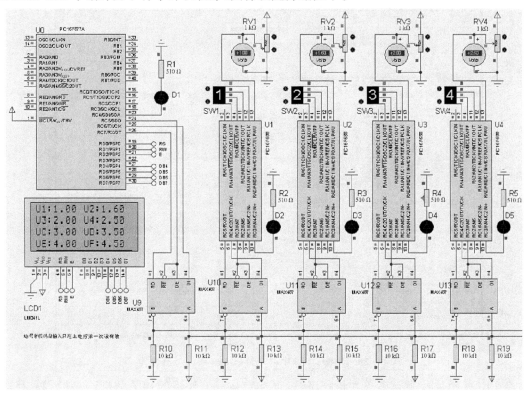

图 6-24　多单片机 RS-485 通信线路图

假设 877A 程序在 MPLAB IDE 中编译,688 程序在 PROTEUS 中编译。877A 的编译在
此就不介绍了。688 的程序编译设定如图 6-25 所示。

在 PROTEUS 主菜单中,"Source"→"Define Code Generation Tools...,"单击"Tool"下
拉菜单选"PICC"(PICC 不是 PROTEUS 的默认工具,须自行设定,具体设定过程见 3.8 节),
并在"Command Line:"中输入"—CHIP=16F688 ％1 —GFILE",其他设定如图 6-24 所示。
然后就可以调入 688 程序:"Source"→"Add/Remove Source File...",如图 6-26 所示,假设
要调试的程序名为"RS485_688.C"。

而其中的 877A 单片机的程序直接在 PROTEUS 线路图的该单片机属性中设定程序代
码,为了使该程序在 PROTEUS 调试中可见,须调入 COF 格式的文件。

这样就可以在 PROTEUS 中调试与 877A 通信的 688 的程序并在此环境中修改 688 程
序。如果要修改 877A 程序,则在 MPLAB IDE 中修改并编译。

当然,如果要在 PROTEUS 界面中调试修改 877A 程序,就要在 MAPLA IDE 中编译 688

程序,此时图 6 - 25 中的"Command Line"要改为"—CHIP＝16F877A ％1 —GFILE"。

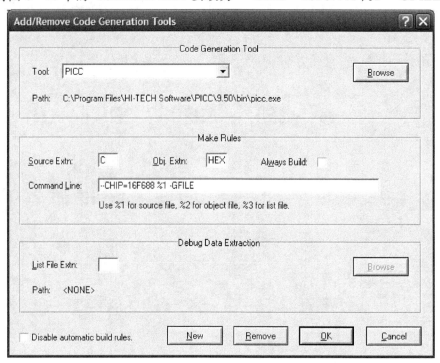

图 6 - 25　PROTEUS 中的单片机 688 编译工具设定

　　在 PROTEUS 中调试多单片机程序时,想查看某一单片机的相关信息,如程序、寄存器、变量等,要指定单片机的编号。在暂停仿真运行后,用鼠标在相应的单片机上右击,就出现该单片机的相关信息,如图 6 - 27 所示为 PROTEUS 暂停运行时用鼠标在 U1 单片机上右击后显示的弹出式菜单,可以在此选择相关项目,如显示寄存器、EEPROM、程序代码等。

　　如果在"Debug"菜单中,则如图 6 - 28 所示,此时应将鼠标移到希望显示的单片机项上再选取相关显示项。

　　建议在程序调试开始时,877A 单片机先与一个 688 单片机通信,待程序基本调试完成后再与多个 688 单片机通信。

　　图 6 - 29 为主机呼叫 0x0A 从机,从机 0x0A 回应的仿真波形图;图 6 - 30 为从机 0x0A 回应信号的放大波形图。此次通信中,从机进行 A/D 转换的电压为 1.45 V,AD 理论结果为 $1.45 \times 1\,023/5 = 297 = 0x0129$,仿真结果完全符合,在图 6 - 30 中可以看到 0x0A 号从机发送的数据也为此值。

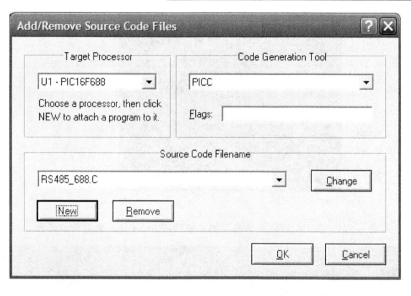

图 6 - 26　在 PROTEUS 中调入 688 程序准备调试

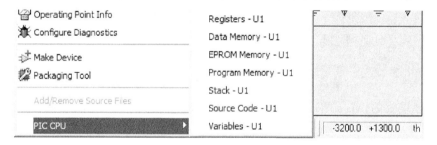

图 6 - 27　在 PROTEUS 界面在指定单片机时显示的内容菜单

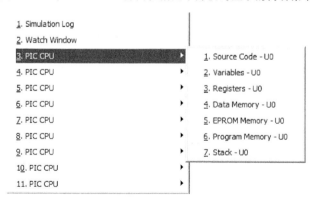

图 6 - 28　在 PROTEUS 的"Debug"菜单中选择显示指定单片机的界面

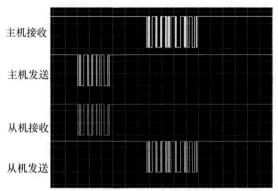

主机接收

主机发送

从机接收

从机发送

横坐标为1 ms/格

纵坐标为1 V/格

图 6 – 29　在 PROTEUS 仿真下的主机呼叫 0x0A 号从机通信波形图

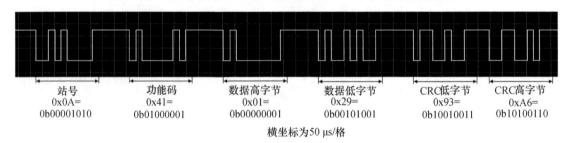

站号	功能码	数据高字节	数据低字节	CRC低字节	CRC高字节
0x0A=	0x41=	0x01=	0x29=	0x93=	0xA6=
0b00001010	0b01000001	0b00000001	0b00101001	0b10010011	0b10100110

横坐标为50 μs/格

图 6 – 30　图 6 – 28 的从机发送数据局部放大图

在主机把接收的 AD 结果还原为电压时,把计算值放大 100 倍,然后在百位上显示小数点,这样比用浮点数计算要快很多,计算公式如下:

$V = $ AD 值 $\times 5 \times 100/1\ 023 \approx$ AD 值 $\times 0.488\ 76$

而 $1\ 001/2^{11} \approx 0.488\ 77$,因此,最后的计算公式为

$V = $ AD 值 $\times 1\ 001/2^{11}$

除以 2^{11} 可以用右移位 11 次的方法完成,这样花费的计算时间最少。

$1\ 001/2^{11} \approx 0.488\ 77$ 是如何得到的?可以用高级语言如 VB 计算,假设 $X/2^n = 0.488\ 76$,$n = 1 \sim 16$ 循环,直到计算得到的结果满足要求的最大误差为止,如我们希望的误差是 $0.000\ 1$,计算到 $n = 11$ 就够了,$n = 12$ 以上通常误差更小,但 $n = 11$ 已经满足要求了。

程序在 PROTEUS 模拟运行时,从机的 AD 采样电压显示值与主机通信并还原计算得到的值完全相同。

计算技巧: PIC16 系列单片机在乘除计算中比较麻烦,应尽可能减少乘除的计算次数,实在无法避免时,可以只作乘法运算,而把除法转换为除以 2 的整数次方的方法。除以 2 的整数次方的方法可以用移位的办法完成。如遇到乘以小数的情况,可转换为乘以整数 X 再除以 2^n,因为任何小数均可以用 $X/2^n$ 近似,这里 X 为整数,X 可以用"穷举法"得到,当然这里只要几次计算即可得出结果。最好的办法是用高级语言编制程序计算。

在主机与从机程序中均考虑了帧间间隔、同一帧间的字符间隔时间问题,当时间间隔不满足要求时,数据无效。在主机与从机程序中均用 TMR1 定时器完成此功能。如当接收第 1 个字符(即站号)时,如果此时 TMR1 未发生延时 3.5 个字符间隔时间的溢出标志,说明此时时间间隔太小,此数无效,则令接收计数器 RC_N 清 0。而在同一帧间接收数据时,如果收到数据而 TMR1 发生了延时 1.5 个字符间隔的溢出标志,说明时间间隔超出,此数及前面收到的数均无效,也是令 RC_N=0。

由于程序是在接收一个字符后才判断时间间隔,所以时间间隔应加上 1 个字符时间,即 1.5 个字符时间要用 2.5 个字符时间来判断,3.5 个字符时间要用 4.5 个字符时间来判断。

在发送方,通过时间延时满足间隔要求。

【例 6.6】　RS485 通信主机程序

```
//19 200 波特率每字符时间为 572 μs,1.5 个字符时间为 858 + 572 = 1 430 μs,3.5 个字符时间为
2 002 + 572 = 2 574 μs
//1.5 个字符时间 T1_15 延时常数:(65 536 - T1_15) = 1 430,T1_15 = 64 106 = 0xFA6A
//3.5 个字符时间 T1_35 延时常数:(65 536 - T1_35) = 2 574,T1_35 = 62 962 = 0xF5F2


//对某一站号发出命令后,在 10 ms 之内没有收到正确的信息帧,认为无此站号
//用 TMR0 延时 10 ms:256K = 10 000,得 K = 39,取预分频比为 1:64,
//(256 - X) × 64 = 10 000,得 X = 100 = 0x64
# include <pic.h>


__CONFIG (0x3F39);          //调试用


# define   FUN_CODE   65       //功能码 65~72 用户可自定义
# define   T1_15H   0xFA       //同一帧间隔,不能小于此值
# define   T1_15L   0x6A
# define   T1_35H   0xF5       //帧间间隔,须大于此值
# define   T1_35L   0xF2
# define   T0_10MS   0x64
# define   LED   RC4


# define   LCD_E   RD2         //LCD E 读/写使能控制
# define   LCD_RW   RD1        //LCD 读(1)/写(0)控制线
# define   LCD_RS   RD0        //LCD 寄存器选择    数据(1)指令(0)
                               //RD4~RD7 分别接 DB4~DB7,RD7 为忙标志
# define   COM   0             //在 LCD_WRITE()中的第 2 参数为 0 表示写命令
# define   DATA   1            //在 LCD_WRITE()中的第 2 参数为 1 表示写数据
# define   RTE   RC5           //RS - 485 通信控制端
//宏定义,发送一个数,并等待其发送结束,停止位 100 μs = 2 bit 时间
```

PIC16系列单片机C程序设计与PROTEUS仿真

```c
#define SEND_ONE(a)      \
    RTE = 1;         \
    LED = 1;         \
    TXREG = a;       \
    while(TRMT = = 0);   \
    DELAY_US(9);   \
    LED = 0


void   DELAY(unsigned int);        //延时(i)ms
void   DELAY_I(unsigned int);      //延时(i)ms,中断用
void   CSH(void);                  //初始化程序
void   interrupt INT_ISR(void);    //中断服务程序
void   LCD_CSH(void);
char   LCDRead(void);
void   LCD_WRITE(char ,char);
void   LCD_WRITE_4(char,char);
void   LCD_BUSY(void);
void   DISP_C(char);
void   CRC16_1(char);
void   DISP_MENU(const char * );
void   DELAY_US(char);
char   DEC_HEX(char);
void   BCD(unsigned int);


//宏定义
//LCD 清屏并延时 2 ms
#define CLEAR_LCD()                \
    LCD_WRITE(0b00000001,COM);  \
    DELAY(2)                       //延时 2 ms


//CRC16 初始化
#define CRC16_CSH()        \
    CRC_H = 0xFF;             \
    CRC_L = 0xFF


//整屏界面,每行 16 个字符,最后加一个结束符
```

```
const char MENU0[4][17] = {
{"      RS - 485      "},
{"        MODBUS      "},
{" Communication   "},
{" = = = 2009.08    = = ="}};


#define LINE1    0b10000000
#define LINE2    0b11000000
#define LINE3    0b10010000
#define LINE4    0b11010000
const char LINE[4] = {LINE1,LINE2,LINE3,LINE4};


//公共变量定义
//FLAG_T1 = 0,表示 TMR1 延时时间为 1.5 个字符时间,1 为 3.5 个字符时间
//FLAG_15、FLAG_35 分别为延时 1.5 个字符和 3.5 个字符时间到标志
//FLAG_OK = 1 表示为收到了正确的站号、功能码及相应长度的数据,但还未作 CRC 校验
bit   FLAG_T1,FLAG_15,FLAG_35,FLAG_RCOK;
char  DD[16];               //一行 LCD 显示数据暂存
char  RC_DATA[6],RC_N;
char  CRC_L,CRC_H;
char  ZH;
char  WW,QW,BW,SW,GW;


main(void)
{  char  i,j,k;
   unsigned  long  V;
   unsigned  int  X;
   CSH();
   DELAY(2000);
   while(1)
   {   k = 0;
       CLEAR_LCD();
       LCD_WRITE(LINE1,COM);
       for (i = 1;i<16;i + +)
       {   RTE = 1;          //允许发送,禁止接收
           LED = 1;
           ZH = i;
```

```
        CRC16_CSH();
        SEND_ONE(ZH);                    //发送站号
        CRC16_1(ZH);
        SEND_ONE(FUN_CODE);              //发送返回数据命令
        CRC16_1(FUN_CODE);
        SEND_ONE(CRC_L);
        SEND_ONE(CRC_H);
        TMR1H = T1_35H;TMR1L = T1_35L;TMR1IF = 0;   //接收第1个字符的间隔时间
        RC_N = 0;
        RTE = 0;                         //允许接收,禁止发送
        TMR0 = T0_10MS;
        T0IF = 0;
        while (FLAG_RCOK = = 0)   //如果未收到数等待
        {   if (T0IF = = 1)
                break;;                  //超过10 ms时间未到退出
        }
        if  (FLAG_RCOK = = 1)
        {   GIE = 0;
            RTE = 1;
            FLAG_RCOK = 0;
            CRC16_CSH();
            for  (j = 0;j<6;j + +)
                CRC16_1(RC_DATA[j]);
            if  (CRC_H = = 0 && CRC_L = = 0)
            {   LED = 1;
                if (k = = 0 || k = = 1)
                    LCD_WRITE(LINE1 + k * 8,COM);
                if (k = = 2 || k = = 3)
                    LCD_WRITE(LINE2 + (k - 2) * 8,COM);
                if (k = = 4 || k = = 5)
                    LCD_WRITE(LINE3 + (k - 4) * 8,COM);
                if (k = = 6 || k = = 7)
                    LCD_WRITE(LINE4 + (k - 6) * 8,COM);
                LCD_WRITE('U',DATA);
                j = DEC_HEX(i);
                LCD_WRITE(j,DATA);
                LCD_WRITE(';',DATA);
```

```
                V = RC_DATA[2] * 256 + RC_DATA[3];
                V = 1001 * V;              //500/1023≈0.488 76
                V = V>>11;                 //1001/2^11≈0.488 77
                if  (CARRY == 1)     //四舍五入,如果最后一次移位进位位为 1 则加 1
                    V = V + 1;
                X = V;
                BCD(X);
                LCD_WRITE(BW + ´0´,DATA);
                LCD_WRITE(´.´,DATA);
                LCD_WRITE(SW + ´0´,DATA);
                LCD_WRITE(GW + ´0´,DATA);
            }
            k + + ;
            if  (k>7)
                k = 0;
        }
        DELAY(10);
        GIE = 1;
        LED = 0;
    }
    DELAY(1000);
  };
}


char  DEC_HEX(char A)
{  if (A<10)
  return(A + ´0´);
  else
  return(A - 10 + ´A´);
}


// = = = = = = =//中断服务程序
void interrupt INT_ISR(void)
{  char A;
        if  (TMR1IF == 1)
    {   TMR1IF = 0;
        if (FLAG_T1 == 0)
```

```
    {   FLAG_15 = 1;FLAG_35 = 0;}
    else
    {   FLAG_35 = 1;FLAG_15 = 0;}

}
if  (RCIF)
{   LED = 1;
    A = RCREG;
    RCIF = 0;                  //此句可不要,读接收结果会自动清标志位
    FLAG_RCOK = 0;
    if (RC_N = = 0)
    {   if (FLAG_35 = = 0 || A ! = ZH)
        {   TMR1H = T1_35H;TMR1L = T1_35L;TMR1IF = 0;}
        else
        {   RC_DATA[RC_N] = A;
            RC_N + + ;
            TMR1H = T1_15H;TMR1L = T1_15L;TMR1IF = 0;
            FLAG_T1 = 0;FLAG_15 = 0;
        }
    }
    else
    {   if (FLAG_15 = = 0)
        {   RC_DATA[RC_N] = A;                //字符间的间隔小于1.5个字符时间,有效
            RC_N + + ;
            if  ((RC_N = = 2) && (A! = FUN_CODE))
            {   RC_N = 0;
                TMR1H = T1_35H;TMR1L = T1_35L;TMR1IF = 0;FLAG_T1 = 1;
            }
            else if  (RC_N = = 6)
            {   FLAG_RCOK = 1;RC_N = 0;
                TMR1H = T1_35H;TMR1L = T1_35L;TMR1IF = 0;FLAG_T1 = 1;
            }
            else
            {   TMR1H = T1_15H;TMR1L = T1_15L;TMR1IF = 0;FLAG_T1 = 0;
            }
        }
        else               //同一帧间的字符时间超时
```

```
                {   RC_N = 0;
                    TMR1H = T1_35H;TMR1L = T1_35L;TMR1IF = 0;FLAG_T1 = 1;
                    FLAG_15 = FLAG_35 = 0;
                }
            LED = 0;
            }
        }
}
```

```
// = = = = = = 初始化程序
void CSH(void)
{   OPTION = 0b11010101;   //64 分频
    RTE = 1;
    TRISC = 0B11000000;
    TRISD = 0;

    SPBRG = 12;             //波特率 19 200,高速,8 位数据
    RCSTA = 0b10010000;
    TXSTA = 0b00100100;
    RC_N = 0;
    FLAG_15 = FLAG_35 = FLAG_RCOK = 0;
    TMR1H = T1_35H;
    TMR1L = T1_35L;
    FLAG_T1 = 1;            //当前延时为 3.5 个字符时间
    T1CON = 0b00000001;     //TMR1 预分频系数为 1:1
    LCD_CSH();
    RCIE = 1;              //允许接收中断
    TMR1IE = 1;            //允许 TMR1 中断
    INTCON = 0B11000000;
    RC_N = 0;
}
```

```
// = = = = = = = = CRC 校验,要检测的数据为 a,结果在 CRC_H:CRC_L
//多项式码 &HA001,即 X^16 + X^15 + X^2 + 1
//作一个字节数的 CRC 校验计算大约费时 260 μs(4 MHz 晶振)
void CRC16_1(char a)
{       char CL,CH;         //多项式码 &HA001
        char SaveHi,SaveLo;
```

PIC16系列单片机C程序设计与PROTEUS仿真

```
    char i;

    CRC_L ^= a;                          //每一个数据与CRC寄存器进行异或
    for (i = 0;i<8;i++)
      {
        SaveHi = CRC_H;
        SaveLo = CRC_L;
        CRC_H >>= 1;                      //高位右移一位
        CRC_L >>= 1;                      //低位右移一位
        if ((SaveHi & 1) == 1)
          CRC_L | = 0x80;                 //如果高位字节最后一位为1
                                          //则低位字节右移后前面补1,否则自动补0

        if ((SaveLo & 1) == 1)
          {CRC_H ^= 0xA0;CRC_L ^= 1;}    //如果LSB为1,则与多项式码进行异或
      }
}


//LCD_CSH、LCDRead、LCD_WRITE、LCD_WRITE_4、LCD_BUSY、DISP_C、DISP_MENU 子程序见例5.7程序
//BCD、DELAY、DELAY_I、DELAY_US 子程序见附录
```

【例 6.6】　从机程序

```
//19 200 波特率每字符时间为 572 μs,1.5 个字符时间为 858 + 572 = 1 430 μs,3.5 个字符时间为 2
002 + 572 = 2 574 μs
//1.5 个字符时间 T1_15 延时常数:(65 536 - T1_15) = 1 430,T1_15 = 64 106 = 0xFA6A
//3.5 个字符时间 T1_35 延时常数:(65 536 - T1_35) = 2 574,T1_35 = 62 962 = 0xF5F2
#include <pic.h>
__CONFIG(0x33D4);

#define  FUN_CODE  65    //功能码65~72用户可自定义
#define  T1_15H  0xFA    //同一帧间隔,不能小于此值
#define  T1_15L  0x6A
#define  T1_35H  0xF5    //帧间间隔,须大于此值
#define  T1_35L  0xF2


#define  RTE  RC3
```

```
#define  LED  RC0
```

//宏定义,发送一个数,并等待其发送结束,停止位 100 μs = 2 bit 时间
```
#define SEND_ONE(a)      \
    RTE = 1;          \
    LED = 1;          \
    TXREG = a;        \
    while(TRMT = = 0);  \
    DELAY_US(9);  \
    LED = 0
```

//CRC16 初始化
```
#define CRC16_CSH()     \
    CRC_H = 0xFF;        \
    CRC_L = 0xFF
```

```
void   CSH(void);
void   interrupt   INT_ISR(void);
void   CRC16_1(char);
void   DELAY(unsigned int);
void   DELAY_I(unsigned int);
void   DELAY_US(char);
void   AD_SUB1(void);
```

//FLAG_T1 = 0,表示 TMR1 延时时间为 1.5 个字符时间,1 为 3.5 个字符时间
//FLAG_15、FLAG_35 分别为延时 1.5 个字符和 3.5 个字符时间到标志
//FLAG_OK = 1 表示为收到了正确的站号、功能码及相应长度的数据,但还未作 CRC 校验
```
bit   FLAG_T1,FLAG_15,FLAG_35,FLAG_RCOK;
char  ZH;                //站号,一上电后就读取
char  AD_H,AD_L;
char  RC_DATA[4],RC_N;
char  CRC_L,CRC_H;


void   main(void)
```

```
{ char  i;
  CSH();
  NOP();
  while(1)
  {   if (FLAG_RCOK = = 1)
      {   RC_N = 0;
          FLAG_RCOK = 0;
          CRC16_CSH();
          for  (i = 0;i<4;i + +)
          {  CRC16_1(RC_DATA[i]);
          }
          if  (CRC_H = = 0 && CRC_L = = 0)
          {   RTE = 1;         //允许发送,禁止接收
              DELAY(1);
              GIE = 0;
              AD_SUB1();
              DELAY(1);       //适当的帧间隔,从仿真可以看到,收到正确的帧到此共延时 2.91
              CRC16_CSH();
              SEND_ONE(ZH);
              CRC16_1(ZH);
              SEND_ONE(FUN_CODE);
              CRC16_1(FUN_CODE);
              SEND_ONE(AD_H);
              CRC16_1(AD_H);
              SEND_ONE(AD_L);
              CRC16_1(AD_L);
              SEND_ONE(CRC_L);
              SEND_ONE(CRC_H);
              RTE = 0;         //允许接收,禁止发送
              GIE = 1;
          }
      }
  };
}


void   AD_SUB1(void)
```

```
{   char  i;
    ADCON0 = 0b10000001;            //AD 结果右对齐
    ADCON1 = 0b01010000;            //A/D 转换时钟为 f_osc/16
    ANSEL = 0b00000001;             //RA0 为模拟输入
    TRISA = 0b00011111;             //RA0~RA4 均为输入口
    for  (i = 0;i<10;i+ +)
        NOP();
    GODONE = 1;
    while  (ADIF = = 0);
    ADIF = 0;
    AD_H = ADRESH;
    AD_L = ADRESL;
}


void  CSH(void)
{   RTE = 0;                        //RS - 485 在接收状态
    ANSEL = 0b00000001;             //RA0 为模拟输入
    TRISA = 0b00011111;             //RA0~RA4 均为输入口
    TRISC = 0b00110000;             //688 的异步通信接口为 RC4、RC5,RC0 为输出 LED 控制
    OSCCON = 0b01101000;            //使用默认的 4 MHz 内部振荡器
    ADCON0 = 0b10000001;            //AD 结果右对齐
    ADCON1 = 0b01010000;            //A/D 转换时钟为 f_osc/16
    ZH = PORTA;
    ZH = ZH>>1;                     //从拨动开关获得站号,因接线原因,按此处理
    ZH = ZH & 0x0F;                 //高 4 位清 0
    TXSTA = 0b00100100;        //发送使能,高速
    RCSTA = 0b10010000;        //带地址检测,接收使能,异步,高速
    BAUDCTL = 0b00001000;      //16 位波特率因子
    SPBRG = 51;                //波特率为 19 200
    SPBRGH = 0;
    RCIE = 1;                  //允许接收中断
    TMR1IE = 1;
    INTCON = 0b11000000;       //外设中断允许
    RC_N = 0;
    FLAG_15 = FLAG_35 = FLAG_RCOK = 0;
    TMR1H = T1_35H;
    TMR1L = T1_35L;
```

```
    FLAG_T1 = 1;                    //当前延时为 3.5 个字符时间
    T1CON = 0b00000001;            //TMR1 预分频系数为 1∶1
    LED = 0;
    DELAY_US(2);
}


void  interrupt  INT_ISR(void)
{  char  A;
   if  (TMR1IF = = 1)
   {   TMR1IF = 0;
       if (FLAG_T1 = = 0)
       {    FLAG_15 = 1;FLAG_35 = 0;}
       else
       {    FLAG_35 = 1;FLAG_15 = 0;}


   }
   if  (RCIF)
   {    LED = 1;
        A = RCREG;
        RCIF = 0;                   //此句可不要,读接收结果会自动清标志位
        FLAG_RCOK = 0;
        if (RC_N = = 0)
        {    if (FLAG_35 = = 0 || A !  = ZH)
             {    TMR1H = T1_35H;TMR1L = T1_35L;TMR1IF = 0;}
             else
             {    RC_DATA[RC_N] = A;
                  RC_N + + ;
                  TMR1H = T1_15H;TMR1L = T1_15L;TMR1IF = 0;
                  FLAG_T1 = 0;FLAG_15 = 0;
             }
        }
        else
        {    if (FLAG_15 = = 0)
             {    RC_DATA[RC_N] = A;             //字符间的间隔小于 1.5 个字符时间,有效
                  RC_N + + ;
                  if  ((RC_N = = 2) && (A!  = FUN_CODE))
                  {    RC_N = 0;
                       TMR1H = T1_35H;TMR1L = T1_35L;TMR1IF = 0;FLAG_T1 = 1;
```

```
            }
            else if   (RC_N = = 4)
            {    FLAG_RCOK = 1;RC_N = 0;
                 TMR1H = T1_35H;TMR1L = T1_35L;TMR1IF = 0;FLAG_T1 = 1;
            }
            else
            {    TMR1H = T1_15H;TMR1L = T1_15L;TMR1IF = 0;FLAG_T1 = 0;
            }
        }
        else                 //同一帧间的字符时间超时
        {   RC_N = 0;
            TMR1H = T1_35H;TMR1L = T1_35L;TMR1IF = 0;FLAG_T1 = 1;
            FLAG_15 = FLAG_35 = 0;
        }
        LED = 0;
        }
    }
}


//CRC16_1 子程序见例 6.6 从机程序
//DELAY、DELAY_I、DELAY_US 子程序见附录
```

附录

共用子程序

```
//=======延时(n)ms
void DELAY(unsigned int n)
{   unsigned int j;
    char k;
    for (j=0;j<n;j++)
            for (k=246;k>0;k--) NOP();
}

//=======延时(n)ms,中断专用
void DELAY_I(unsigned int n)
{   unsigned int j;
    char k;
    for (j=0;j<n;j++)
            for (k=246;k>0;k--) NOP();
}

//=======延时(n×10)μs+12μs,精确,包括调用与返回时间
void DELAY_US(char n)
{   char j;
    j=n;
    while (j>0)
    {   j--;
        NOP();NOP();NOP();  NOP();
    }
}

//写一字节数 R1,FLAG 为写命令或数据选择,0 为写命令,1 为写数据
//写之前先检查是否忙,写完后延时 100μs,分两次写 4 位数据/命令
void LCD_WRITE(char R1,char FLAG)
```

```
{   char R2;
    LCD_BUSY();
    R2 = R1 & 0xF0;                    //低4位清0
    R2 = R2>>4;                        //取高4位
    LCD_WRITE_4(R2,FLAG);              //先写高4位
    R2 = R1 & 0x0F;                    //高4位清0,取低4位
    LCD_WRITE_4(R2,FLAG);              //再送低4位
    DELAY_US(10);                      //延时100 μs
}
```

```
//字符型LCD模块初始化,注解中的命令序号指表5-5中的序号
void LCD_CSH(void)
{   DELAY(20);                         //延时20 ms
    LCD_WRITE_4(0b0011,COM);           //发送控制序列
    DELAY(1);                          //延时1 ms
    LCD_WRITE_4(0b0011,COM);           //发送控制序列
    DELAY_US(10);                      //延时100 μs
    LCD_WRITE_4(0b0011,COM);           //发送控制序列
    DELAY_US(10);                      //延时100 μs
    LCD_WRITE_4(0b0010,COM);           //4位数据格式
    LCD_BUSY();                        //LCD忙检测
    LCD_WRITE(0b00101000,COM);         //序号6命令,4位数据格式,2行(实际上4行),5×7点阵
    LCD_WRITE(0b00001100,COM);         //序号4命令,D(d2)=1,打开显示;C(d1)=1,光标打开;B(d0)=1,
光标闪烁
    LCD_WRITE(0b00000001,COM);         //序号1命令,清除显示
    DELAY(2);                          //延时2 ms
    LCD_WRITE(0b00000110,COM);         //序号3命令,输入模式,I/D(d1)=1,地址加1;S(d0)=1,显示
移位关闭
}
```

```
//=========检测LCD是否忙
void LCD_BUSY(void)
{   unsigned char R1;
    while(1)

    {   R1 = LCD_READ();               //读寄存器
        if((R1 & 0x80)==0x00)          //最高位为忙标志位
            break;
    };
}
```

385

```
//IIC 发送数 R并等待发送完成,收到从机的应答信号
void IIC_SEND(char R)
{    SSPBUF = R;                    //发送
     while (STAT_RW = = 1);         //在主控模式下,判断发送是否完成
     while (SSPIF = = 0);           //等待发送完成
     while (ACKSTAT = = 1);         //等待从机发送应答信号
}
```

```
//IIC 初始化
void IIC_CSH(void)
{    TRISC& = 0b00011000;//SDA、SCL 设置为输入
     SSPCON = 0b00101000;//同步串口使能(SSPEN),主控方式
     STAT_SMP = 0;                   //使能高速模式(400 kHz)的压摆率控制
     SSPADD = 4;           //主控模式为波特率值,每位时间 T = (SSPADD + 1)/T_cy = 5 μs
}
```

```
//从 R1 双字节数转换为十进制数万位至个位:WW,QW,BW,SW,GW
void BCD(unsigned int R1)
{    WW = 0;QW = 0;BW = 0;SW = 0;GW = 0;
     while(R1> = 10000)
          {R1 - = 10000;WW + + ;}
     while(R1> = 1000)
          {R1 - = 1000;QW + + ;}
     while(R1> = 100)
          {R1 - = 100;BW + + ;}
     while(R1> = 10)
          {R1 - = 10; SW + + ;}
     GW = R1;
}
```

```
//写或读 1 字节数据
char SPI_WRITE(char A)
{char BUF;
     SSPBUF = A;
     while(STAT_BF = = 0);     //等待数据接收/读完毕
     BUF = SSPBUF;                 //如为写数据,此值无用
     return(BUF);
}
```

```
//对1字节数B作CRC8计算,CRC为计算结果
char CRC8_1(char B,char CRC)
{    char i,j,k;    //A为CRC8的暂存寄存器
    j=1;
    for(i=0;i<8;i++)
    {   if((CRC & 0x01)!=0)
        {   CRC=CRC>>1;
            CRC^=CRC8_C;      //与多项式异或
        }
        else
            CRC=CRC>>1;
        k=B & j;                  //按位与,根据i的值,确定B在i位是否为0
        if(k!=0)
            CRC^=CRC8_C;          //与多项式异或
        j=j<<1;                   //j左移1次,和i同步,i=0,j=1,i=1,j=2,i=2,j=4,…
    }
    return(CRC);
}
```

```
//8段共阳LED显示代码,0位~7位分别控制a~h段
const LED_CODE[17]=
{0b11000000,      //0:0
0b11111001,       //1:1
0b10100100,       //2:2
0b10110000,       //3:3
0b10011001,       //4:4
0b10010010,       //5:5
0b10000010,       //6:6

0b11111000,       //7:7
0b10000000,       //8:8
0b10010000,       //9:9
0b10001000,       //10:A
0b10000011,       //11:B
0b11000110,       //12:C
0b10100001,       //13:D
0b10000110,       //14:E
0b10001110        //15:F
0b11111111,       //16:灭
}
```

参考文献

［1］Microchip Technology Inc. PIC16F87XA Data Sheet. DS39582B,2003.

［2］Microchip Technology Inc. PIC16F882/883/884/886/887 Data Sheet. DS41291F, 2009.

［3］Microchip Technology Inc. TC74 Tiny Serial Digital Thermal Sensor. DS21462C, 2002.

［4］Microchip Technology Inc. MPLAB® IDE User's Guide with MPLAB Editor and MPLAB SIM Simulator. DS51519C,2009.

［5］Microchip Technology Inc. HI－TECH PICC－Lite Compiler Manual,2007.

［6］谭浩强. C 程序设计(第二版)［M］.北京:清华大学出版社,1999.